Brendl

Wie man Innovationschancen nutzt

Dr. Erich Brendl

Wie man Innovationschancen nutzt

Innovieren

ISBN-13: 978-3-409-30691-1   e-ISBN-13: 978-3-322-86429-1
DOI: 10.1007/978-3-322-86429-1

Inhaltsverzeichnis

Vorwort

Wie sich die Turbulenz unserer Umbruchszeit erfolgreich durchstehen und nutzen läßt, darum geht es in diesem Buch. Zunehmend werden wir mit Situationen konfrontiert, von denen die bewährten und bekannten Instrumente und Verhaltensweisen offenkundig überfordert sind. Die Schonzeit läuft ab. Erstklassige Firmen haben dies längst erkannt und daraus ihre Konsequenzen gezogen. Weltweit werden leistungsorientierte Organisationen, die dauerhaft die Nase vorne haben, nicht mehr als Profitmaschinen, sondern als sozio-ökonomisch-technische Systeme gehandhabt. Das macht das alte Instrumentarium nicht überflüssig, aber seine Handhabung muß modifiziert werden und es müssen zusätzliche Methoden bereit stehen.

Dieser Wandel in der Führung von Organisationen und Firmen bedeutet vor allem zweierlei:

— Trennung zwischen Anpassung und Innovation, gedanklich, einstellungsmäßig und organisatorisch.
— Gebührende Berücksichtigung des wachsenden Einflusses der soziologischen Systemkomponente.

Dahinter steckt weit mehr als eine gedankliche Spielerei. Vielmehr sind dabei grundlegende Einstellungs- und Verfahrensgrenzen zu überschreiten.

Anpassung erweist sich als Ausnutzung einer vorhandenen Problemlösungsebene, Innovation als Durchbruch zu einer neuen Problemlösungsebene, die das erreicht, was der alten Problemlösungsebene trotz aller Anstrengungen versagt bleiben mußte.

Die wachsende Bedeutung der soziologischen Komponente zeigt sich im Wandel der Aktionsmuster. Sie sind nicht mehr wirtschaftlich oder human, sondern beides, und zudem untrennbar aufeinander angewiesen.

Die zunehmende Komplexität der Bezugswelt, das läßt sich leicht nachweisen, muß ihren Niederschlag in höherer Selbstständigkeit des Einzelnen finden. Um die notwendige Kooperation und Ordnung dennoch sicherzustellen, bedarf es einer abgestimmten sozialen Reife, ein Schlüsselbegriff bei der Beurteilung der Innovationsfähigkeit eines Systems, vergleichbar mit dem Intelligenzquotienten zur Beurteilung der schulischen Leistungsfähigkeit.

Dieses Buch wendet sich an einen Leserkreis, der sich nicht nur über das 'Wie' des innovativen Wandels, sondern ebenso über das 'Warum' informieren will, ohne deshalb fachfremde Spezialkenntnisse vorauszusetzen. Es vermittelt das Rüstzeug, um in die ungewohnten Denkkategorien des Innovierens eindringen zu können, bespricht die wichtigsten Methoden und Techniken, bringt zahlreiche Beispiele aus der Praxis für die Praxis. Die Fülle des Stoffes müßte jedem Anregungen geben können, der aufgeschlossen danach sucht.

Das Thema ist aktuell und, da uns die wachsende Komplexität und Dynamik alle in dieser oder jener Form erfaßt, von allgemeinem Interesse. Das war der Anlaß, die hier zusammengetragenen Gedanken und Erfahrungen über den Klientenkreis einer speziell auf diese Zeitproblematik ausgerichteten, aber kleinen Innovations-Agentur hinaus einer breiteren Öffentlichkeit vorzustellen. Dem gingen verschiedene Beiträge im 'Blick durch die Wirtschaft' (FAZ) und im 'manager magazin' voraus. Möge dieses Buch Ihnen ein zuverlässiger, nützlicher Begleiter bei der Bewältigung Ihrer innovativen Situation sein und Ihnen dazu verhelfen, Lehrgeld und Lehrzeit zu sparen. Das gilt gleichermaßen für den einzelnen, der sich beruflich zunehmend bedrängt und verunsichert fühlt wie für Unternehmen, deren geschäftliche Weidegründe zusehens steiniger werden.

Das Buch stellt die Ernte von fünf Jahren beratender, begleitender und mitverantwortlicher Arbeit als Innovations-Agent dar. Sie hätte nicht eingebracht werden können ohne zahlreiche selbstlos interessierte Helfer und Gesprächspartner. Es sind zuviele, um sie hier alle erwähnen zu können. Ganz besonderen Dank schulde ich aber den Herren E. Bürk, Generalbevollmächtigter der Firma Brown, Boveri & Cie., Dr. G.-B. Ihde, Ordentlicher Professor an der Universität Mannheim, Dr. S. Sterner, Wirtschaftsredakteur der Frankfurter Allgemeinen Zeitung, Dr. M. Thorn, Leiter des Hauptbereichs Personal- und Sozialwesen der Kraftwerk Union AG.

Dr. Erich Brendl

1. Warum Innovieren?

40 000 Firmen mußten in den Jahren von 1972 — 76 liquidieren, und es ist nicht anzunehmen, daß das Management in den Behörden besser war. Wirtschaftsprüfer nennen vor allem folgende Verhaltensweisen als Gründe:

- Man wurstelte so weiter als ob die Existenzbedingungen eingefroren wären nach dem Motto, daß 'nicht sein kann, was nicht sein darf'.
- Man kurierte am Symptom und/oder begnügte sich mit einseitigen Teiloptimierungen.
- Man machte sich vor, das Neue sei eigentlich gar nicht so neu und überschätzte sich oder unterschätzte die Risiken auf diese Weise.
- Man konzentrierte sich zunächst aufs Krisen-Management und verabsäumte dabei den letztmöglichen Zeitpunkt, um zu innovieren.
- Man unterschätzte den Kostenverzehr einer Innovation oder kleckerte statt zu klotzen.
- Man setzte bewährte Routine auf innovative Aufgaben an.
- Man verwechselte Kreativität mit Innovation und/oder meinte, eine gute Idee sei bereits 80% des Erfolges.
- Man suchte innovative Qualifikation durch Druck und/oder Fleiß zu ersetzen.
- Man suchte statt innovativer Eigenleistung Erfolg durch Abwertung des Gegners und/oder durch Hilfe bei Vater Staat.
- Man wiegte sich in falscher Sicherheit, weil man Anpassungsbeweglichkeit (Reaktion) mit innovativer Stoßkraft (Aktion) verwechselte.
- Rechtzeitiger Rat wurde nicht ernst genommen.

Jeder dieser Gründe ist ein Symptom für innovative Schwächen. Wer überleben will, muß innovieren. Doch bewährte Reaktionen und Vorstellungen sind den Anforderungen der Zeit offenbar immer weniger gewachsen, ja in ihrer Anwendung auf innovative Situationen liegen erhebliche Gefahren. So jedenfalls läßt sich diese traurige Bilanz interpretieren. Dies wäre schon Anlaß genug, sich gründlich mit den Eigenheiten des Innovierens auseinanderzusetzen.

Aber es steckt noch mehr dahinter. Am Anfang des Innovierens steht der Drang des Menschen zu gestalten und seine Fähigkeit, dies bewußt zu tun. Dies führte zur Evolution vom Jäger über den Ackerbau zum Handwerker. Mit dem Eintritt in die Industrialisierung beginnt sich die Entwicklung zu beschleunigen; wachsende Dynamik und Komplexität erzwingen ständig qualifiziertere Lösungen. Der Wettbewerbsdruck wird zum Motor und Selektionsprinzip der weiteren Entwicklung. Überleben ist nicht mehr ausschließlich eine Frage der vorgegebenen Mittel, deren

Nutzung und Anpassung an veränderte Bedingungen, sondern zunehmend des Entwicklungsvorsprungs bei der Schaffung neuartiger Mittel.

Das Vorhandene möglichst produktiv zu nutzen, bleibt das eine Grundanliegen der Wettbewerbsauslese; das Vorhandene rechtzeitig durch etwas abzulösen, was — trotz veränderter Lebensbedingungen — auch morgen noch produktiv sein kann, wird zum zweiten Anliegen. Moderne Unternehmen leben in und aus dieser Polarität, d.h. sie respektieren die Verschiedenartigkeit der beiden Anliegen und stellen die Gemeinsamkeiten durch integrierende Klammern her. Selbst in gut geführten Unternehmen besteht häufig noch ein Ungleichgewicht zugunsten der Nutzung des vorhandenen Apparates auf Kosten der Schaffung höher qualifizierter Lösungen mit Ausnahme des Bereichs Technik und des Unternehmerverhältnisses zum Käufermarkt. Das gängige Berufsbild ist darauf abgestellt, die vorhandene Problemlösungsebene auszuschöpfen und wenn sie in Bedrängnis gerät geschickt mit den Konsequenzen weiter zu leben, anstatt Risiko, Vorinvestition und Selbstüberwindung zur nächsten Lösungsebene auf sich zu nehmen.

Das spiegelt sich deutlich in der Ausbildung, den Bewertungskriterien und dem Selbstverständnis der Manager. Die Folge davon ist, daß die Produktivitätsmöglichkeiten weitgehend ausgeschöpft sind, während die Innovationsreserven auf einigen Gebieten überhaupt nicht, auf anderen nur zufällig und unzureichend genutzt werden. Mangel an Gestaltungskraft und Vorsprung zwingen immer mehr Manager in die Defensive, sie lassen sich von der Dynamik des Geschehens das Gesetz des Handelns zunehmend diktieren. Fehlender Fähigkeitszuwachs läßt sich auf die Dauer jedoch auch durch perfektionierte Fertigkeit nicht ausgleichen.

Warum diese dramatische Zuspitzung jetzt erfolgt, wird am ehesten verständlich, wenn man sich kurz in Erinnerung ruft, welchen Anforderungswandel die allgemeine Entwicklung nach dem letzten Krieg brachte.

Die dominierende Anforderung der ersten Nachkriegsjahre bestand in der o r g a n i s a t o r i s c h e n   B e w ä l t i g u n g   d e s   M e n g e n w a c h s t u m s und der daraus resultierenden unhandlichen Firmengröße. Die USA konnte unmittelbar an die Kriegswirtschaft anknüpfen und stand etwa 10 Jahre früher als die Bundesrepublik vor dieser Problematik. Deren Nachholbedarf führte in Verbindung mit der liberalen Marktwirtschaft zum 'Wachstumswunder' und einer besonders ausgeprägten Technik- und Produktbezogenheit. Kennzeichnend für diese Phase war die Dezentralisierungswelle mit Schlagworten wie Divisionalisierung und profit-center.

Wachsender Wohlstand und zunehmende soziale Sicherheit verschoben dann die Bedürfnisstrukturen. Die Ansprüche begannen der Leistungsbereitschaft davonzulaufen, es ging mehr und mehr darum, sich ein Maximum an Erfolgssymbolik bei einem Minimum an Einsatz zu sichern. Die Bedeutung abgestufter, individueller Entgelte nahm gegenüber den vielfach noch durch die Militärzeit geprägten straffen Strukturen zu, M o t i v a t i o n wurde groß geschrieben. Es ist der Start zu Umverteilungskämpfen, im Kleinen wie im Großen. Die integrierenden Mittel und Kräfte der beruflichen Sphäre halten nicht Schritt. Je weniger die berufliche Sphäre der veränderten Bedürfnisstruktur gerecht zu werden vermag, um so mehr wird ihre Befriedigung außerhalb des Jobs gesucht, oder aber es kommt zu exzessiven Ansprüchen gegen die Firma. Die Strukturen der Organisationen und das Sozialverhalten der Mitarbeiter beginnen auseinander zu klaffen.

W a c h s e n d e K o m p l e x i t ä t veranlaßte den nächsten Veränderungsschub. Bisherige Konstante wurden zu Variablen in einem Netz unübersichtlicher Interdependenzen, ob wir nun an die weltweite Abhängigkeit von Rohstoffen, Währungsparitäten oder Absatzmärkten oder das Aufkommen neuer Technologien denken. Der wachsenden Verunsicherung suchte man durch mehr Information, verbesserte Auswertungsmethoden und Entscheidungshilfen beizukommen. Schlagworte wie EDV, operationsresearch, scientific management oder Matrix-Organisation begleiteten diese Phase. Ausschnittweise wurde Entlastung erzielt, insgesamt aber die Erwartungen enttäuscht, weil es sich ausschließlich um Instrumente quantitativer, kausaler und rationaler Natur handelte. Diese Ansätze beschleunigten zum Teil sogar noch die Entwicklung der weglaufenden Komplexität. So verschlechterten z.B. computergestützte Informations-Systeme mangels flankierender Maßnahmen vielfach die Transparenz durch ungebändigte Datenschwemmen, Matrix-Organisationen entpuppten sich durch die Herübernahme alter hierarchischer Wertvorstellungen als zusätzliche Konfliktquellen, und die wissenschaftlichen Prognoseverfahren gaukelten eine Zuverlässigkeit und Machbarkeit vor, die zusätzliche Überraschungen und Rückschläge zur Folge hatten.

Planung wird jetzt groß geschrieben. Im Zuge der immer weiter zunehmenden Komplexität wurde deutlich, daß die Nachkriegsentwicklung sich ihren eigenen Grenzen näherte und einem Scheideweg zulief. Zwar reichte der gewohnte Aufwind noch, um Innovationsversäumnisse zu verdecken, doch gelegentlich wehte der Wind schon ins Gesicht, Wachstum büßte den Ruf der Selbstverständlichkeit ein, Kapazitäten und Kostensteigerungen begannen zu drücken. Es entwickelten sich Käufermärkte, neue Märkte mit ungewohnten Usancen mußten erschlossen werden. Die M a r k e t i n g — E p o c h e wurde eingeläutet. Man verkaufte nicht mehr, sondern löste Kundenprobleme; Marketing als tastender Vorläufer systemweiten Innovierens.

Zurückblickend muß man bis zum Ende der Marketing-Phase von einer kontinuierlichen Nachkriegs-Entwicklung sprechen. Doch das änderte sich in dem Maße wie der allgemeine Aufwind in Turbulenz umschlug.

Wachsende Dynamik verkürzt die Lebensdauer von Innovationen, Mengenwachstum wird von qualitativen Forderungen blockiert, gesellschaftliche Umstrukturierungen engen die Entscheidungsräume ein, Turbulenz löste Zyklen ab und erhöht so die Risiken, entwertete Maßstäbe erschweren die Orientierung.

Mit dem Abbruch der kontinuierlichen Entwicklung steht nun plötzlich nicht mehr diese oder jene Management-Technik zum Ausnutzen des Vorhandenen, sondern die komplementäre Fähigkeit zum Innovieren im Vordergrund. Es wird auch klar, daß einzelne Manager zwar Krisenursachen wegoperieren können, aber dies wird als extremer Fall der Anpassung erkannt. Innovieren ist offenbar davon wesensverschieden. Die anstehende Dynamik und Komplexität überfordert den Einzelkämpfer, die Fähigkeiten der Einzelnen müssen miteinander multipliziert und gebündelt werden. Kommunikation, Kooperation, Team, Konflikt-Management sind einige Stichworte dazu. Aber vor allem beginnt man mit der Suche nach grundsätzlichen Denkkonzepten. Systemdenken erfaßt die zunehmende Interdependenz (z.B. Sozialbilanz) und sucht die evolutiven Fähigkeiten des sozialen Systems innovativ zu nutzen (z.B. Gruppendynamisches Training). Prozeßdenken sieht im 'organisation development' ein Phänomen der sozialen Dynamik und führt zum 'planned change', einem von Verhaltenspsychologen in USA entwickelten Führungsansatz.

Dieses Buch basiert auf all diesen Bemühungen. Es versucht sie auf deutsche Verhältnisse zu übertragen, Einseitigkeiten der erwähnten Ansätze auszugleichen und vorhandene Techniken den gewachsenen Einsichten entsprechend einzusetzen.
Eigene Ergänzungen und das Gesamtkonzept werden vor allem durch das Streben geprägt, sowohl für den Berufsanfänger wie für den verantwortlichen Topmanager verständlich, überzeugend und praktikabel zu bleiben.

2. Ihr eigenes Innovationsverhalten

Im folgenden Abschnitt können Sie Ihr Innovationsverhalten testen, bevor Sie mehr über das Thema gelesen haben. Nach der Lektüre des Buches sollen Sie den Test noch einmal durchführen. Geänderte Antworten lassen dann Rückschlüsse auf Ihre Lernsituation zu.

Hier die Testanleitung: Zu jeder der folgenden Fragen werden mehrere Antworten angeboten. Sie wählen die Alternative, die Ihnen am besten zuzutreffen scheint. Zur Bewertung stehen Ihnen 3 Punkte pro Frage zur Verfügung. Trifft nach Ihrer Meinung nur eine Antwort zu, dann erhält diese alle 3 Punkte. Pflichten Sie einer Lösung etwas mehr bei als einer anderen, dann erhält die erste 2 und die zweite 1 Punkt. Die Punkte dürfen auf höchstens 2 Antworten je Frage verteilt werden.

Dabei geht es um Ihre persönliche Auffassung, unabhängig davon, ob diese in Ihrem Betrieb vorhanden oder realisierbar ist. Wenn Sie wollen, können Sie eine zweite Bewertung über die in Ihrem Betrieb tatsächlich herrschenden Verhältnisse machen. Die Differenzen zu Ihrer persönlichen Auffassung können Ihnen wertvolle Fingerzeige geben.

Wenn Ihnen keine der Antworten ganz liegt, stufen Sie bitte immer die Lösung am höchsten ein, die Ihrer Auffassung am nächsten verwandt ist.

1   Innovation bedeutet

a — Technischen Fortschritt
b — Bewußte und gezielte Eigenevolution
c — Anpassung an veränderte Umstände
d — Diversifikation

2   Innovation scheitert am häufigsten an:

a — der Ideenfindung
b — der Problemanalyse
c — der Realisierung

3   Die innovativen Anforderungen sind in

a — verschiedenen Abteilungen eines Betriebes unterschiedlich
b — verschiedenen Branchen gleich
c — den einzelnen Lebensphasen eines Produktes ähnlich

4   Innovationsprobleme

a — löst auch der Wirtschaftskriminelle
b — liegen beim Umzug von Einzel- in Großraumbüros nicht vor
c — ergeben sich, wenn vorhandene Produkte in einem neuen Markt abgesetzt
     werden.

5   Der Erfolg einer Innovation hängt am stärksten ab von:

a — der Autorität des Vorstandes
b — eindeutigen Zielen
c — dem verfügbaren Finanzmitteln
d — dem Engagement der Betroffenen.
e — der Dringlichkeit.

6   Menschen

a — sind gegenüber Veränderungen, die sie betreffen, grundsätzlich aufgeschlossen
b — fühlen sich von den Ungewißheiten einer Änderung zuerst einmal bedroht und
     widersetzen sich deshalb.

7   Zunehmende Komplexität verlangt

a — ausgefeiltere zentrale Steuerungs- und Kontrollmethoden
b — kleinere, selbstständigere Einheiten.

8   Eine hohe betriebliche Innovationsrate

a — ist eine Frage des Arbeits- und Kapitalaufwandes
b — hängt von einzelnen Befähigten ab
c — setzt fortgeschrittene soziale Reife voraus.

9   Die besten Innovationsergebnisse im Großbetrieb verspricht:

a — angenehme zwischenmenschliche Beziehungen
b — der Fachmann
c — hoher Leistungsdruck
d — das Gespann Fach/Machtpromotor

10   Innovative Ergebnisse liefert am wahrscheinlichsten:

a — ein erfolgsorientierter Macher
b — an analytischer Denker
c — ein intuitiver Denker
d — ein fähigkeitsseitig breit angelegter Selbstverwirklicher.

11   Zentraler Ansatzpunkt für innovatives Führen

a — sind die individuellen Fähigkeiten der Mitarbeiter
b — ist die überschaubare formale und informale Arbeitsgruppe
c — sind die Firmenziele und -konzeptionen.

12   Routine und Innovation unterscheiden sich

a — nicht
b — graduell
c — grundsätzlich

13   Der Zeitablauf von Innovationsvorhaben

a — wird von projektspezifischen Zeitkonstanten bestimmt
b — läßt sich bei entsprechendem Mitteleinsatz beliebig beschleunigen.

14   Innovation wird am nachhaltigsten gefördert durch

a — Zufall oder Glück
b — Faktenkenntnis und Intuition
e — Entfaltungsraum und gezieltes Lernen.

15 Konflikte

a — behindern Innovation
b — fördern Innovation
c — können Innovation behindern oder fördern.

16 Im Konfliktfall sollte der Führungsverantwortliche

a — neutral bleiben
b — Schiedsrichter sein
c — die Differenzen abbauen
d — die Konfliktspannung mindern oder mehren.

17 Den Ausschlag für innovative Entscheidungen gibt

a — eine hochentwickelte EDV
b — die harten Fakten eines guten Management-Informations- und Frühwarn-Systems
c — die kritisch verarbeitete 'weiche Information' aus dem persönlichen Kommunikationsnetz des Entscheidungsträgers.

18 Die Fähigkeit einer Organisation, innovative Impulse in Fortschritt umzumünzen, hängt ab von

a — der Solidarität ihrer Mitglieder
b — den persönlichen Anreizen
c — Zielsetzung und Ablaufstruktur

19 Zentralisierte Planung und Kontrolle wirken auf das grundlegende Innovationsvermögen

a — förderlich
b — bremsend
c — ausgleichend

20 Gleichförmigkeit

a — regt die Menschen innovativ an, ihre Arbeit interessanter zu gestalten
b — stumpft die Menschen in der Arbeitswelt ab, macht sie anspruchsvoller gegenüber den Arbeitsbedingungen und läßt sie außerhalb der Berufssphäre Befriedigung suchen.

21   Innovieren läßt sich führungsseitig stützen, indem man

a — hohe Anforderungen stellt
b — Vorhandenes variiert
c — die Zügel in schlechten Zeiten anzieht und sie in guten lockert
d — Informationen sammelt, sich Vorschläge machen läßt und selbst entscheidet
e — Fakten und Auffassungen austauscht; nach Alternativen sucht und dabei auch
     Lösungen akzeptiert, die von den eigenen Vorstellungen abweichen; experi-
     mentiert; die Konsequenzen bespricht und zu Entscheidungen kommt, denen
     sich alle Betroffenen verpflichtet fühlen.
f — Spezialisten oder Teams ansetzt
g — besondere Leistungen belohnt und über schlechte hinwegsieht.

22   Innovieren ist

a — Flexibilität im Rahmen des Gegebenen
b — Kreativität
c — Leitung dynamischer Veränderungsprozesse in Mensch-Technik-Systemen
d — Anwendung bestimmter Methoden und Techniken.

23   Systematisches Innovieren ist

a — etwas für Großfirmen
b — nur nötig, wenn die alte Basis brüchig zu werden beginnt
c — ein ständiges Grundanliegen jedes Führungsverantwortlichen.

Antworten auf die Fragen in Kapitel 2.:

Autorenvorschlag	Ihre Antwort	(Gruppen) Antwort zu Beginn	Ende	Bemerkungen
1 b				
2 c				
3 a				
4 c				
5 d				
6 b				
7 b				
8 c				
9 d				
10 d				
11 b				
12 c				
13 a				
14 c (2), 14 b (1)				
15 c				
16 d				
17 c				
18 c (2), 18 b (1)				
19 b				
20 b				
21 e (2), 21 a (1)				
22 c				
23 c				

3. Innovieren, was darunter alles verstanden wird

Innovation bedeutet wörtlich Erneuerung. Dabei geht es um die Sicherung der Lebenskraft für eine Zukunft, welche die heutigen Vorstellungen, Gewohnheiten und Fähigkeiten eines Unternehmens überfordert. Innovation tritt in Aktion, wo Modifizieren, Cleverness und Härte auf Dauer versagen. Gezielt muß etwas Besseres geschaffen werden, was das Bewährte und das Gute von heute ablöst, ehe es morgen seine Tragfähigkeit eingebüßt haben wird. Dieses Buch beruht auf der Erkenntnis, daß Innovation stets einen Zuwachs an Qualifikation bedeutet und dieser ein kontinuierliches – und nicht gelegentliches – Streben nach Erstklassigkeit erfordert. Deshalb zieht der Autor das Tätigkeitswort 'Innovieren' dem Dingwort 'Innovation' vor.

Da Innovieren meist mit neuen Produkten in Verbindung gebracht wird, ist der Eindruck verbreitet, Innovieren sei vor allem eine technologische Aufgabenstellung. Doch das Unternehmen ist ein sozio-ökonomisch-technisches System. Innovationen der einen Systemkomponente betreffen unweigerlich auch die anderen. Von diesen ist die Technik inzwischen am wenigsten kritisch. Die ökonomische Komponente ist zwar oft eine Innovationshürde, aber von recht unterschiedlicher und wechselnder Höhe. Damit bleibt der Mensch als die kritische Komponente des Systems. Seine Anpassungsfähigkeit wird im Zuge fortschreitender Komplexität und Dynamik zunehmend überfordert. Seiner Erneuerungsfähigkeit außerhalb des Anpassungsrahmens sind überdies Grenzen gesetzt.

Das Konzept dieses Buches antwortet direkt auf die wachsende Komplexität (z.B. durch angemessene Systemmodelle) und Dynamik (z.B. durch Prozeßgliederung), aber es sucht insbesondere praxisorientierte Möglichkeiten darzustellen, die Qualifikation des Menschen gezielt in Einklang zu bringen mit den ihm entgegentretenden Anforderungen und die evolutiven Fähigkeiten des sozialen Systems wirklichkeitsnah zu nutzen. Betriebliche Innovationsschwächen lassen sich ausmerzen. Dieses Buch wird Sie dafür sensibilisieren, zu erkennen, wann und wo solche Schwächen auftreten, und Ihnen Hinweise geben, wie Sie diese ausmerzen können.

Wir vermeiden es, von Erneuerung zu reden, um den Eindruck zu verhindern, es handle sich um die Wiederherstellung eines früheren (inzwischen überlebten) Zustandes, also eines Restaurierens oder Regenerierens.

Wir vermeiden auch die wörtliche Übersetzung des 'change', da Verändern auf alles mögliche hinauslaufen kann wie Modifikation, Variation, Operation, Amputation, Umweltverteilung, Verzehr, Vernichtung u.a.m. Veränderungen werden der Organisation aufgezwungen, Wandel nimmt die Entwicklung vorweg und schafft so Freiraum für die Wahl der Ziele, des Tempos und der Mittel. Innovieren heißt im Wandel Ordnung finden und inmitten der Ordnung Wandel anzustreben; es ist:

Zielstrebig:	Innovieren ist kein gelegentlicher Zu- oder Anfall, sondern stetes, auf Kontinuität gerichtetes Bemühen. Dabei werden die Innovationsfelder ausgelotet, unternehmensbezogen selektiert und das Ziel als konkrete Problemformulierung vorgegeben.
Bewußt:	Innovieren ist kein mutierendes Herumprobieren, sondern geistiges Durchdringen der Zusammenhänge und Erfassen potentieller Chancen und Risiken.
Planvoll:	Innovieren heißt den Zufall bändigen, schrittweise vorgehen, sich langfristig orientieren, Orientierungs- und damit 'Navigations'-Möglichkeiten schaffen.
Dosiert:	Innovieren verlangt Führungsimpulse, die in Stärke, Richtung, Folge und Timing prozeßgerecht abgewogen sind.
Systemweit:	Also nicht isoliert, einseitig oder unausgewogen. Eine technische Innovation etwa umfaßt nicht nur das Produkt, sondern in der Regel auch das Herstellungsverfahren und schlägt damit auch auf die organisatorische Struktur durch. Innovationen der Strategie oder Verhaltensweisen sind im übrigen einschneidender und weittragender als die augenfällige technische Innovation.
Qualifiziert:	Innovative Lösungen sind nicht nur 'richtig', sondern lösen infolge des ihnen zugrunde liegenden qualitativen Durchbruchs scheinbar nebenher Probleme, die außerhalb des Zielfeldes liegen, ja u.U. noch gar nicht erkannt waren.
Konstruktiv:	Sozio-technische Systeme vermögen ihre Kräfte multiplikativ zu bündeln und sich dabei neue Eigenschaften, etwa ein 'fünftes Bein', zuzulegen. Innovatoren benutzen diese Fähigkeit in positiver, konstruktiver Weise. Gegenbeispiel wäre der Kriminelle, der sein Wissen und Können ebenfalls innovativ einsetzt, aber aus einer parasitären Ethik heraus.

Schöpferisch: Innovieren enthält kreative Elemente und originäre Verknüpfungen, die sich logisch nicht ableiten lassen.

Pragmatismus, Ethik und schöpferische Entfaltung sind demnach die Grundkomponenten erfolgreichen Innovierens. Wie beim Wein können schon graduelle Differenzen zu erheblichen Qualitätsverschiebungen führen. Der Pragmatismus sorgt für Realismus und Selektion. Schöpferische Entfaltung bringt jene Erstmaligkeit und Kräftekombination, ohne die der Durchbruch zu einer neuen Ebene unmöglich wäre; Ethik ermöglicht Orientierungsmöglichkeit trotz Turbulenz, widersprechender Interessen und Neuartigkeit in der Übergangsphase zwischen zwei stabilen Ebenen.

Erkennt man den Wettbewerb an als wirtschaftliche Spielart des in der Natur angelegten Selektionsdruckes, dem der Mensch seine Evolution verdankt, dann kann man Innovation mit Schumpeter auch als 's c h ö p f e r i s c h e Z e r s t ö r u n g' umschreiben. Dabei greift gewollte Selbstgestaltung zwangsweiser Verdrängung durch den Wettbewerb voraus. Gleichzeitig macht man die eigene Position, von der man heute noch getragen wird, selbst überflüssig; dasselbe Schicksal wird morgen die Innovation von heute ereilen. Innovieren ist also eine D y n a m i s c h e A k - t i o n, sie steht dem reaktiven Bewahren und Verteidigen des Bewährten polar gegenüber und bildet mit ihm gemeinsam das Unternehmen.

Die klassische D e f i n i t i o n von K n i g h t lautet: 'Innovation is the adoption of a change, which is new to an organization and to its relevant enviroment'.

In dieser Formulierung klingt die Tatsache an, daß Innovationserfolge immer mehr zum Problem der Fähigkeitsentfaltung und Akzeptanz (sowohl im Unternehmen als durch die Bezugswelt) geworden sind. Nicht die objektive, sondern die relative und akzeptierte Originalität zählt als Innovationsvorsprung.

P. Drucker kennzeichnet Innovation so: 'Innovation ist ein neuartiger Einblick in universelle Zusammenhänge. Durch Übernahme von Risiken wird Ordnung in ein scheinbares Chaos gebracht. Das erfordert zu Strukturieren sowie Verantwortung zu übernehmen, und das bedeutet die Anerkennung ethischer Grundsätze'. Ihm geht es also beim Innovieren vor allem um das frühzeitige Erkennen des zugänglichen Gestaltungsraumes und das Übersetzen dieser Erkenntnis in einen Vorsprung.

Da sich ein Unternehmen nur in dem Maße wandeln kann, wie seine Menschen dazu fähig und willens sind, kommen auf den I n n o v a t o r mehr pädagogische, sozialpsychologische und verhaltensbeeinflussende Fragen zu als auf den Manager. Schon eine kleine technische oder organisatorische Änderung kann sozio-psychologisch revolutionierend empfunden werden. Innovative Stoßkraft wird dabei durch Selbstentfaltung und wechselseitige Verstärkung angestrebt. Das erfordert, daß der

Grenznutzen innovationsschädlicher Verhaltensweisen hinreichend klein bleibt, während innovationsförderliche Verhaltensweisen zumindest gesellschaftlich nicht geahndet, aber möglichst bestärkt werden .Worauf es ankommt, ist eine sinnvolle Mischung unterschiedlicher Beeinflussungsmethoden wie konzeptioneller, struktureller, instrumenteller und personenbezogener Maßnahmen. Diese Vorgehensweise fällt unter den Sammelbegriff des 'planned organizational change'.

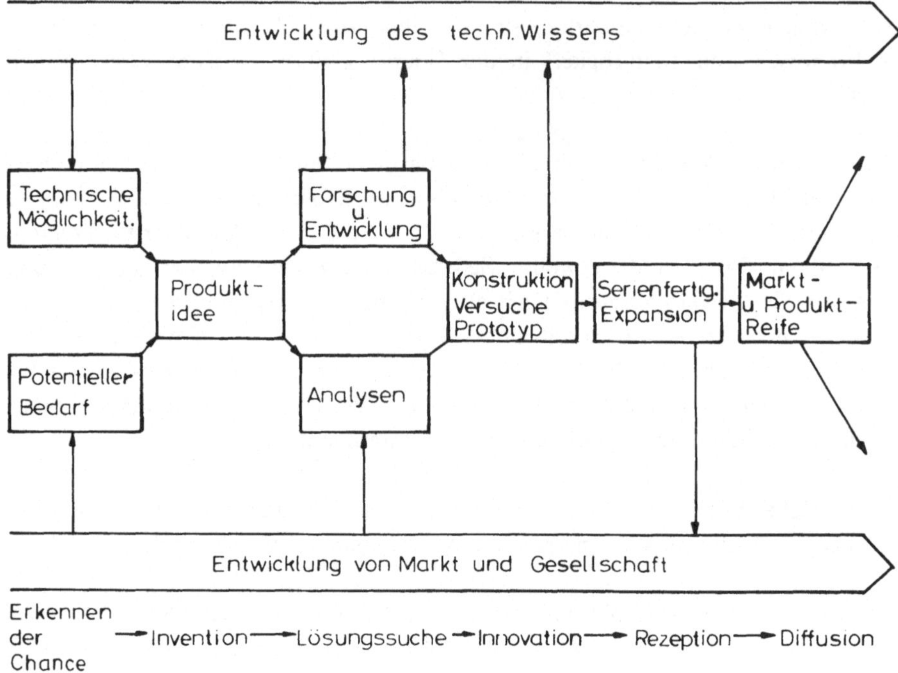

Abb. 1: Ablauf einer technischen Innovation

In Abhängigkeit davon, wie weit es gelingt, der Bezugsweltentwicklung vorzugreifen und sich dadurch Entscheidungs- und Handlungsraum zu verschaffen, spricht man von d e f e n s i v e r und p r o g r e s s i v e r I n n o v a t i o n. Ein Trend zur defensiven Innovation ist in den letzten Jahren unverkennbar; Du Pont schreibt ihr inzwischen 2/3 und General Motors 2/5 des Forschungs- und Entwicklungsetats zu. Defensive Innovation stellt z.B. die Bewältigung von unvorhersehbaren gesetzlichen Einfuhrsperren, Sicherheitsauflagen, Schutzanforderungen, Steuererhöhungen etc. dar, auch die Umgehung von Konkurrenzpatenten. Auch versäumte progressive Innovation erzwingt zunächst defensive Innovation und wenn diese nicht mehr gelingt, kommt es unweigerlich zur Krise. Von den Unternehmen versäumte progressive Innovation im sozialen Bezugsfeld zog z.B. die Gewerkschafts- und Umweltschützerbewegung nach sich. Ein falsches Selbstbild und defensives

22

Taktieren förderten die Gewerkschaftsbewegung und führten in Apassungszwänge, die schließlich zum Selbstzweck und Machtfaktor wurden.

P r o g r e s s i v im üblichen Betriebsgeschehen werden Innovationen genannt wie die erfolgreiche Einführung eines die Wettbewerbsverhältnisse verändernden neuartigen Vertriebsweges oder eine richtungsweisende Erfindung plus gelungener Fabrikation plus einer erfolgssichernden Kommerzialisierung. Teile bzw. Stufen aus dieser Kette haben eigene Bezeichnungen, z.B. technische Innovation (Abb. 1), sollten aber für sich gesehen nicht ohne Zusatz als Innovation bezeichnet werden, Daß I m i t a t i o n nicht einmal als defensive Innovation angesprochen werden kann, bedarf keines Kommentars.

Zu erwähnen ist wegen des ähnlichen Wortklanges noch die I n v e n t i o n , die das Finden einer Produkt-Idee beinhaltet (die Erfindung). Innovieren bedeutet aus dieser Sicht die technische Umsetzung der Idee in einen Prototyp; ihr folgt marktseitig die R e z e p t i o n , d.h. die Aufnahme seitens der Käufer und schließlich die D i f f u s i o n , d.h. das Durchdringen des Marktes und das Durchsetzen des Produktes, so daß die Konkurrenz zu defensiver Innovation gezwungen wird. Erst die Summe von Produktinnovation und Marktakzeptanz ermöglicht einen ertragswirtschaftlichen Erfolg. Die gedankliche Trennung in technische Innovation und Marktinnovation mag auf den ersten Blick überspitzt wirken, ist aber üblich und hat z.B. bei joint Ventures eine tragende Bedeutung.

Das innovative Verhalten eines Unternehmens läßt sich letztlich nur vom Verhalten seiner Menschen her erfassen. Der Einzelne ist entweder ein A k t i v − I n n o v a - t o r oder ein mehr oder weniger p a s s i v e r I n n o v a t o r. Der aktive I n - n o v a t o r   ist Initiator, Fährtensucher und Promotor einer Innovation. Er steht weder auf der Seite der Denker noch auf derjenigen der Macher, er bewegt sich, und zwar in der vollen Spanne zwischen Denken und Machen. Die 'passiven Innovatoren' stellen 'die Siedler' dar, die das von den aktiven Innovatoren erschlossene Neuland nutzen und kultivieren. Sie fühlen sich durch das Innovationsvorhaben herausgefordert, gewohnte Orientierungen und sichere Verhaltensweisen für irgendwelche Ungewißheiten aufzugeben. Auf die Bewältigung des menschlichen 'Ur-Widerstandes gegen Veränderungen' (P. Drucker) wird deshalb ebenso intensiv einzugehen sein wie auf die Freilegung und Nutzung verschütteter innovativer Reserven.

Schließlich ist noch der I n n o v a t i o n s − K a t a l y s a t o r zu erwähnen; er ist der Mittler zwischen aktiven und passiven Innovatoren.

Innovieren zielt letztlich darauf ab, sich über Wettbewerbsvorsprung bestimmenden Einfluß auf die Entwicklung und so ein günstiges und stabiles Ertragspotential zu verschaffen. Marktführerschaft ist deshalb nicht ohne weiteres mit Marktanteil gleichzusetzen. Der momentane Anteil kann z.B. über Sonderkonditionen erkauft und höchst instabil sein oder das Relikt eines technologisch bereits überholten Marktes darstellen. Marktführerschaft und damit Innovationserfolg müssen dynamisch und total gesehen werden, d.h. unter Berücksichtigung des Marktwachstums, des Standes der Technik, der Produktqualität, der Lieferbereitschaft, des Kostenniveaus, der Preisgestaltung, des Images usw. Marktführerschaft bedeutet auch keine innovative Verschnaufpause, ganz im Gegenteil. Die Wettbewerber lauern nur darauf, den Windschatten zu nutzen und bei einer Unachtsamkeit durch Imitation oder Spezialisierung auf ein Teilsegment zum Überholen anzusetzen. Da innovatives Engagement und Qualifikation nicht entsprechend der Größe der Marktanteile verteilt sind, gelingt das immer wieder. Die größte Gefahr für die Marktführerschaft besteht in innovativer Selbstgefälligkeit und der Perfektionierung des vorhandenen Vorsprungs auf selbstgewählte Einseitigkeit.

Immer wieder wird die Frage gestellt, ob sich bei dem Gehalt an Erst- und Einmaligkeit der Innovationsprozeß überhaupt verbessern läßt. Nun, wenn Spurenleser oder Testpiloten ihre Fähigkeit im Umgang mit dem Unerwarteten und Unbekannten durch den ständigen Umgang damit zu verbessern vermögen, dann muß es entsprechende Lernelemente geben. Kein Zweifel, die Fähigkeit zu Innovieren läßt sich verbessern, zumal dieses Feld bisher weitgehend dem 'Versuch – und – Irrtum' und Zufälligkeiten überlassen war.

Als bei Boeing das Projekt '727' anlief, war die Beschäftigungslage so, daß man Entwicklungs-, Vorrichtungs- und Planungspersonal aus dem '707'-Projekt übernehmen konnte. Die '727' wurde kosten- und qualitätsmäßig ein Erfolg, der Flugzeuggeschichte gemacht hat. Diesen glaubte man auf die '737' übertragen zu können, ein Flugzeug der gleichen Familie und mit vielen Arbeitspaketen, die 'lediglich' mit dem Storchschnabel zu übertragen waren. Das Projekt lief völlig aus der Planung, kosten- wie qualitätsmäßig. Als man aus dem Rathaus kam, wußte man warum. Die Beschäftigungslage war bei Projektbeginn völlig anders, deshalb konnte das bei der '727' angesammelte Erfahrungspotential nur unvollkommen übertragen werden. Innovationsprozesse stellen die Führung vor Lern- und Integrationsprobleme eines Systems, dessen Schwachstelle das Individuum ist.

Das Ausmerzen von Innovations-Schwächen besteht im

— Abbau von individuellen Hindernissen,
— der Förderung innovativer Fähigkeiten,
— Der Nutzung der Entwicklungsfähigkeit sozialer Systeme,
— des Speicherns und Übertragens innovativer Erfahrung auf die Organisation.

Der letzte Abschnitt zur Frage was Innovieren ist, gibt Ihnen eine Blütenlese aus zahlreichen Diskussionsbeiträgen zu diesem Thema:

Was Innovieren nicht ist:

— Ein Privileg der Technik.
— Krisen-Management. Dieses operiert direktiv,
   technokratisch und mit Kurzfrist-Prioritäten.
— Psycho-Taylorismus.
— Eine Angelegenheit der Vorstände.

Übers Innovieren:

— Innovation überholt die natürliche Entwicklung durch
   gezielten Vorgriff.
— Nicht nur beim Rückzug, auch beim Vormarsch muß man Positionen
   aufgeben.
— Innovation stellt den Übergang von einer in sich stabilen Problemlösungsebene zu einer zweiten mit höher qualifizierter Leistungsfähigkeit dar.
— Es ist nicht alles innovativ, was sich originell, andersartig, kreativ, richtig
   oder progressiv gebärdet.
— Innovation heißt Qualifikationszuwachs und der setzt die Verbesserung
   „menschlicher Qualität" voraus.
— Innovation ist nicht einfach das Verwirklichen einer Idee, sondern darüber hinaus das Erspüren des Verwirklichten in seiner gesamten möglichen Auswirkung, auch im dritten und vierten Glied.
— Innovieren stört den Status quo, setzt einen grundsätzlichen Wechsel des
   Blickwinkels und den Abbau eingefleischter Stereotypen voraus, stellt
   deshalb hohe Anforderungen an die Qualifikation, Integrität und Loyali-
   tät.
— Innovieren beginnt damit, daß bisher Selbstverständliches in Frage ge-
   stellt wird.
— Mit Fakten und Logik kann auch ein Computer inventieren; innovative
   Impulse bedürfen der Intuition und Urteilsfähigkeit im Nicht-rationalen.
— Innovieren ist Führungskunst, nicht Führungstechnik.
— Manager sollten endlich damit aufhören, das Menschliche im Menschen
   mit Unfähigkeit und Widerborstigkeit gleichzusetzen.
— Beim Innovieren gibt es keine Rolltreppen, man muß die Stufen schon
   selbst erklimmen.
— Organisationen sind im Prinzip unsterblich, ihr Verjüngungselixier ist die
   Innovation.
— Zu Innovieren verlangt Vorleistungen, materielle und ideelle.
— Anpasser reagieren auf Situationen, Innovatoren schaffen sie.
— Unterlassene Innovation führt ins Krisen-Management. Innovatoren
   sind Juwelen, man muß sie mit Fassung tragen.
— Innovatives Führen heißt pädagogisch Impulse geben, wo das Unbe-
   kannte die Anpassungsfähigkeit psychologisch oder soziologisch über-
   fordert.
— Innovieren baut Veränderungszwänge ab und schafft dafür Freiraum für
   die Wahl der Ziele, Prinzipien und Mittel.
— An guten Ideen hat es uns eigentlich noch nie gemangelt, sondern an
   deren Umsetzung in die Wirklichkeit.
— Trampelpfade leiten innovativ fehl.

4. Turbulente Zeiten sind Innovationszeiten

Wir erleben eine Epoche wachsender Komplexität, Dynamik und Umstrukturierung.
Um zu überleben, müssen wir der Innovation endlich den ihr gebührenden Platz ein-
räumen. Dabei ist unter industriellem Innovieren die Umorientierung und Erfahrungskumulation zu einer höherqualifizierten Leistung im Rahmen rationeller —
und nicht etwa ideologischer — Kriterien zu verstehen. Innovieren stellt also im
Grunde genommen das Lernziel dar, in eine komplexere und dynamischere Bezugswelt hineinzuwachsen, wobei das Wechselspiel zwischen Technik, Ökonomie und
Psyche harte, rationelle Prämissen setzt, die Höhenflüge oder Egoismen zügelt und
an die Wirklichkeit bindet.

4.1 Innovative Effizienz- und Führungslücke

Mehrere Untersuchungen weisen darauf hin, daß die Erfolgsrate innovativer Prozesse erschreckend niedrig ist oder — anders gesehen — geringfügige Verbesserung in
der Gesamthandhabung bereits erhebliche Ergebnisverbesserungen versprechen. Die
Aussage ist so eindeutig, daß trotz aller Vorbehalte gegen solche Statistiken hier ein
quantitatives Bild dieser vielversprechenden 'Effizienz- und Führungslücke' gezeichnet werden soll:

Von 400 - 500 Produktideen kommt es bei 100 zu einer technischen Entwicklung.
Davon erreichen

50 – 65	Fertigungsreife bzw. das Stadium des Prototyps (Invention). Davon werden
35 – 45	für einen Testmarkt oder den Verkauf freigegeben. Nur
12 – 15	sind letztlich unter betriebswirtschaftlichen Gesichtpunkten erfolgreich.

Die Hauptgründe dieses Verschleißes an Fähigkeit und Kapital ist in Vorurteilen,
mangelnder Systematik und unterlassener Kumulation von einschlägiger Erfahrung
zu suchen. Viele Innovationen sind auf diese Weise bereits vor dem Start auf Mißerfolg programmiert.

Diese Zahlen stützen im übrigen einige Vermutungen grundsätzlicher Natur: Technischer Erfolg ist unerläßlich, aber es reicht offenbar nicht aus, um die Kontinuität des Unternehmens zu gewährleisten. Selbst die Inventionen, die das Stadium des Prototyps nicht erreichten, scheiterten in den seltensten Fällen an der technischen Machbarkeit.

Neben Produkt- wird im allgemeinen nur noch von Markt-Innovation gesprochen; dieses Buch legt besonderen Wert drauf zu zeigen, daß alle anderen Bereiche zunehmend von den industriellen Innovationsprozessen mit erfaßt werden und irgendeine Schwäche in irgendeinem Bereich den Gesamtprozeß zum Scheitern bringen kann. Es ist deshalb im allgemeinen von System-Innovation zu sprechen. Im übrigen sind nur Produkt-Anpassungen, aber keine Produkt-Innovationen ohne nachfolgende Markt-Innovation denkbar.

Die Erfolgsrate von Markt-Innovationen ist offenbar kleiner als die der Produkt—Inventionen, wobei in den angegebenen Relationen auch reine Markt-Innovationen enthalten sind (Vorhandene Technik in neue Marktsegmente). Die Unwägbarkeiten der Markt-Innovation sind durchwegs größer als bei Produkt-Inventionen. Im Extrem müssen Investitionen getätigt werden für Produkte, die es noch nicht gibt und für Bedürfnisse, die erst zu entwickeln sind, gegen Wettbewerber mit irgendwelchen Gegenstrategien und unter noch unbekannten gesetzlichen, politischen, wirtschaftlichen und gesellschaftlichen Bedingungen.

Von den 12 – 15 letztlich erfolgreich gebliebenen Innovationen blieben übrigens rd. 80% im Rahmen der Planung, während von den Mißerfolgen 3/4 den Zeitplan und 2/3 die Kostenvorgaben überzogen. Eine sorgfältige Planung und deren laufende Kontrolle sind also ein wichtiges Instrument zum Führen innovativer Prozesse. Dabei zeigt die Marktdurchdringung häufiger und größere Planabweichungen als die technische Innovation. Bei Investitionsgütern kann die Marktdurchdringung bis zur Marktreife bis zum Doppelten an Zeit und Kosten verlangen wie die technische Phase.

Es gibt Unterschiede zwischen den innovativen Anforderungen der Branchen, Betriebsgrößen, Abteilungen, Produktlebensphasen usw., aber die erforderlichen Verhaltensweisen ähneln sich weit mehr als etwa Routine und Innovativ-Verhalten innerhalb derselben Firma.

4.2 Innovation als Übergang in eine Entwicklungsphase
höherer Leistungsfähigkeit

Das Wesen der Innovation ist uns aus Lebensabläufen vertraut, unserem eigenen, dem von Produkten, Firmengeschichten, Ideologien, Kulturen. Dem erfahrenen Innovator geben wiederkehrende, idealtypische Merkmale solcher Abläufe wichtige

Fingerzeige. Aber es sind vor allem die Unterschiede in der Höhe und Länge der individuellen Leistungsfähigkeit, die ihn interessieren; sie alleine kann er beeinflussen. Was er sucht, ist dauerhafte und nicht zufällige oder gelegentliche Erstklassigkeit. Alle Lebens- und Alterungskurven zeigen vergleichbare Phasen: (Zeugung), Geburt, Lernphase, Expansion, Krise bzw. Sättigung, und − hier folgen die größten individuellen Unterschiede mit einem Spektrum zwischen − Zerfall und innovativem Durchbruch zu einer höher qualifizierten L e i s t u n g s f ä h i g k e i t.

4.21 Produktlebenskurve

Produkte und Sortimente entwickeln sich im Markte nach Gesetzmäßigkeit, die an Lebenskurven mit Wachstum, Reife und Tod erinnern. Hierauf wird noch verschiedentlich zurückzukommen sein (vgl. 5.1 und 6.335). Die Beherrschung dieser Dynamik fordert innovative Umorientierung und Erfahrungskumulation. Arthur D. Little gibt folgenden Überblick über den Wechsel charakteristischer Eigenheiten in den einzelnen Lebensphasen von Produkten (siehe Abb. 2):

4.22 Menschlicher Lebensverlauf

Den L e b e n s l a u f   e i n e s   M e n s c h e n kann man als Reifungsprozeß zu höheren Bedürfnisstufen und fortgeschrittenem 'Erwachsensein' auffassen. Erwachsen werden hat biologische, psychische, geistige, soziale und kulturelle Aspekte. Je primitiver die Bezugswelt ist, um so geschlossener, einfacher und kürzer ist der Übergang von der Kindheit ins Erwachsensein. Mit fortschreitender Zivilisation fallen die genannten Reifeaspekte zeitlich auseinander, und es ergeben sich Anforderungen, die durch einfache Lernmethoden (Versuch und Irrtum, Strafe und Belohnung etc.) nicht mehr zu bewältigen sind. Jugendliche, psychisch noch Kinder, sind biologisch bereits zeugungsfähig. Zunehmende Komplexität im Zusammenleben und längere Ausbildungszeiten zur Bewältigung des wachsenden Stoffes tragen das ihre dazu bei, das soziale Erwachsensein weiter hinauszuschieben. Es ist ein langer Weg voller Unausgewogenheit und Unsicherheiten zum Erwachsensein; mancher bleibt in einer Zwischenstufe hängen, wir alle fallen gelegentlich auf Vorstufen dieser Entwicklung zurück (wenn z.B. die höheren Verhaltensweisen nicht den gewünschten Erfolg bringen) und es gibt auch das Überspringen von Reifestufen, was zu einer 'Scheinerwachsenheit' führt.

Unter dem Gesichtspunkt des innovativen Führens interessiert uns vor allem der berufliche Lebensabschnitt. Er schließt an das rezeptive Lernen der Jugend an und beginnt damit, das Empfangene und Aufgenommene nun anzuwenden und damit seinen sozialen Raum aufzubauen (Expansive Phase). Der normale Berufsanfänger sucht seine Grenzen auszuloten, überschätzt sich bisweilen, unterschätzt die Erfahrung anderer, experimentiert, geht 'auf Wanderschaft', reagiert noch stark emotionell und egozentrisch, bei innovativer Veranlagung nicht selten illusionär; zu führen lernt er am besten in der Kleingruppe mit unmittelbarem Kontakt und an Aufgaben mit erkennbaren Arbeitsresultaten.

Categcry	Characteristics			
Managerial	Entrepreneur	Sophisticated Mkl. Mgr.	Critical Administrator	Opportunistic Milker
Planning Time Frame	Long Enough to Draw Tentative Life Cycle (10)	Long Range-Investment Payout (7)	Intermediate (3)	Short Range II
Structure	Free Form or Task Force	Semi-Permanent Task Force Product or Market Division	Business Division Plus Task Force for Renewal	Pared-Down Division
Compensation	High Variable/Low Fixed Fluctuating with Performance	Balanced Variable and Fixed Individual and Group Rewards	Low Variable HighFixed Group Rewards	Fixed Only
Communication System	Informal/Tailor-Made	Format/Tailor-Made	Format/Uniform	Little or None Command System
Measuring and Reporting	Qualitative Marketing Unwritten	Qualitative and Quantit. Early Warning System All Functions	Quantitative Written Production Oriented	Numerical Written Balance Sheet Oriented
Corporate Department	Market Research New Product Development	Operations Research Organization Development	Value Analysis Data Processing Taxes and Insurance	Purchasing
Maturity Curve	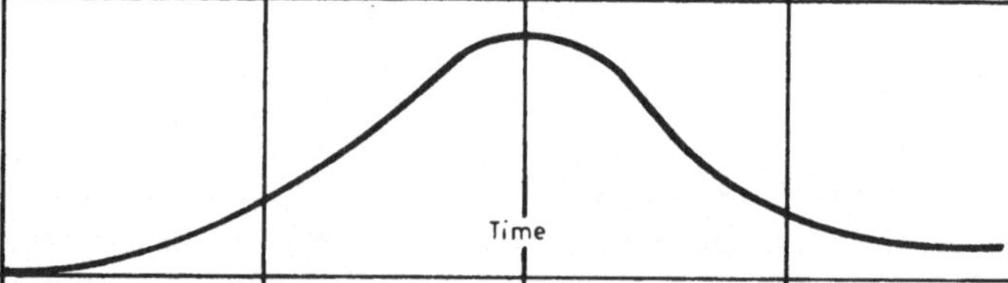	Time		
Industry/Market	High Growth/Low Shares	High Growth/High Shares	Low Growth/High Shares	Low Growth/Low Shares
Financial	Cash Hungry Low Reported Earnings Good P/E High Debt Level	Self-Financing Cash Hungry Good to Low Reported Earnings High P/E, Low Moderate Dept Level	Cash Rich High Earnings Fair P/E No Dept-High Debt Capacity	Fair Cash Low Earnings Low P/C Low Dept Capacity
Title	Embryonic	Growth	Mature	Aging

Abb. 2: Produktlebenskurve (4.21)

Mit wachsender Vertrautheit und Erfahrung läßt die Gärung nach, der Anfänger wird zum Aufsteiger, der Probleme mehr verstandesgemäß angeht; er liefert analytische Beiträge zur Invention, plant, ob er zu einem Anpasser, einem Machtpromotor oder einem Innovations-Katalysator wird, hängt stark davon ab, welche Gelegenheit ihm gegeben wird, sich außerhalb eingleisiger Tagesroutine umzuschauen und zu entfalten, wie er gefordert und gefördert wird.

In den 40igern kommt nun die Krise, die darüber entscheidet, ob sein Leben erfüllt und sinnvoll wird oder ausgefüllt und biologisch-animalisch bleibt. Im Gegensatz zu den Vorphasen hängt dieser Durchbruch in die soziale Phase weitgehend vom Menschen selbst und nicht den äußeren Umständen ab.

30

Erste Anzeichen sind das Auftauchen der Frage nach dem Sinn des Erreichten, wohin das führen soll. Es gibt vielerlei Antworten, die nicht zum Durchbruch ausreichen und deshalb letztlich -auch bei äußerem Erfolg — menschlich in Unzufriedenheit, Rückschritt und Zerfall führen. Solch eine Antwort ist das Beharren auf dem, was man für jugendlich oder expansiv hält (z.B. Flucht in Arbeit, Moden, Sportarten) oder falsch verstandene 'Erneuerung' (z.B. Stellungswechsel und Ehescheidung). Verhaltensseitig ist verfehlte Weiterentwicklung erkennbar in exzessiver Bedürfnisbefriedigung und Demonstration sozialer Selbsteinschätzung.

Die einzige Möglichkeit, sich weiter zu entfalten und einen neuen Lebenshorizont aufzustoßen, besteht in dem Wandel der Einstellung zu sich und dem Dasein (und nicht darin, äußerlich Andersartiges zu tun). Verhaltensseitig wird Ego-Zentrik durch die Bewußtwerdung des eigenen Seins am Du, durch eine Hinordnung auf Gemeinsamkeiten abgelöst. Der so geweitete Horizont, Freude am Wirken um der Aufgabe willen, innere Stabilität, Reife und emotionelle Distanz verleihen den Menschen der sozialen Phase Führungsmerkmale, die über das persönliche und organisierende Führen hinausgehen. Sie befähigen ihn dazu, wesentliche Ziele zu konzipieren, diese auf ihre Konsequenzen hin zu durchschauen und die angemessenen integrativen Impulse zu geben.

Zusammenfassend ist festzuhalten, daß der Mensch — im Gegensatz zur Maschine — im Laufe der Zeit keine Wertminderung zu erfahren braucht, sondern, bei richtigem Einsatz und geeigneter Behandlung trotz des Überschreitens gewisser biologischer

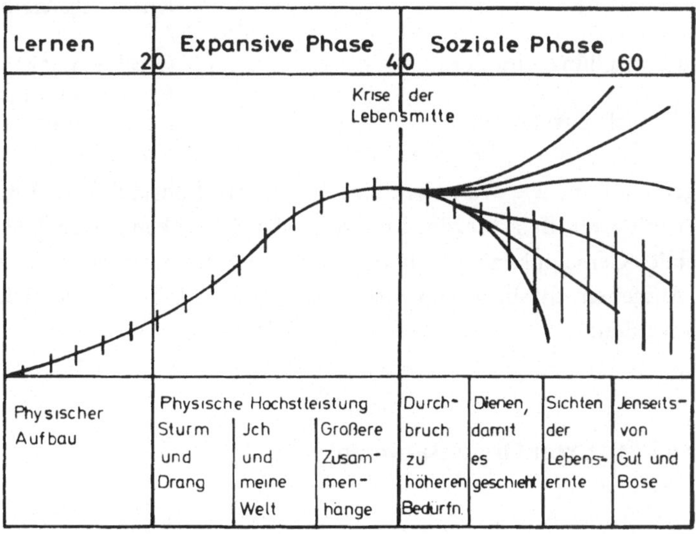

Abb. 3: Entfaltungsphasen des Menschen

Maximalwerte immer hochwertiger und nutzbringender zu werden vermag, indem er
das Diktat seiner Grundbedürfnisse überwindend höhere Stufen der Bedürfnis-Pyra-
mide erklimmt, reift und damit Senilität zeitlich hinausschiebt.

Der verbreiteten Auffassung, innovative Aufgaben könnten am besten von Menschen unter 40 gelöst werden, liegt folgender Kettenschluß zugrunde: Innovation
fordert Beweglichkeit, ältere Menschen sind unbeweglich, deshalb sind ältere Menschen für Innovationen ungeeigneter als Menschen in der Expansionsphase. Abgesehen davon, daß es neben 30jährigen Greisen auch vitale Endsiebziger gibt, wird
das individuelle Innovationsvermögen von einer ganzen Reihe von Eigenschaften beeinflußt, die teils unabhängig sind vom Alter, teils nachlassen, sich teils aber mit
dem Lebensalter auch entfalten können.

Mit dem Alter

können wachsen	müssen abnehmen
— Erfassen von Zusammenhängen	— Muskelkraft
— Fähigkeit zu planendem Denken	— Ausdauer gegenüber hohen körperlichen und seelischen Belastungen
— Fähigkeit zwischenmenschliche Spannungen auszugleichen	
— Verantwortungsbewußtsein	— Seh- und Hörvermögen
— Ausgeglichenheit	— Kurzzeitgedächnis
— Positive Einstellung zum Beruf	— Geschwindigkeit der Informationsaufnahme und -verarbeitung
— Bedürfnis nach Zugehörigkeit	

Andere Eigenschaften, wie Wissensumfang, Konzentrationsfähigkeit, Frustrationstoleranz bei mittleren Belastungen, Initiative oder Sprachkenntnisse sind entgegen
anderslautender Gemeinplätze unabhängig vom Alter. So besehen gibt es zahlreiche
innovative Aufgaben, die überhaupt erst nach erfolgreich bewältigter Lebensmitte
bewältigbar werden.

4.23 Entwicklung von Organisationen

Unter Organisation verstehen wir soziale Systeme, die planvoll auf bestimmte Ziele
ausgerichtet sind, spezielle Zwecke verfolgen und im allgemeinen auch beim Wech-

sel ihrer Mitglieder ihre Kontinuität bewahren (also auch gemeinnützige Institute oder Behörden, aber z.B. keine Familien).

Die Entwicklung von Organisationen zeigt 3 idealtypische Phasen: Pionierzeit, Differenzierung und Integration. Neue Aktivitäten innerhalb einer Organisation tendieren zur selben Phasenfolge, passen sich aber möglichst rasch dem Entwicklungsstand der Mutterorganisation an. Die '3-Generations-Regel' von Familienbetrieben von Aufbau über Ausbau zum Niedergang ist erziehungsbedingt und hat nichts mit den idealtypischen Entwicklungsphasen der Organisation zu tun.
Die Übergänge zwischen diesen Phasen stellen besonders schwierige innovative Anforderungen. Dissonanzen erwachsen auch aus dem erwähnten Nebeneinander verschiedener Phasen innerhalb desselben Unternehmens; während man bisher auf Gleichschaltung drängte, setzt sich im modernen Management immer mehr die Berücksichtigung phasentypischer Eigenheiten durch (2); die Gewährleistung der ebenso unerläßlichen Integration zwischen Ressorts und Teilsystemen stellt dementsprechend hohe Ansprüche an die Führungsqualität.

Die Pionierphase ist personenbezogen. Der typische Pionier ist Manager und Innovator in einem. Das funktioniert gut, solange die Schwungkraft seiner Idee anhält, er alles und jeden kennt sowie mit seinem persönlichen Willen bis ins letzte Glied durchdringt. Die Phase zeichnet sich aus durch unmittelbare Verbindung zu den Anforderungen und Ergebnissen des eigenen Arbeitsbeitrages, Kundenorientierung, hohe Beweglichkeit, gepaart mit Innovationsfreudigkeit, formlose Entfaltungsmöglichkeit und Enthusiasmus.

Die Begrenzung wächst mit dem Erfolg. Ab 300 bis 400 Köpfen sind die Dinge nicht mehr zentral transparent und steuerbar (beim Wechsel an der Spitze mangels historischer Kenntnisse noch früher), Spezialisierung, Delegation und Planung werden erforderlich, die weitere Expansion verlangt nach Fremdkapital und Management-Techniken. Die Krise kündigt sich durch abnehmende Entschlußfähigkeit, Despotie und Hofschranzen, Fehlinvestitionen sowie Kommunikationsschwierigkeiten an.

Die Differenzierungsphase muß mit einem ungebrochenen Mengenwachstum fertig werden und wendet deshalb ihre Aufmerksamkeit dem Firmenkörper zu; strukturelle und instrumentelle Maßnahmen stehen im Vordergrund.

Produzentendenken schiebt sich vor die den Unternehmenszweck formenden Bedürfnisse der Bezugswelt. Die Stärke dieser Phase liegt in der Spezialisierung, Mechanisierung und Standardisierung; sie gestatten produktive Mengenbewältigung (d.h. Expansion) und Ausbildung von Routine (d.h. Bewältigung sich wiederholender komplexer Zusammenhänge). Es entsteht ein Netz horizontaler Funktionen und vertikaler Verantwortungsebenen.

Diese Zergliederung verfremdet die Arbeit (Job-Denken, Trennung ausführender und dispositiver Funktionen) und verlangt nach mehr auferlegter Kontrolle und Koordination. Der 'Apparat' bläht sich auf bis zum Selbstzweck, der Stil wird zunehmend autokratisch. Das 'Koordinationskraut' beginnt zu wuchern und Verhaltensweisen nehmen überhand, die dem Fortkommen des einzelnen dienen, aber dem des Ganzen schaden; der Firmenkörper verschlackt in Formalismen, wird bürokratisch.

Reichen Wachstumsschwung, Substanz und Innovationspotential noch aus, kommt es zur I n t e g r a t i o n s p h a s e. An die Stelle der Steuerung tritt Selbstregelung, emanzipierte Menschen erhalten mehr Entfaltungsfreiheit, ihnen wird aber auch eine höhere Qualifikation abverlangt (vgl. 4.33), die Teilbereiche — innen wie außen — werden gemeinsam und unter gesamthaften Konzepten integriert. Neben das Produkt tritt die kundenorientierte und schließlich die systemorientierte Dienstleistung.

Während sich der Mensch im Rahmen seiner Anlagen immer weiter und höher zu entfalten vermag, ist sein biologischer Tod unvermeidbar. Die sozio-technische Organisation dagegen vermag über ihre Anlagen hinauszuwachsen, sich völlig neue und höherwertige Eigenschaften zuzulegen, im Prinzip ewig zu leben. Die Ursache ist aus der Mikroebene heraus zu verstehen, die einzelne 'Zelle' der Organisation ist auswechselbar, beim Menschen nicht.

4.3 Komplexität als Innovationsanlaß

4.31 System-Hierarchie

Wir denken in Modellen. Mehr Komplexität bedeutet dann oft, daß das bisher bewährte Anpassungs-Modell überfordert und deshalb ein anderes Modell zu wählen ist, das die zusätzlichen Variablen, auf die es ankommt auch noch beherrscht. Boulding hat eine Hierarchie von Denkmodellen zunehmender Komplexität aufgestellt (Abb. 4). Solche Denkmodelle dienen der Orientierung, Verständigungs-Rationalisierung und Denkschulung. Als Handlungsanweisung sind sie ungeeignet. Modelle sind in der Hand des Kundigen wie Wünschelruten zum Aufspüren bestimmter Teilaspekte der Wirklichkeit.

Allgemein läßt sich feststellen: Jedes Ding, Lebewesen oder System besitzt bestimmte Eigenschaften und Verhaltensweisen. Diese sind den situativen Anforderungen unterschiedlich gewachsen: Man spricht von der Qualifikation oder dem Eigenschafts-Profil für bestimmte Anforderungen oder Aufgaben.

Vergleichen wir die Profile zweier Systeme, die untereinander in Beziehung stehen, dann zeigen sich Differenzen und Übereinstimmungen, die sich innovationsbehindernd (Dissonanzen) oder innovationsfördernd (Resonanzen) auswirken können. Führen bedeutet diese Kräfte in ihrer Stärke und Richtung zu beeinflußsen. Um die verbleibende Konflikt-Spannung konstruktiv nutzen zu können, muß der Führungsverantwortliche den trennenden polaren Kräften geeignete integrierende Kräfte entgegenzusetzen verstehen.

Situationswechsel läuft in einer komplexen und dynamischen Umwelt immer wieder auf die Forderung nach Qualifikationszuwachs hinaus, d.h. auf die Notwendigkeit zu innovieren. Die Natur macht dies über zufällige Mutation und natürliche Auslese, der wirtschaftende Mensch durch abstrakte Vorselektion, gezielten Versuch und Wettbewerbsauslese. Der Übergang aus der Stabilität einer Qualifikation in die einer anderen braucht Zeit und durchlebt während dieser eine labile Phase. Diesen Übergang nennen wir den Innovationsprozeß.

Systeme setzen sich aus E l e m e n t e n zusammen. Diese können selbst wieder Sub-Systeme sein. Zwischen den Elementen bestehen wechselseitige B e z i e h u n - g e n ergänzender, verdrängender oder parasitärer Art. Gegenüber der Umwelt zeigen Systeme bestimmte V e r h a l t e n s w e i s e n , die von ihren Elementen sowie deren Anordnung abhängen und auf Sicherung und – im Störungsfall – auf Wiederherstellung b e v o r z u g t e r (nicht irgendwelcher) s t a b i l e r S y - s t e m z u s t ä n d e gerichtet sind. Selbsterhaltung, Wachstum und Evolution sind grundlegende Verhaltensmuster. Eng verbunden mit der Fähigkeit, sich nach diesen prinzipiellen Mustern fortzuentwickeln, steht der Kommunikationsaustausch zwischen den Elementen und Systemen. Struktur des Systems und Sozialverhalten der Elemente bedingen sich wechselseitig; hohe Anpassungsfähigkeit geht z. B. Hand in Hand mit einer entsprechenden Autonomie der 'Organe' bzw. Elemente.

Eine O r g a n i s a t i o n (Unternehmen, Behörde, Schule etc.) strukturiert sich nach einem Plan aus Elementen bzw. Systemen, die gemeinsam, bewußt und dauerhaft eine Aufgabe erfüllen wollen. Ihre generelle Zweckorientierung und die von der Einzelperson unabhängige Kontinuität der Organisation unterscheidet sie von Gruppierungen wie sie die Familie oder der Freundeskreis darstellen.

Der Bestand einer Organisation hängt deshalb von folgenden Faktoren ab:

– Das innere Wirkgefüge (Aufbau- und Ablauforganisation, Beziehungen) in Ordnung zu halten;

– Mit der Bezugswelt zu harmonieren;

– Die gesetzten Ziele zu erreichen und dabei die prinzipiellen Verhaltensmuster zu erfüllen.

Anorgan. u. technische Wirklichkeit	Biologische Wirklichkeit	Soziale Wirklichkeit
1 Statische Systeme räumliche Zusammenhänge (Pyramide, Brücke, Organigramm)	4 Zelle erhält sich, erzielt Energieüberschuß, vermehrt sich, vererbt Informationen	7 Mensch Selbstbewußtsein, (weiß, daß er weiß) Abstraktionsvermögen (Sprache) sieht sich in Zeitablauf (weiß vom Tod). Gestaltet, agiert bewußt. Weitung der Sinne u. Kräfte durch Technik
2 Gesteuerte Systeme (Getriebe, Hebelwerk) Werden durch Eingriffe von außen auf neues Gleichgewicht eingestellt.	5 Pflanze Subsysteme (Blatt, Blüte) nach Plan, Lebenskurven, Such- u. Lernprozesse, Evolutionen	8 Soziale Systeme Multiplikation der individuellen Fähigkeiten Schutz des Individuums (Kulturelle Werte, Normen, Ziele)
3 Geregelte Systeme (Dampfturbine, Computer Netzpläne, Kybernetik) passen sich im Rahmen fest vorgegebener Ausregelgrenzen an	6 Tiere Arteigenes Informations- system (Sinnesorgan), größere Beweglichkeit, individuell abrufbare Erfahrung mit zentraler Verarbeitung, zweckgerichtetes Reagieren, Selbstwahrnehmung, Herdenverhalten.	9 Transzendentale Syst. letzter Rückhalt, ideelle Überhöhung Ethik, Religion Weltanschauung)

Abb. 4: Systemhierarchie nach Boulding

Um diesen Anforderungen genügen zu können, bedarf es fortwährender Innovation, nicht nur wegen der ständigen Wandlung der Bezugswelt, sondern ebenso der eigenen menschlichen Elemente (4.22).

Die industrielle Praxis bedient sich vorzugsweise der technisch-ökonomischen Denkmodelle 1 bis 3; die menschliche und soziale Komponente findet in diesen Denkansätzen überhaupt keine Berücksichtigung. Gerade diese sind aber für die innovativen Prozesse ausschlaggebend. Nicht nur, daß der Mensch Initiator, Träger und Ziel des Innovierens ist. Alleine das soziale System ist in der Lage, sich gezielt die Fähigkeiten zuwachsen zu lassen, die die wachsenden Umweltanforderungen zu beherrschen vermögen.

Statische Systeme werden durch Umstrukturierung verändert. Gesteuerten Systemen (z.B. dem Uhrwerk) gibt man einen neuen Gleichgewichtszustand; gegenüber dem statischen System ist bereits die Zeit eingeführt, allerdings als getrennter Vektor a priori. Kybernetische Systeme (z.B. der Thermostat) können zusätzlich Informationen selbst ausdeuten und übertragen. Damit halten sie jedes Gleichgewicht innerhalb eines eingestellten Spielraums, d.h. es besteht ein Kontinuum und ein Freiraum für Entscheidung und Handlung (Mgt. by exception). Möglich wird dies durch Vergleich des tatsächlichen Wertes mit einer Zielvorgabe (Mgt. by objectives).

Die Zelle ist zwar Baustein des Lebens, aber wir können schon sie nur beschreiben und nicht wirklich verstehen. Sie ist bereits auf Signale aus der Umwelt programmiert. Instinkte geben den Tieren Sicherheit zum Preis der Unfähigkeit individuellen Lernens. Erst das unprogrammierte menschliche Großhirn ermöglicht Bewußtsein, Vernunft, Vorstellungsvermögen und Entscheidungsfreiheit und damit die Bewältigung neuartiger Situationen durch hypothetische Modelle und Versuche.

Dieses Buch benutzt bewußt auch die Zwischenmodelle bis zum sozialen System. So wird in 4.33 die Zellteilung zu Hilfe genommen, die Alterungskurven (6.335) und periodischen Schwankungen der fünften Systemkategorie als Planungshilfen benutzt sowie Reaktions- und Lernmuster aus Tierversuchen herangezogen. Individualpsychologie und Soziologie nehmen einen breiten Raum ein.

Menschen schließen sich zu sozialen Systemen zusammen, um die Lebensbedingungen besser bewältigen und sich selbst besser entfalten zu können. Das soziale System schützt und fördert den Menschen. Die unternehmerische Wirklichkeit wird zusätzlich geprägt durch Mensch-Maschine-Systeme und die Tatsache, daß das Unternehmen nicht autonomer Selbstzweck ist, sondern vom Rückfluß seiner Beiträge an andere Systeme lebt. Innovieren kann aus dieser Sicht als professionelles Vorgehen zur Bewältigung von Komplexität und Dynamik bezeichnet werden.

Innovatives Tun ist auf das Bedürfnis nach Sinnerfüllung angewiesen, denn Sinnerfüllung verleiht Sicherheit im Angesicht von Unkenntnis und Bedrohung. Demgegenüber brechen Spezialisieren Analysieren oder Checklisten die Zusammenhänge auf, was Desorientierung und damit Sinnentleerung zur Folge haben kann. Sinn läßt sich nicht einfach verkünden oder durchdrücken, er will gefunden werden. Getragen wird dieser Prozeß durch Wahrnehmung der Wirklichkeit einerseits und Aufspüren ihrer Möglichkeiten an Hand eines vorgeordneten Modells andererseits, alles andere wäre „Un"-sinn. Dem sozialen System vorgeordnet ist alleine das transzendentale System. Transzendentale Substanz und Wahrnehmung der Wirklichkeit sind deshalb Voraussetzung für erfolgreiches Innovieren in und von sozio-ökonomisch-technischen Systemen.

Jener Primat, dem es zum ersten Mal gelang, seine eigenen Reaktionsmuster in Frage zu stellen und sie im Blick auf die Anforderungen seiner Bezugswelt bewußt-gezielt zu verbessern, das war der erste Mensch. Die Entwicklung der Menschheit ist die Geschichte menschlichen Innovierens. Wir gliedern sie bezeichnenderweise gerne nach technischen Stufen wie Stein-, Eisen- oder Computerzeitalter. Aber andere, insbesondere die ökonomischen oder soziologischen Aspekte dieser Entwicklung sind mindestens ebenso bedeutsam. Auch im Kleinen, für den Einzelnen oder eine Firma, erfaßt innovativer Fortschritt und Wandel menschliches Sein gesamthaft, was keineswegs nur eine Frage der verfügbaren Techniken und Mittel, sondern ebenso der Aktionsmuster ist. Innovativer Wandel bedeutet nicht Reagieren auf der vorhandenen Problemlösungsebene, sondern den Durchbruch zu einer höheren Leistungsfähigkeit. Freilich ist es plausibel und bequemer, härter zuzupacken, Bewährtes zu perfektionieren und aus der Hüfte zu schießen. Aber das bringt alles nur eine Zeitlang Entlastung, währenddessen die Entwicklung weitergeht, um schließlich einem Naturereignis gleich hereinzubrechen.

4.32 Gegenseitige Abhängigkeit

4.321 Stakeholder-Konzept

Die externe B e z u g s w e l t ist jener Ausschnitt der allgemeinen Umwelt, auf den der Unternehmenszweck ausgerichtet ist. Im Wissen um die eigenen Möglichkeiten, Schwächen und Stärken wird daraus ein Bezugsfeld ermittelt und als Problemstellung abgesteckt (also z. B. nicht Herstellung von Schrauben, sondern von (lösbaren) Wand-Befestigungen).

Das S t a k e h o l d e r — K o n z e p t weist darauf hin, daß das Unternehmen nicht nur die Interessen der Kunden, Gewerkschaften und Eigentümer berücksichtigen muß, sondern zunehmend auch die Ansprüche und Einflußmöglichkeiten weiterer 'stakeholders' wie Gesetzgeber, Banken, Zulieferer, Groß- und Einzelhandel u.a.m. Jede dieser Gruppen ist situationsbedingt in der Lage, die Erreichung des Unternehmensziels zu fördern oder zu gefährden. Umgekehrt können eigene neue Lösungen bei den Partnern dieser "Symbiose" neue Probleme auslösen (z. B. Störungen des soziologischen oder ökologischen Gleichgewichts), die mittelbar zurückschlagen oder deren Gesamtschaden in keinem Verhältnis zum Individualnutzen steht. Deshalb müssen sich diese Bezugsweltkräfte in der Eigenstruktur spiegeln, die entsprechenden Subsysteme des Unternehmens die Mindestanforderung der stakeholders befriedigen können, auf die Unternehmensziele und -ordnung hin integrierbar sein.

Bezugssegment des äußeren Beziehungsfeldes	Eigenes Subsystem des inneren Beziehungsfeldes
Technologie, Ausrüster für Fertigungsanlagen, Sicherheitsvorschriften	Fabrikation
Zulieferer, Rohstoffmärkte	Einkauf
Wissenschaften, Technologie, Markt	Forschung
Arbeitsmarkt, Gesetzgebung	Personal
Presse Parteien, Anlieger	PR
Banken, Versicherungen, Kredit-Institute	Finanzen
Kunden, Händler, Wettbewerber, Handelsrecht, Öffentlichkeit.	Verkauf

Welcher Art die Beziehung zwischen Bezugssegmenten und Subsystem ist, schlägt
sich am deutlichsten im Kommunikationsbedürfnis nieder. Das läßt sich mit folgenden Parametern erfassen:

Parameter:	Kommunikationsbedürfnis:
Zeithorizont	kurz-/langfristig
Zielvorstellung	gerichtet/anspruchsvoll
	diffus/extrapoliert
Organisation	straff/formalistisch/ flexibel problemgerecht
Einstellung, Stil	leistungs-/personenorientiert

Zu Dissonanzen zwischen eigenem Teilsystem und Bezugssegment kommt es, sobald
dieselbe Problematik verschieden gesehen wird, also z.B. von der einen Seite kurz-
und der anderen langfristig.

Wenn etwa ein Verkäufer, dem es allein darauf ankommt, rasch Umsatz zu machen,
auf einen Käufer trifft, der eine gute und dauerhafte Geschäftsverbindung sucht,
dann stimmen Zeithorizont und Zielorientierung nicht überein. Für solchen Käufer
haben selbst Qualität und Lieferzeit noch Hintergrundeigenschaften; sie bleiben für
sie pure Behauptung, solange sie nicht erfüllt sind. Gewißheit sucht solcher Käufer

durch einen dauerhaften, persönlichen Kontakt, der sich durch Informiertheit des
Verkäufers, Problemorientierung, jederzeitige Ansprechbarkeit, Großzügigkeit, Verläßlichkeit u.ä.m. fördern läßt. Je weniger diese Voraussetzungen erfüllt sind, um so
mehr muß der Verkäufer vom Preis reden und sich seinen Umsatz durch Konditionen zu kaufen versuchen. Hochdruckverkäufer sind im Umgang mit solchem
Kunden völlig fehl am Platz.

Es wird vielleicht überraschen, daß vier Parameter ein komplexes Profil zu erfassen
in der Lage sein sollen. Das liegt daran, daß die Spektren der Einzelparameter selbst
wieder einen ganzen Fächer von quantitativ und qualitativ unterschiedlichen Einflüssen wiedergeben. Am deutlichsten ist dies bei dem Parameter 'Einstellung' zu erkennen. Blake und Mouton haben dieses Spektrum 'Verhaltensgitter' genannt; es
katalogisiert systematisch alle Führungsstile und demgemäß auch das entsprechende
Verhalten beim Innovieren, in Konflikten, bei der Entscheidungsfindung usw. (vgl.
6.461).

Der interne Apparat erhält also Sinn, Ziel und Strukturierung aus seiner externen
Bezugswelt. Die gegenseitige Beziehung läßt sich als mehr oder weniger offenes
System kennzeichnen. Innovationen verleihen dem System, den Beziehungen und
der Bezugswelt neue Eigenschaften, die gemeinsame Probleme besser zu bewältigen
erlauben.

Die Spiegelung der Bezugswelt auf das Unternehmen zieht Profildifferenzen der
Subsysteme untereinander nach sich. Für diese gelten dieselben Parameter. Der ent-
scheidende Unterschied liegt darin, daß diese Beziehungen in einem geschlossenen
System stattfinden. Zu geringe Differenzierung z.B. in Gestalt von Kompetenzüber-
schneidungen (vgl. auch 8.1) führt zum Rivalisieren, aber nicht zu Wettbewerbsan-
sporn oder gar Einvernehmen. Zu hohe Differenzierung liegt vor, wenn Führung
und soziale Reife nicht in der Lage sind, die unterschiedlichen Interessen auf das
Unternehmensganze zu integrieren. Eine mögliche und viel zu wenig angewandte
Strategie besteht dann in einem geplanten Wechsel der Bezugswelt.

Hier einige Äußerungen zwischen eigenen Subsystemen, die die Dissonanz der ange-
führten Parameter unschwer erkennen lassen:

Zentrale:	⟷	Außenstelle:
Die Distanz bekommt denen nicht, die müssen fester an die Leine.		Die haben keine Ahnung von den Marktgegebenheiten, vom Schreibtisch aus sieht das alles so einfach aus.

Vertrieb: ←→ Fertigung:

Wir brauchen kürzere Lieferzeiten, einige Zusatztypen und eine Billigreihe, um gegen die Konkurrenz zu bestehen. Es ist nicht möglich, sich ein halbes Jahr im voraus stückzahlmäßig festzulegen.

Eine Fertigung muß vordisponieren können und braucht Serien. Das ist auch für den Kunden von Vorteil. Der Kunde soll nicht selbst konstruieren, sondern unserer Erfahrung trauen. Unser Vertrieb sollte ihm klarmachen, was er braucht.

Vertrieb: ←→ Buchhaltung:

Bei all diesen Statistiken und Berichten kommt man überhaupt nicht mehr zur eigentlichen Arbeit. Statt ständig zu kontrollieren, sollten die einem einmal rechtzeitig ein paar Kennziffern geben, mit denen sich besser planen läßt.

Die wissen einfach nicht, was sie wollen. Außerdem überschätzen sie ihre Bedeutung, schließlich steht und fällt das Unternehmen mit dem finanziellen Ergebnis. Und irgendjemand muß schließlich den Daumen auf die Kasse halten.

Die leitenden Angestellten, die sich bislang nicht als Gruppe verstanden, werden künftig per Gesetz zu einem internen Subsystem, das zu Vorstand bzw. Geschäftsführung zu den nicht leitenden Mitarbeitern und den Gewerkschaften polarisiert ist. Hier wird eine Menge innovativer Selbstentwicklung erforderlich werden. Die aufgeführten Parameter sind geeignet, auch die sich hier aufbauenden Spannungsfelder nach Art und Stärke auszuloten.

Die geschilderten externen und internen Beziehungen sind nicht statisch. Ein Maß für die Dynamik dieses Geschehens liefert die Bündelung anderer Parameter:

Parameter:	Spektrum:
Zyklische Situation	Verdrängung/Expansion
Veränderungsintensität	stetig/turbulent
Ausgewogenheit	stabil/labil
Koppelung	sich verstärkend/ sich schwächend
Homogenität	punktuell/gesamthaft

Das erste Spektrum stellt sich in Stichworten wie folgt dar:

	Verdrängung	Expansion
Ziel Nr. 1	Kosten senken	Mengen bewältigen
Strategie	Frontbegradigung	Geländegewinn

Führung	straff	großzügig
Klima	rivalisierend	jovial
Kommunikation	direkt	komplex
Zeithorizont	kurz	lang

Die Dynamik des Innovationsprozesses wird noch eingehend unter 4.4 behandelt. Zur Dynamik der Stakeholderbeziehung noch folgende kritische Anmerkung:

Es würde niemandem einfallen, einen Brandstifter als Feuerwehrmann zu rufen. In Politik und Wirtschaft ist dies möglich oder anders ausgedrückt, eine einmal angestoßene Labilität läßt sich auch zum fortwährenden Balanceakt 'hinlösen'; das birgt zwar die Gefahr unkontrollierbarer Weiterungen und damit plötzlicher Abstürze, aber auch die Gewähr 'gebraucht' zu werden bzw. wachsender Bedürfnisse. Wenn deshalb die Rede ist von die Menschheit verschlingenden Trends, Paketlösungen,der 'economy of scale', u.ä., sollten Sie hellwach werden und nach Brandstiftern oder Zeitbomben Ausschau halten.

4.322 Routine – Anpassen – Innovieren

Managen bedeutet nach einer Definition der Deutschen Management-Gesellschaft:

Menschen umweltbezogen in einem dynamischen Analyse-, Entscheidungs- und Kommunikationsverfahren so zu führen,daß Ziele durch planvolles, organisiertes und kontrolliertes Leisten erreicht werden.

In einer Harvard-Studie (vgl. Manager-Magazin 7/76, 'Was Manager wirklich tun') heißt es: Manager reagieren auf die Zwänge ihres Jobs und haben eine Abneigung gegen reflektierende Tätigkeiten, sie müssen zahlreiche Routineaufgaben wahrnehmen, tanzen gleichzeitig auf zahlreichen Hochzeiten, gehen deshalb sporadisch und nur in überschaubaren Lernschritten vor, behalten ihre Entscheidungsprogramme, aus Zeitgründen eher für sich als zu delegieren, verteilen Mittel, suchen und senden Information, versuchen in der Rolle des Unternehmers sich den wandelnden Umweltbedingungen anzupassen. A. Shapero von der Uni Texas kennzeichnet 'Management' wie folgt (vgl. Manager-Magazin 8/76, S.84): 'Management meint vielleicht die 2000 größten Firmen der Welt. Der Begriff suggeriert Kontrolle, Rationalität und Systematik. Untersuchungen über das, was Manager tatsächlich tun, enthüllen jedoch Verhaltensweisen, die nur als chaotisch und voller Improvisation bezeichnet werden können. Wie Stabsleute das Unternehmen sehen, das ist die Essenz des von den Business Schools gepflegten Begriffs 'Management'. Diese Experten sind mehr an Modellen, Graphiken, Verhältniszahlen oder Computerausdrücken interessiert als an den Menschen und der Wirklichkeit. Aus 'Verkauf' oder 'Herstellung' werden analytische Surrogate wie 'Organisations- und Rechnungstheorie', 'Zielabweichung', 'Flexibilität', 'Finanzanalyse', 'break-even', 'operations research', 'Marktforschung' u.a.m. Wir müssen zu einem Denken zurückfinden das auf die natürliche Unordnung des Lebens ausgerichtet ist und nicht auf schöne Abstraktion des Denkers bzw. zu simple Schwarz-Weiß-Vorstellungen des Machers'.

Bewußtes Innovieren gibt die Antwort auf das geschilderte Dilemma. Management im geschilderten Sinne muß gerade in Umbruchszeiten 'chaotisch und voller Improvisation' wirken, wenn es nur auf zwei von drei möglichen Aktionsniveaus ausgerichtet und ausgerüstet ist, nämlich auf Routine- und Anpassungs-Tätigkeiten.

Jedes Management unterliegt aber einer Aufgabenpolarität:
Einerseits muß es das Vorhandene optimal nutzen und sich Störungen flexibel anpassen, andererseits muß es grundlegenden Veränderungen Rechnung tragend das vorhandene Gute durch neues Besseres ablösen. Jedes Unternehmen kennt deshalb drei Arbeitsebenen, die sich vor allem durch ihren unterschiedlichen Gewißtheits- bzw. Risikogehalt unterscheiden. Wir wollen die drei möglichen Aktionsniveaus durch ihr Entscheidungsverhalten beschreiben:

Routine:	Automatischer Wahlakt, Trampelpfade, Unbeweglich gegen Veränderung Modellvorstellung: Pyramide und Uhrwerk. Verarbeitung strukturierter Information
Anpassung:	Normierte Teilentscheidungen Flexibel in fixierten Toleranzen Entscheidung mit Risiko Modellvorstellung: Regelkreis
Innovation:	Entscheidung mit hoher Ungewißheit auf der Basis unstrukturierter 'weicher' Kommunikation. Neues schaffen, Altes verlassen. Modellvorstellung. System und Prozeß.

Routine vermittelt statische Sicherheit, man orientiert sich am Nachbarn und flüchtet hinter „Mauern"; Routine ist das Geschäft, das auf einen zukommt.

Anpassen vermittelt schmiegsame Sicherheit, man orientiert sich an der Vergangenheit, flüchtet in Betriebsamkeit, reagiert; Anpassen ist das Geschäft, das sich zusätzlich durch Aggressivität und Systematik erzielen läßt.

Innovieren vermittelt dynamische Sicherheit, man richtet sich nach der potentiellen Zukunft, flüchtet in schöpferische Lösungen, agiert; Innovieren erschließt strategische Lücken.

Jede dieser Ebenen ist eine in sich komplette, widerspruchslose Wirklichkeit. Jeder Mensch wurzelt in einer dieser Ebenen mehr als in den anderen. Sich in die nächst einfachere Dimension zu versetzen ist schwer, in die komplexere nahezu unmöglich. Glücklicherweise ist die Innovation von heute die Anpassung von morgen und die Routine von übermorgen. Deshalb gibt es auch für jeden eine angemessene Aufgabe.

Im Modell des M a n a g e m e n t - R e g e l k r e i s e s stellen sich diese drei Aktionsarten wie folgt dar:

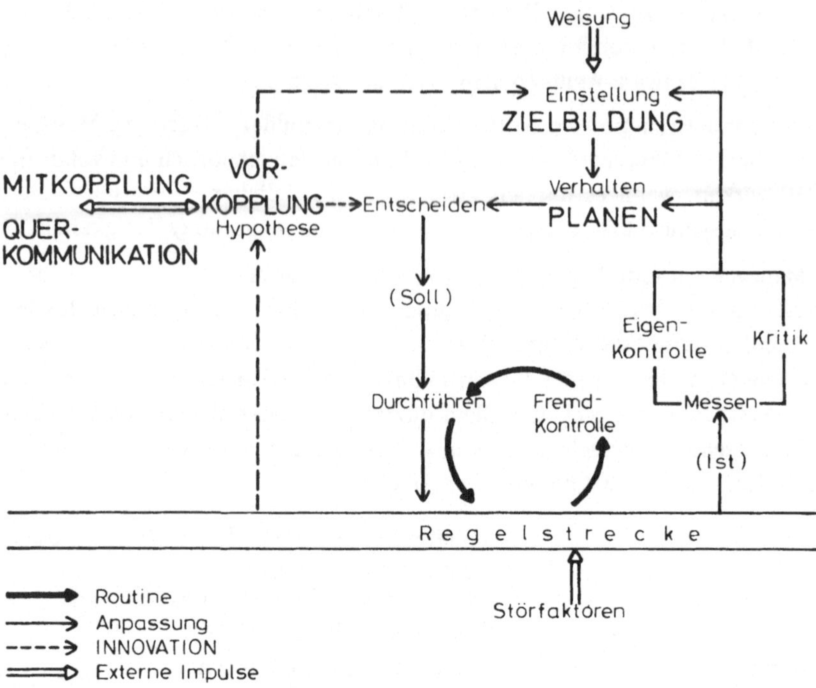

Abb. 5: Management-Regel-Kreis

Innovieren unterscheidet sich im Modell des Regelkreises vom Anpassen im wesentlichen durch die Betonung der Vorkopplung und Hinzufügung der Mitkopplung.

V o r k o p p l u n g sorgt dafür, daß die vorhandene und zugängliche Erfahrung und Information bereits in der Zielbildung und Planung berücksichtigt werden. Hauptanliegen ist es, von vornherein die innovativen Ressourcen auf die den besten Erfolg versprechenden Innovationsmöglichkeiten zu konzentrieren und sicherzustellen, daß einmal bezahltes Lehrgeld nicht wieder gezahlt werden muß. Die Vorkopplung verdichtet sich im Unternehmenskonzept und den langfristigen Strategien. Die Vorkopplung vermittelt eine Führungsgröße, die neben den mehr kurzfristig orientierten Führungsgrößen 'Liquidität und Gewinn' zunehmend an Bedeutung gewinnt, das innovative Erfolgspotential.

M i t k o p p l u n g: Innovationen wirken sich systemweit aus und es ist deshalb kaum möglich, das Geschehen in eindeutig abgrenzbare Verantwortungspakete zu zergliedern. Wenn aber keine beteiligte Stelle über genügend Information, Erfahrung und Einfluß verfügt, um eine Innovation alleine entwickeln, entscheiden und realisieren zu können, wird Mitkopplung unerläßlich. Gerade daraus, daß Vorhandenes formale Grenzen durchdringt, sich neuartig zur Geltung bringt und anders miteinander verknüpft wird, entwickelt sich die Substanz der meisten Innovationen. Partizipation ist damit eine Frage der Zweckmäßigkeit und nicht mehr der Sympathie oder Not. Mitkopplung steigert im übrigen deutlich die Leistungsfähigkeit schöpferischer Art und des vorausblickenden Schätzens.

Mit- und Vorkopplung sind oft nur theoretisch zu trennen, wenn etwa die Hürde zwischen Denkern und Machern überbrückt wird und durch Einfluß der ausführenden Tätigkeiten auf die Planung 'praxisnähere' Entscheidungen zustande kommen oder durch gemeinsame Analyse zielverändernder Abweichungen eine Grundhaltung erzeugt wird, die selbstständiges Handeln ermöglicht.

Man muß davon ausgehen, daß dieselbe Persönlichkeit entweder mehr zur Routine- oder mehr zur Innovations-Seite neigt. Ein guter Fertigungs-Chef z.B., der seine Fabrik straff und produktiv führt, wird mit kreativen Entwicklern nicht so effizient umzugehen verstehen wie mit seinen Meistern und Facharbeitern. Die Anforderungsprofile liegen zu weit auseinander. Dem wird organisatorisch zunehmend Rechnung getragen, z.B. durch Trennung in operatives und strategisches Management (4.6) oder durch Ausgliederung innovativer Leistungsgruppen bei gleichzeitiger Einrichtung einer Verbindungsstelle, die sie von der Routinearbeit entlastet (6.21). Diese 3-Teilung findet sich auf allen Ebenen. Bei Sekretärinnen und Schreibkräften läßt sich z.B. unterscheiden:

Routine:	Die eigentliche Textvervielfältigung. Ein deutliches Zeichen ist der hohe Grad von Mechanisierbarkeit und Automatisierbarkeit (z.B. Speichermaschinen, Diktiergerät statt Stenoblock usw.). Es handelt sich um gleichförmige, quantifizierbare Fertigkeiten (Zahl der Anschläge, Fehlerlosigkeit in Rechtschreibung und Interpunktion, evt. in mehreren Fach- und Landessprachen).
Anpassung:	Die verwaltenden Tätigkeiten. Es bestehen Ermessensspielräume, die soziale Komponente des techno-sozialen Systems ist deutlich ausgeprägter. Beispiele: Ablage, Telefon, Posteinteilung, Reise- und Sitzungsvorbereitung, Text nach Stichworten.
Innovation:	Hierzu zählen die Kundenbetreuung, Platzhalterschaft für den Chef (z.B. Terminzusagen), selbstständige Beantwortung und Sachbearbeitung von Teilgebieten. Berufliche Erfüllung, Unabhängigkeit, Zusammenarbeit und Qualifikation gehen damit Hand in Hand.

Die Konsequenzen dieser 3-Teilung werden im allgemeinen organisatorisch aus dem Blickwinkel der Rationalisierung gesehen. Dabei werden häufig die Auswirkungen auf die anderen Ressourcen und Bezugssysteme übersehen. Es wäre der Problematik von Umstrukturierungen angemessener, sie unter dem Gesichtspunkt der Reifung und Entfaltung des sozio-technischen Systems zu sehen, des Zuschnitts auf die persönlichen Stärken und der Entlastung von Routine. Dieses erkennend ließe sich mancher Widerstand und damit Zwang vermeiden. Dies gilt besonders für das Middle-Management, das einen zunehmenden Anteil seiner Routine, aber auch Anpassungs-Tätigkeiten an die EDV abgibt. Davon sind einzelne Funktionen, wie die Kontrolle, stärker betroffen als andere (z.B. Zielbildung). Die Mischung aus Routine, Anpassung und Innovation ist branchen-, firmen-, aufgaben- und situationsspezifisch. Die drei Arbeitsebenen sind deshalb in verschiedenen Bereichen des Unternehmens unterschiedlich vertreten, aber auf wechselseitige Interaktion angewiesen. Diese zu synchronisieren und aufeinander einzustimmen, ist ein wichtiges Führungsanliegen.

Das Modell des Management-Regelkreises ist um so besser einsetzbar, je weniger sich ein Vorgang von Normen und Stereotypen entfernt. Gegenüber anderen Modellen hat der Regelkreis diese Vorzüge, a l l e Management-Funktionen in ihrem Zusammenwirken zu berücksichtigen, sich weniger auf statische Formalismen und Kataloge zu stützen und mehr auf Kriterien und Techniken.

Als Innovations-Modell ist er überfordert, denn 'der Mensch' verhält sich gegenüber dem Unbekannten emotional, greift auf transzendentale Maßstäbe zurück, folgt eigenen Interessen und Bedürfnissen. Die Störfaktoren überfordern die Möglichkeiten eines Reglers. Ein kritisches Wort in diesem Zusammenhang zum Harzburger Modell, das bekanntlich nur in Deutschland, aber dort einst viele Anhänger fand. Der Grund lag wahrscheinlich darin, daß sich in diesem Modell die Vorgesetzten weiter autoritär verhalten durften, während den mündiger werdenden Mitarbeitern mehr Freiraum und Mitgestalten in Aussicht gestellt wurde. Das klingt nach der Quadratur des Kreises und daran ändern auch inzwischen erfolgte Modellkosmetik nichts. Schon der Schlüsselbegriff der 'Delegation von Verantwortung' ist dubios. Delegierbar sind Aufgaben und Befugnisse, auch das nur, sofern sie bei einem liegen. Mit zunehmender Komplexität werden aber immer mehr Stellen kompetent, derselbe Mitarbeiter erhält im Ablauf seiner Aufgabe wechselnde Nebenmänner und mit wechselnder Aufgabenstellung auch verschiedene Vordermänner bzw. Vorgesetzte. Es kann auch immer weniger davon ausgegangen werden, daß die persönlichen Ziele der Mitarbeiter den betrieblichen Zielen untergeordnet werden oder ohne weiteres mit diesen harmonieren. Ein Modell das weder individualpsychologische noch gruppendynamische Gesichtspunkte berücksichtigt, ist für innovative Anforderungen völlig ungeeignet. Motivation, Lernhilfen, Fähigkeitsförderung sowie die Dynamik sozialer Beziehungen lassen sich nicht durch Cleverness und Härte steuern. Ein formalistisches, unpädagogisches Modell lebt an der Wirklichkeit innovativen Geschehens vorbei. Wieweit es Anpassungsanforderungen genügen mag, steht hier nicht zur Diskussion.

Wenn wir uns darauf einigen können, einen in Anpassung und Routine verhafteten Manager als Technokraten zu bezeichnen und als Innovator einen Führungsverantwortlichen, der einen vorhandenen Regelkreis unter Betonung von Vor-Koppelung (Prozeßdenken) und Mit-Koppelung (Systemdenken) auf eine höhere Leistungsfähigkeit hin umgestaltet und mit anderen Systemen integriert, dann lassen sich folgende Steckbriefe aufstellen:

Technokrat	Innovator
Automatische Wahlakte, bewährte Teilentscheidungen, begrenzte Risiken in einem geschlossenen System, Taktisch-orientiert.	Steuerung komplexer Entscheidungsprozesse, hohe Ungewißheit, zu öffnendes System, Konzept-gelenkt.
Quantifizierter, gegenwartsorientierter Reaktionshorizont,	Qualitativer, zukunftsorientierter Aktionshorizont,
Schießt aus der Hüfte	Zielt mit Bedacht
Greift ins Detail	Handelt gesamthaft
Ressortorientiert	Firmenorientiert
Kompensiert Störungen und die unerwünschten Folgen	Sucht mögliche Störungen und beseitigt deren Ursache
Teillösungen zeugen Sekundärprobleme	Gesamthafte Lösungen beseitigen 'nebenher' weitere, u.U. noch nicht erkannte Probleme
Legt Route fest	Gibt Ziele vor
Bevorzugt instrumentelle und strukturierende Ansätze	Integration aller Führungsansätze, mit besonderem Gewicht auf personenbezogene und konzeptionelle Ansätze.

Welch ein Wirrwarr in den Vorstellungen über die 3 fundamentalen Aktionsarten herrscht, zeigt folgende Kostprobe: 'Während die Erledigung der Routinearbeit garantiert, daß das Unternehmen läuft, ist die kreative Arbeit entscheidend auf die Sicherung der Zukunft des Unternehmens gerichtet. Dabei ergibt sich folgendes Problem: Wie läßt sich die Routinearbeit mit den richtigen Techniken so bewältigen, daß genügend Zeit für Kreativität bleibt?'

Es folgen Arbeitstechniken, ohne deren Hilfe man heute kaum noch ein schulisches Examen ablegen könnte. Das Zitat stammt von einem Organisationsberater und hat Innovationsförderung zum Thema. Unsere bisherigen Ausführungen versetzen Sie bereits in die Lage, selbst das Zitat zu kritisieren. Tun Sie es bitte ehe Sie weiterlesen.

Routine und Anpassung verwalten das Vorhandene und wollen es möglichst gut nutzen. Innovation ist davon verschieden. Die erwähnte 'kreative Arbeit' ist nur ein Bruchteil des Innovierens und obendrein einer, der im allgemeinen reichlich vorhanden ist, sich nur in Schubladen und Hirnen versteckt. Zeitdruck fördert im übrigen innovatives Bemühen solange wie Aussicht besteht, sich dieses Druckes durch Innovation entledigen zu können. Erst wenn der Zeitdruck zum Stress wird, ist er innovationsschädlich, dann helfen aber auch Arbeitstechniken nicht weiter. Ausschlaggebend ist die richtige Zeiteinstellung, sie macht Frustration zum innovativen Impuls und bewahrt vor Stress. Die Kostprobe ist typisch für eine dirigistische Grundhaltung mit der Kausalkette: Der Verantwortliche braucht eine eigene Idee; diese kommt kraft Erfahrung von selbst, sobald genügend Zeit vorhanden ist, dann braucht er seine Idee nur noch durchzusetzen und die Zukunft ist gesichert, Störungen werden abgefangen oder beseitigt.

Innovieren mit den Mitteln der Routine, das muß ins Auge gehen. Das innovative Potential der Mitarbeiter bleibt ungenutzt, der Weg wird wichtiger als das Ziel, Fallgruben werden nicht erkennbar, Symptome zu Ursachen. Leider sind innovative Ratschläge a la Routine bequem und eingängig, zumal wenn sie mit elitärem Firniss versehen sind; sie bewirken bestenfalls Veränderungen, zu Innovationen bieten sie keinen Zugang.

Das Verhältnis von Managen und Innovieren hat viel gemein mit dem Verhältnis zwischen einer sozialistischen und einer liberalen Wirtschaftsordnung. Routine und Sozialismus stempeln das Ungewöhnliche zum Ab-Normen, erklären die Struktur zum Ziel des Fortschritts (den sie kategorisch als 'human' generalisieren) und erkennen nur an, was diesem direkt bzw. gewiß dient. Deshalb kann es nicht überraschen, daß kapitalistisch-liberale Ordnungen auf industrialisierter und post-industrialisierter Entwicklungsstufe trotz ihrer vordergründigen Unvollkommenheiten höhere Innovationsraten aufweisen als dirigistische Systeme, gleich welcher Farbtönung. Dem "Apparat' fehlen die wesentlichen Elemente, um 'über sich hinauszuwachsen', seine Entwicklungsfähigkeit endet analog zur Differenzierungsphase von Organisationen mit der strukturellen und instrumentellen Leistungsfähigkeit. Der Durchbruch zur nächsten Entwicklungsstufe der Integration setzt eine gewisse soziale Reife voraus, Rückfälle — auch in die Pionierphase — sind allerdings möglich, sobald der Gang des Geschehens sich zu weit von den Erwartungen entfernt.

Quantitative Überlegenheit in Teilbereichen (etwa militärische Rüstung oder Sport) und Vergleiche von Unvergleichbarem (etwa Inflationsrate) passen durchaus in dieses Bild; Mangel an progressiver Eigeninnovation ist eine ausgeprägte Schwäche von routinebeherrschten Systemen, ihre innovativen Bemühungen müssen imitativer sein als in Systemen mit Entfaltungsfreiheit und Risikoprämien. Kurioserweise sinkt mit zunehmender zentraler Lenkung auch der Wirkungsgrad des laufenden Apparates, also des ureigenen Betätigungsfeldes der Routine. Einer der Gründe dazu ist darin zu sehen, daß der Schnellschluß zwischen Planabweichungen und Eingriff mehr Initiative und Kräfte lahmlegen kann als ein freier Wettbewerb verschleißt.

Professor E. Witte hat die wirkungsvollsten Führungsstrukturen bei Innovation empirisch untersucht, und zwar am Beispiel der Einführung einer EDV. Dabei unterscheidet er zwischen dem F a c h - u n d d e m M a c h t – P r o m o t o r (beides in einer Person ist die Ausnahme selbst bei Firmengründungen). Innovationsprozesse sind nach ihm zu komplex, um einseitig von der Machtstruktur des Durchsetzers oder der Kraft des problemlösenden Experten getragen werden zu können. Als günstigste Lösung schälte sich die getrennte Eingabe der Energieformen 'Macht und Fachwissen' heraus. Bei den beobachteten innovativen Projekten kam es deshalb vor allem darauf an, geeignete Promotoren-Gespanne in Unternehmen ausfindig zu machen. Wir möchten dem hinzufügen, daß sich gerade in komplizierten Fällen Katalysatoren von außen mit gutem Erfolg einsetzen lassen. Auch wenn es um das Anheben der Innovationsfähigkeit geht, können professionelle Außenimpulse ebenfalls sehr nützlich sein; sie werden unentbehrlich, wenn man sich bereits verrannt hat oder das Betriebsklima gar 'neurotisiert' ist.

Die oft gestellte Frage, welchen Anteil Innovieren an der Gesamt-Tätigkeit eines Managers haben sollte, läßt sich nicht allgemein beantworten. Sie läuft darauf hinaus, wie oft ohne Vorbild etwas Höherqualifiziertes zu schaffen ist, damit erfolgreiche Selbstbestimmung von Richtung, Tempo und Umfang der Eigenaktivitäten möglich wird. Was für den einen schon innovativ ist, mag für den anderen noch Anpassung bedeuten, darauf kommt es nicht an. Aber eine inhaltliche Verwechslung geht zu Lasten der Innovationskraft, führt zu Fehleinschätzungen. Die Unterscheidung in Innovation einerseits und Anpassung mit Routine andererseits ist deshalb mehr als eine 'Masche' oder akademische Unterteilung, sie berührt den Kern des Innovierens überhaupt.

4.323 Mittel- und Großbetrieb

Der typische Mittelbetrieb hat maximal zwei bis drei produktorientierte Geschäftssparten und damit zu wenig Beine, um sich Spezialisten für Lebenszyklen heranziehen zu können. Er kann abengagieren, kooperieren oder Berater holen, ist aber grundsätzlich mehr auf die mehreren Phasen gerecht werdende unternehmerischen Fähigkeiten seiner Promotoren angewiesen. Es wird tragisch, wenn die Tüchtigkeit seines Machtpromotors sich auf eine Phase beschränkt.

Versuchen wir die Unterschiede im Innovations-'Management' zwischen Mittel- und Großbetrieb einmal durch den Planungsprozeß zu kennzeichnen, so ergibt sich folgendes Bild:

| | Mittel-betrieb | Großbetrieb in | |
		Differenzierungs-Phase	Integrations-Phase
Leitbilder	offen	undeutlich	klar
Zielfindung	auferlegt	von unten	gemeinsam
Aufgabe des Planers	analytisch	Koordinator	Katalysator
Richtungsweisende Impulse von Planung	Kunden-bedürfnis	Perfektionierung des Apparates	Optimierung Gesamtsystem
Planrevision	gar nicht	periodisch	falls nötig
Innovative Hilfe aus Planung	keine	zufällig	systematisch
Planung ist	Prophetie	operativ	strategisch
Erfolgsmaßstäbe	wenige, personalisiert, informal	Budget	nach Strate-giezyklus

Je größer die Mengen und je höher die Komplexität ist, um so schwieriger werden Transparenz, Integration und Optimierbarkeit. Deshalb rücken mit zunehmender Größe Manager-Fähigkeiten anderer Art in den Vordergrund. Kleine Firmen können existieren, weil sie spezifische Produkte liefern, mit denen sie in engen — für Große oft uninteressanten — Marktsegmenten auch bei kleinen Umsätzen Marktführer sein können, d.h. in den Vorteil der größten Erfahrungs-Kumulation (vgl. 6.336) kommen. Marktnähe und Anpassungsflexibilität sind typische Stärken im Vergleich zum Großunternehmen. Der Verschiebung ihrer Marktnischen sind sie innovativ vielfach jedoch nicht gewachsen. Dennoch ist festzuhalten, daß ihre marktnischenbezogene Produktentwicklung effizienter ist als die der Großfirmen. Die Gründe: Höheres Kostenbewußtsein, engeres Suchfeld, weniger Bürokratie. Bezüglich des fehlenden technologischen Basiswissens und Risikokapitals vermag der Staat, bezüglich der Innovativimpulse der Außenberater beizuspringen, Initiative, Selbsteinschätzung und Durchführungsverantwortung bleiben aber Sache des Unternehmers (vgl. auch 5.2 und Förderfibel des Bundesministers für Forschung und Technologie, Bonn).

Die in diesem Buch dargelegten Zusammenhänge gelten für Betriebe jeder Größe. Auch kleine Betriebe haben sich mit dem Zeitwandel auseinanderzusetzen und nur wenn sie die Methoden ihrer großen Konkurrenten kennen, werden sie sich gegen sie behaupten können. Ein Teil der beschriebenen Techniken stammt zwar aus größeren Firmen, weil sie, wie etwa General Electric, in praktischen Führungsfragen schon lange Bahnbrecher sind, aber nur ein sehr kleiner Teil dieser Techniken ist im Prinzip firmengrößenabhängig, schon eher hinsichtlich einer sinnvollen Relation zwischen Aufwand und nutzbarem Ergebnis. Den Ausschlag gibt doch die Tatsache, daß der Schlüssel zu Erfolg und Niederlage in Umbruchszeiten der Mensch selbst ist, seine Einstellung zum Phänomen des Reifens, das Erkennen, Entfalten und Nutzen seiner Fähigkeiten sowie die Entwicklung von Verhaltensmustern, die den Anforderungszuwachs zu bewältigen vermögen. Da der Mensch kein Roboter ist, bedarf dieser Such-, Erfahrungs- und Reifeprozeß eher pädagogischer Führungskunst als cleverer Führungstechniken, human engineering ist nicht mehr gefragt, in keiner Betriebsgröße.

4.33 Abhängigkeit der Innovationsfähigkeit von der sozialen Reife

Termiten oder Bienen sind beispielhaft dafür, daß ein soziales System Eigenschaften annehmen kann, das man dem einzelnen Tier nicht zutraut. Die Struktur solcher bewundernswerter Systeme ist schon recht komplex, aber starr, weil vom Instinkt auferlegt. Dementsprechend reduziert ist das Lern- und Anpassungsvermögen. Innovation aus eigener Kraft ist unmöglich, lediglich durch Mutation, also zufällig erzielbar. Innovieren stellt sich somit als die Eignung vor, komplexe Bezugsweltveränderungen, die vom angeborenen oder erlernten Programm nicht zufriedenstellend bewältigt werden, durch bewußten und gezielten Erfahrungs- und Fähigkeitszuwachs auf einer anderen Problemlösungsebene zu begegnen. Die Systemlehre weist nach (4.31), daß die Qualifikation bzw. Problemlösungsfähigkeit davon abhängt, welchen Sozialcharakter die einzelnen Elemente haben und wie sie untereinander in Beziehung stehen. Der erfolgreiche Wirtschaftsverbrecher unterscheidet sich vom erfolgreichen Manager alleine durch seine soziale Reife. Daß eine Fußballmannschaft, die zu einem Team zusammengewachsen ist, mehr zuwege bringt als die Summe der Einzelaktionen der Spieler ausmacht, dafür zeichnet ebenfalls die soziale Reife verantwortlich.

Dieser Begriff ist ein Konstrukt, d.h. eine zweckmäßige Bezeichnung dafür, was gewissen Verhaltensweisen gemeinsam zugrunde liegt. Nun sind nur wenige Verhaltensweisen so eindeutig, daß man unmißverständlich auf die dahinter stehenden Einstellungen, Gefühle und Gedanken schließen dürfte. Andererseits sind wir darauf angewiesen von beobachtbaren Verhaltensweisen auf innere Befindlichkeiten, 'Eigenschaften' oder 'Persönlichkeits- bzw. System-Merkmale' wie Intelligenz, Flexibilität, Selbstsicherheit oder eben soziale Reife zu folgern. Hüten muß man sich dabei vor allem davor, Fertigkeiten für Fähigkeit zu halten, nur weil sie das Berufsbild formen und leicht messbar sind (vgl. 6.4).

Systeme, die selbst Evolution betreiben, also qualitativ zu wachsen bzw. zu innovieren verstehen, müssen ungleich komplexerer Natur sein als Systeme, die lediglich Selbsterhaltung und quantitatives Wachstum betreiben. Dies wird beim Organisieren gerne übersehen. Vor allem müssen die Subsysteme und Einzelelemente mit mehr

Autonomie ausgestattet werden. Hier scheint sich nun ein Dilemma aufzutun! Einerseits bedarf jedes System zur Selbstidentifizierung gegenüber seiner Bezugswelt eigener Ziele und einer klaren Ordnung, andererseits verlangt innovativer Fähigkeitszuwachs Autonomie der Systemteile. Bilden diese beiden Forderungen womöglich eine Schere, die die Wandlungsfähigkeit von Organisationen begrenzt? So gefragt lautet die Antwort Nein. Die Lösung klingt einfach. Was an auferlegter Ordnung fieigesetzt wird, das muß durch freiwillige Hinordnung ausgefüllt werden. Soziale Reife läßt sich demnach durch den Quotienten kennzeichnen von Fremd- zu Selbst-Disziplinierung, von auferlegter zu eigener Kontrolle oder von programmiertem zu verantwortlichem Tun. Zum Gradmesser für die Problemlösungsfähigkeit wird dieser Quotient jedoch erst, wenn er zusammen mit der Kooperationsfähigkeit der Elemente untereinander gesehen wird. Für diese spielt die Kommunikation als Index eine ähnliche Rolle wie der Blutkreislauf für einen Organismus (vgl. 4.321). Je mehr das Handeln des Einzelnen systemorientiert ist, je weniger Zwang (welcher Art auch immer) dies erfordert und je besser (nicht je bequemer) der Einzelne seine Fähigkeiten entfalten kann und will, um so höher ist die soziale Reife und damit die Innovationsfähigkeit des Systems.

Werden die Spielregeln auch dann eingehalten, wenn der Schiedsrichter nicht hinsieht, dann liegt die soziale Reife vor. Selbst auferlegte Ordnung hat etwas mit Moral und Ethik zu tun. Je komplexer die Anforderungen werden, um so mehr braucht man offenbar davon, um zurecht zu kommen. Hier zeichnen sich Grenzen für die Wandlungsfähigkeit ab, nicht vom System her, sondern vom einzelnen. Eine weitere Grenze dynamischer Art (vgl. 4.42) wird von den Zeitkonstanten gesetzt, die dem Such-, Erfahrungs- und Reifeprozeß eines Fähigkeitszuwachses zu eigen sind.

Wachsende Selbstdisziplinierung gestattet es, Anordnungen durch Richtlinien mit Entscheidungs- und Handlungs-Spielraum abzulösen, was die Zahl der Kombinationsmöglichkeiten erhöht. Selbstdisziplinierung befreit durch zunehmende Bewußtwerdung vom Ausgeliefertsein an eigene Stereotypen und Verhaltensreaktionen. Mit der sozialen Reifung wächst also auch die Fähigkeit, aus gewohnten Reaktionen 'ausbrechen' zu können und dafür 'Selbst-Verantwortung' zu übernehmen. Verantwortung heißt die Übernahme persönlicher Konsequenzen für eigenes Handeln und Unterlassen (6.49), das schließt den Verzicht auf vordergründige, kurzfristige Eigenerfolge zwecks Vermeidung langfristiger zu erwartender Firmennachteile oder die Hinnahme persönlicher Schwierigkeiten und Risiken im Dienste übergeordnete Ziele und Werte mit ein.

Auch höchste soziale Reife kommt selbstverständlich nicht ohne Außenforderung, Hierarchie und auferlegte Disziplinierung aus. Für alle muß es systemweit verbindliche Grundwerte und klare Aufbauregeln geben. Wer dagegen verstößt und dem System schadet, muß 'zur Ordnung gerufen' werden oder sich selbst ausschließen.

Ohne Sanktionierung läßt sich in Anbetracht menschlicher Vielfalt und Unvollkommenheit keine soziale Reife aufrecht erhalten. Mit wachsender sozialer Reife
kann man sich zur 'Steuerung' allerdings mehr bestärkender, positiver Motivierung
als negativer, bestrafender Sanktionen bedienen. Weisungen benötigen zunehmend
der Begründung, um akzeptiert zu werden, und müssen sich Kritik gefallen lassen,
die anzunehmen und — falls berechtigt — zu verarbeiten ist.

Eine höhere soziale Reife ist nicht a priori besser oder richtiger, maßgebend ist
alleine die Übereinstimmung mit den Anforderungen; dabei ist zuviel ebenso von
Übel wie zuwenig. Zunehmende soziale Reife bedeutet nicht Loslösung von Ordnungsprinzipien an sich, sondern deren zunehmende Befolgung aus eigenem Antrieb; das bedeutet Gewinn an Wahlfreiheit (aber nicht ein Mehr eines Sich-gehen-
lassens).

Die Frage nach der 'Freiheit wovon?' verschiebt sich dabei zur Frage nach der
'Freiheit wozu?'. Unausgewogenheit zwischen innerer sozialer Reife und Außenordnung erzeugt Radikalismus, bei zuwenig Ordnung auf dem Umweg übers Chaos,
bei zuviel Ordnung über Manipulation und Aufbegehren. Festzuhalten ist:

1 —   Das Innovationspotential eines sozialen Systems korreliert mit seiner so-
       zialen Reife.

2 —   Soziale Reife und Außenordnung müssen einander entsprechen. Schon
       geringe Unbalancen führen in Labilität.

3 —   Stabil ist jenes Niveau, auf dem die Ordnung Störungen erträgt, ohne die
       eigenen Werte pervertieren zu müssen.

Soziale Reife drückt sich auch aus in der Möglichkeit größerer Aufsichtsspanne (d.h.
der durchschnittlichen Zahl der Mitarbeiter eines direkten Vorgesetzten). Je größer
diese wird, um so flacher ist die Organisationspyramide, die damit personenbezogener, kommunikativer, entfaltungsfähiger, aber führungsseitig auch anspruchsvoller wird; Integrieren ist eben schwerer als dominieren. Die Pyramidenspitze gibt
mit Erweiterung der Aufsichtsspanne 'leitende, d.h. nichtdurchführungsbezogene'
Funktionen wie Entscheidungs- oder Kontrollvorbehalte ab. Privilegien, Prinzipien-
reiterei oder übereilte Rechtfertigungen blockieren soziale Reifungsprozesse. Zunehmende soziale Reife geht Hand in Hand mit wachsender Gruppenautonomie und
abnehmender hierarchischer Machtbefugnis.

Während jedoch Innenkonflikte, insbesondere bei innovativer Aufgabenstellung,
möglichst offen und kooperativ ausgetragen werden sollten, hängt der erfolgreiche
Ausgang von Außenkonflikten oft vom einheitlich ausgerichteten Verhalten aller
Systemelemente und einer manipulativen, die eigenen Absichten verschleiernden
Kommunikation mit Geschäftspartner und Wettbewerb ab. Im Innen- und Außen-
verhältnis sind also unterschiedliche Verhaltens- und Ordnungsprinzipien ange-

bracht. Falsches Demokratieverständnis gibt dem Außenpartner Einblick in Innenkonflikte, die Übertragung von Außenverhaltensweisen nach innen rivalisiert das Betriebsklima. Die zunehmende Öffnung der Systeme infolge wachsender Abhängigkeit von anderen Systemen (vgl. 4.321) zeigt im übrigen eine deutliche Tendenz zur kooperativen Behandlung von Außenkonflikten und damit höheren Anforderungen an die soziale Reife.

Wittes Machtpromotor ist aus dieser Sicht jene Instanz, die genügend Einfluß hat, um die systemstabilisierenden Abwehrmechanismen (4.52) außer Kraft zu setzen, die in einer durch 'Innovation bedrohten' Organisation ausgelöst werden. Die Rolle des Machtpromotors wird im wesentlichen von der Höhe der 'Bedrohung' (und damit der Diskrepanz zwischen innovativem Fähigkeitspotential und innovativen Anforderungen) sowie den geltenden Spielregeln (also der Höhe der sozialen Reife) geprägt. Der Fachpromotor sorgt unter dem Schutzschild des Machtpromotors vor allem für kognitive Transparenz und Akzeptanz. Der Machtpromotor riegelt also die Abwehrreaktion ab, der Fachpromotor baut die Barrieren des Nicht-Wissens ab; der Prozeßpromotor schließlich sorgt für Wollen und gebündeltes Handeln und das ist etwas ganz anderes als das 'Durchsetzen von Veränderungen' wie es dem Machtpromotor zukommt. Was sich effizient durchsetzen läßt, ist reine Anpassung oder spielt sich im Bereich autoritären Gehorsams ab; das hat mit Innovation wie wir sie hier sehen nichts zu tun. Falls der 'Prozeß-Katalysator' in Personalidentität auftritt ist es eher ein Fach- als der Macht-Promotor. Neuartigkeit und Komplexität der innovativen Szene zeigen jedoch zunehmend die umgekehrte Folge, d.h. Prozeß-Katalysatoren knien sich so in die spezielle Aufgabenstellung, daß sie in Fachpromotoren-Autorität hineinwachsen. Diese Notwendigkeit im Angesicht echter innovativer Anforderungen geht soweit, daß zahlreiche Innovationsvorhaben gerade deshalb scheitern, weil die personelle Auswahl sich nach Macht und der Kontinuität von Fachkenntnissen richtet, wobei die in der Motivations- und der beginnenden Realisierungsphase im Vordergrund stehenden System- und Prozeßfähigkeit völlig unbeachtet bleiben und dann eben nur zufällig in Personalunion vorhanden sind.

Innovieren verlangt vom System, die Trampelpfade zu verlassen, und vom Einzelnen, sich umzustellen. Aktive Innovatoren tun dies aus sich. Die innovativ passive Mehrheit benötigt Führungsanstöße und Prozeßhilfe.

Wenn Sie in einer Ihnen unbekannten Firma einen ersten Betriebsrundgang machen oder zum ersten Mal einer Sitzung der leitenden Herren beiwohnen, dann haben Sie sehr rasch ein Gefühl für die herrschende soziale Reife. Zahlreiche sich gegenseitig selektierende, überwiegend nicht-verbale und informale Signale vermitteln Ihnen dies (vgl. 4.52, 6.43, 6.44). Es ist gar nicht so schwierig, die soziale Reife an sich und ein Defizit zu den Anforderungen zu erkennen. Die Beurteilung welcher Fähigkeitszuwachs in welcher Zeit bei welchem Aufwand möglich sein wird, ist weit problematischer. Doch zurück zur Feststellung der vorhandenen sozialen Reife. Neh-

54

men wir uns einmal drei charakteristische Anforderungen wie Delegation, Planung und Gruppenzusammenarbeit vor und versuchen so etwas wie eine Skala zunehmender sozialer Reife aufzustellen:

Delegations-Kontinuum	
I c h	**S i e**
habe entschieden	sind eingeladen, mit mir zu besprechen
gar nichts	ob etwas geschieht
daß etwas geschieht	was geschehen soll
was geschehen soll	von wem es gemacht werden soll
was von wem gemacht wird	bis wann und wo es geschehen soll
was, wer, bis wann, wo mit welchen Mitteln tut	welche Priorität anliegt
alles	die Beweggründe für meine Entscheidung
alles	die Konsequenzen für Sie (insbesondere im Versagensfall)
alles	gar nichts

Gählweiler beschreibt die 'Entwicklungsstufen' der Planungstätigkeit wie folgt:

— Planung alleine im Kopf des Chefs.
— Zwischen- und Endergebnisse werden festgehalten.
— Pläne werden zu Führungsanweisungen.
— Delegation einzelner Planungstätigkeiten und Vorschalten einer Planungsphase
— Zielplanung bleibt Sache des Chefs (intuitiv!). Ausführungsplanung wird delegiert, die systematisiert wird und sich besserer Methoden bedient.
— Auch die Zielplanung wandert als strukturierbares Problem aus dem Kopf des Chefs. Wachsender geistiger Aufwand, 'Planung der Planung'.
— Planung von 'unten nach oben'; rechtzeitige Konfrontation mit persönlichen Konsequenzen und Entscheidungsalternativen; Planungsverantwortung deckt sich mit Führungsverantwortung; Planungsprozeß motiviert und integriert Gesamtorganisation, vereinfacht und kürzt Realisierungsphase; latent vorhandene Kreativität sucht ständig neue Zielgruppen.

Ein anderer Index für soziale Reife ist das Gruppenverhalten im Falle des Mißgeschicks eines Mitgliedes, wie steht es damit bei Ihnen?

— Wird er ungeprüft zum Schuldigen gestempelt und mit Sanktionen belegt? Triumphiert der 'Ur-Widerstand' gegen Veränderungen?
— Dominiert die Schadenfreude, läßt sich daraus ein Geschäft machen, tritt man nach Strauchelnden?
— Setzen sich Schutzhaltungen, primitivere Maßnahmenskategorien durch?
— Tritt eine Art Selbstheilung auf gleicher Ebene ein, Kooperation, Ursachenbeseitigung?
— Wird das Mißgeschick als Erfahrung kumuliert und als innovative Motivation genutzt?

Spiegelt man den Quotienten von Fremd- zu Selbstdisziplinierung auf die organisatorische Struktur, dann ergibt sich folgende Skala zunehmender sozialer Reife:

Stab/Linien — Organisation
Matrix — Organisation
Konferenz — Management
Projekt — Management
Autonome Gruppe

Soziale Reife ist stets im Zusammenhang mit den anstehenden Anforderungen zu beurteilen. Diese differieren schon innerhalb desselben Betriebes erheblich. Eine Gruppe mit überwiegend ausführender Routinearbeit braucht eine ganz andere soziale Reife als ein kreatives Entwicklungsteam. Unterschiedliche soziale Reife zu integrieren ist ein besonders schwieriges Führungsanliegen.

Die Gefahren, die aus einer Diskrepanz zwischen sozialer Reife und innovativen Anforderungen erwachsen, werden oft nicht gesehen. Hierfür die Augen zu öffnen ist eine stets wiederkehrende Aufgabe für den Innovations-Agenten (6.23). Man überträgt gerne die Erfahrung aus dem Routine- und Anpassungsbereich auf das Innovieren und nimmt an, daß sich die soziale Reife schon von selbst einstellen werde. Das wird aber sehr leicht zu einer Fehlspekulation.

Der im Anpassungsbereich angesiedelte Manager hat es wirklich schwer, die 'soziale Reife' in sein Einstellungsbündel aufzunehmen. Seine Motivation als Macher sieht ihn selbst und sein Verhalten als alleinige Urheber seiner Erfolge. Aus dieser Sicht ist Mißerfolg ein Mangel an Einsatz und Cleverness oder ein Schicksalsschlag, aber kein Mangel an Fähigkeiten, die im praktischen Anpassungsalltag nicht gefragt und prüfbar sind. Der Manager ist durchaus lernwillig, wehrt aber aus Gründen einer sicheren, raschen Reaktionsfähigkeit alles ab, was dieses Selbstbild gefährden könnte. Und genau diese Bereitschaft, sich und Bewährtes in Frage zu stellen, ist der zentrale Ansatzpunkt jeglichen Innovierens, denn es geht nicht um das Perfektionieren von Vorhandenem, sondern andersartige Neuartigkeit.

Angemessene soziale Reife verleiht aus einem Fähigkeitspotential heraus, das der sich überlebenden Problemlösungsebene bereits vorgelagert ist (4.52), Sicherheit in Ungewissheit und Turbulenz. Auf der überforderten Problemlösungsebene stehend gibt es eben keine anderen Möglichkeiten als im Rahmen der gewohnten, vorhandenen Strukturen und Verhaltensweisen den Einsatz zu erhöhen und, falls dies versagt, auf Ersatzstrukturen zurückzugreifen, die sich auch schon einmal irgendwann bewährt haben. All dies geschieht im Sinne der Bewahrung und Stabilisierung der vorhandenen Lösungsebene. Innovieren bedeutet aber Durchbruch zu einer den schwieriger gewordenen Anforderungen gewachsenen, qualitativ höheren Lösungsebene, also den Übergang in eine neue, problemgerechte und in sich wieder stabile Ebene sozialer Reife. Diese Ablösung bzw. Reifung ist mit inneren und äußeren Konflikten (z. B. falscher Selbsteinschätzung und Zieldifferenzen gegenüber der Bezugswelt) verbunden. Unbewältigt können Furcht (affektive Wahrnehmung oder Einbildung von Außenberohung) und Angst (wirkliche oder eingebildete eigene Unzulänglichkeit) die Folge sein. Mangelhafte pädagogische Führung können dazu führen, daß sich diese Gefühle verselbständigen und es so generell zu einer anti-innovativen Grundhaltung kommt. Der Primat in uns verhält sich dann aggressiv oder ausweichend, der Mensch baut Scheinlösungen auf z. B. durch Dialektik oder Anhäufung von Macht (und sei es in Gestalt von Information). Die Sprache dient dann der Verschleierung und dem Durchsetzen eigener Reaktionen, nicht aber der Verständigung über den gemeinsamen Abbau der Problemursachen. Und wo selbst Worte fehlen oder nichts mehr ausrichten, folgt Gewalt, enthemmtes Primatentum. Steht die Struktur der sozialen Reifung im Wege, gibt es schizophrene Konflikte und Strategeme, z. B. predigt man Kooperation und organisiert Rivalitäten (etwa beim Zertrennen eines zusammengehörenden Bereichs in profit-verantwortliche Fachressorts). Eilt die Struktur der sozialen Reife voraus, sind Frustration und Überforderung die Folge. Beispiele: Personalauswahl auf Grund von Berufsklischees und Fertigkeiten für eine soziologisch anspruchsvollere Tätigkeit oder Brainstorming in authoritären Strukturen.

Die Summe Fremd- plus Selbstdisziplinierung muß stimmen und ihr Verhältnis untereinander der Komplexität und Dynamik der zu bewältigenden Anforderungen Genüge leisten.

Es folgt ein Beispiel, in dem gut gedachte Innovation an Anpassungsverhalten scheiterte: Eine Anlagenfirma wollte den zunehmenden Anforderungen an Kooperationsfähigkeit durch ein monatliches Koordinationstreffen zwischen den beteiligten Ressorts begegnen. Dort sollte insbesondere der informale Austausch gepflegt werden, was auch schon nach wenigen Sitzungen recht gut gelang. Parallel dazu wurde das Instrument der Kostenrechnung geschärft mit der Folge einer Verschiebung der Einflußstruktur. Etwa nach Jahresfrist geriet das Koordinationstreffen in den Einflußbereich eines neu bestallten Controllers. Unmerklich änderte sich der Inhalt der Sitzungen bis schließlich überwiegend von Kosten der Vergangenheit die Rede war. Das wiederum verschob den Kreis der verfügbaren Teilnehmer. Doch damit nicht genug. Inzwischen gab es genügend EDV-Programme und Formulare, so daß sich die Kostenthematik schriftlich erledigen ließ und man beschloß das Koordinationstreffen nur noch nach Bedarf einzuberufen. Über der notwendigen und erfolgreichen Perfektionierung eines Instrumentes der Anpassung war die ursprünglich angestrebte Innovation völlig ins Hintertreffen geraten und überdies Desmotivierung eingetreten. Dahinter steckt ungenügende soziale Reife für den erforderlichen Kooperationsgrad, sonst hätte das System aus sich oder notfalls die Firmenleitung den einseitigen Machtzuwachs in seinen Anpassungsraum verwiesen und weiter innoviert. Fertigkeiten können eben Fähigkeiten nicht ausgleichen.

Vielfach wird auch übersehen, daß Fähigkeitszuwachs keine Einbahnstraße ist und ein einmal erreichtes Niveau ständiger Herausforderung und Anstrengung bedarf, um gehalten zu werden. Menschliches Sein bedeutet Dynamik, Reifen, Sinnerfüllung. Ohne diese fällt eine erreichte soziale Reife wieder ab.

Die soziale Reife der schwächsten Mitarbeiter begrenzt die Innovationsfähigkeit eines Systems. Sie läßt sich anheben, aber nicht selten mit Zeitkonstanten, welche die Dispositionsmöglichkeiten der ökonomischen Systemkomponente überfordern. Sie zählen stets nach Jahren, manche überspannen aber auch eine Generation.

Die soziale Reife ist ohne Frage der kritische Engpass für die Entwicklungsfähigkeit jeder Firma. Technologische Lücken, Kapitalmangel o.ä. treten seltener auf und dann oft bei näherem Hinsehen auch noch als Folge ungenügender sozialer Reife. Erfolgstrainer im Fußball formieren ihre Mannschaft deshalb nach den Möglichkeiten der Spieler, nur schlechte Trainer drücken ihr Erfolgsrezept durch.

Hieraus lassen sich zur Förderung der sozialen Reife einige Zwischenhinweise ableiten:
— Soziale Reife will ständig gefordert sein.
— Breitenarbeit ist von sehr langfristiger, strategischer Natur.
— Erfolgreiche Praktiker pflegen vor allem die Möglichkeiten der vorhandenen sozialen Reife und konzentrieren sich mit pädagogischen Förderungsmaßnahmen auf die Schwächsten.
— Je mehr es auf Fähigkeiten ankommt, um so mehr sollte man die Stelle durch die Persönlichkeit des Inhabers formen lassen und nicht umgekehrt.
— Wesentliche Ansatzpunkte zur Nutzung der vorhandenen Sozialen Reife sind Verhaltensspielregeln (z. B. für die Entscheidungsfindung), Kriterienfestlegung, Wertung und Einstellung (z.B. gegenüber Kritik, Verantwortung usw.) sowie die Handlungsabsichten (z.B. Sinn, Zweck und Ziele des Unternehmens und der eigenen Tätigkeit).

Vorübergehende Zurücknahme von Fremddisziplinierung führt meist zu guten Hinweisen über die herrschende soziale Reife. Doch wenn wir uns die Reaktionen etwa bei Abwesenheit des Chefs vor Augen halten, dann erkennen wir daß soziale Reife emotionell mehrschichtig angelegt sein muß. Zu unterscheiden ist zwischen Nah-, Groß- und transzendentalem Bereich (vgl. 4.53). Was das für die soziale Reife bedeutet, machen wir uns an den Anforderungen klar, die eine Industriegesellschaft, wie wir sie gerade verlassen, an Entwicklungsländer stellt, die sie übernehmen wollen.

Der transzendentale Bereich wird dort vielfach durch kultisch-magische Vorstellungen und relgiöse Werte geprägt, deren Einfluß rationalem Handeln und Erwerbssinn diametral gegenüberstehen, aber trotz Intelligenz und europäischer Ausbildung immer gerade im Falle von Verunsicherung und Zweifeln, wie bei innovativen Anforderungen, zum Zuge kommen. Starke Bindung an Groß-Strukturen wie Stamm, Sippe oder Dorfgemeinschaft lassen keine individuelle Initiative aufkommen und verhindern die Entwicklung von Kritikfähigkeit, Verantwortungsbereitschaft oder Risikoverständnis. Diese patriarchalisch-autoritären Strukturen kehren in der Arbeitswelt wieder. Die Produktion ist extrem imitativ, produkt- und gewinnorientiert; Marketing, Systemdenken, Planen sind weitgehend unbekannt. Ordnung und Einteilung haben wegen des engen Zusammenlebens im Nahbereich und einfachen Bedürfniskategorien einen relativ niedrigen Stellenwert. Zusammenfassend ergibt sich geringe Selbstverantwortung und einfache Kooperationsstrukturen, also eine soziale Reife, die konfrontiert mit industriellen Produktionsformen tiefgreifende psychosoziologische Konflikte auslöst und bezüglich der angestrebten Eigenindustrialisierung zu einer Diskrepanz zwischen Wollen und Können führt (vgl. 4.55).

Die Fähigkeitsanalyse unterscheidet sich grundlegend von einer Stärkeanalyse. Letztere beinhaltet ein Konglomerat aus Fertigkeiten, Fähigkeiten, Tüchtigkeit und Zufällen, gesucht wird bereits realisierter Vorsprung, gemessen also an Wettbewerbern oder Richtdaten. Bei einer rationellen Fähigkeitsanalyse interessiert alleine das Talentpotential, das noch nicht ausgeschöpft ist, weil es z.B. als selbstverständlich empfunden wird, bisher nicht ins Arbeitsbild paßte oder strukturell behindert wurde. Dabei entsteht sozusagen ein Höhenprofil der Fähigkeiten, das die weniger ausgeprägten Fähigkeiten durch Aussparen berücksichtigt. Erst bei der Spiegelung auf die nicht-bewältigten Anforderungen schälen sie sich als Schwachstellen heraus. Der betont dynamische, positive und konstruktive Blickwinkel ist kennzeichnend für innovative Betrachtungsweisen.

Fähigkeitszuwachs ist, wie bereits erwähnt, ein Such-, Erfahrungs- und Reife-Prozeß. Dieser wird angetrieben und geprägt durch ein phasenweises Einschleifen zwischen polaren Kräften. Solch eine Polarisierungsfolge sah in einem praktischen Fall wie folgt aus:
Konzepte der Vergangenheit/ Schwierigkeiten der Gegenwart
Fähigkeitspotential/Anforderungen der Zukunft
Stärke-Schwäche-Vergleich mit Konkurrenz (Erfahrungskurve, Marktanteil-, Marktwachstums-Matrix, Lebensalterverteilung des Sortiments etc.)

Selbstbild/Fremdbeurteilung und Image
Eigenerwartungen/Erwartungen der Stakeholders (Bezugweltsysteme, die den Ge-
schäftsverlauf nachhaltig beeinflussen können)
Damit lassen sich eine erste Einkreisung vornehmen und Fragen beantworten:
— Was läßt sich mit vertretbarem Aufwand defensiv anpassen?
— Was muß abgelöst werden?
— Wo gibt es Einseitigkeiten und Labilitäten?
— Gibt es ungenutzte Einsatzgebiete für eigenen Erfahrungsvorsprung, für eigene,
  ungenutzte Fähigkeiten?
— Läßt sich marktfeile Erfahrung mit eigenen Stärken oder Fähigkeiten erfolg-
  versprechend kombinieren?
— Wo muß ein Krisen-Management angesetzt werden? Wo kann es die negative
  Entwicklung lange genug hinhalten bis Innovationen zum Tragen kommen?
  Läßt sich die gegenseitige Beeinträchtigung in vertretbaren Grenzen halten?

Das daraus gewonnene Anforderungsprofil wurde mit der vorhandenen und zugänglichen sozialen Reife polarisiert und daraus eine erste Konzeption entwickelt. Diese
löste eine Ideenlawine aus, diese wurde gesiebt und gebündelt, Risiken und Chancen
systematisch miteinander polarisiert und in erste strategische Ziele gegossen. Damit
war die Beratertätigkeit beendet.

Auf Fähigkeitszuwachs gerichtete Maßnahmen lassen sich in zwei grundlegende
Kategorien einteilen:

1 —   'Zellenaustausch' und Entschlackung.

Daß 'Frischzellen' im sozio-ökonomisch-technischen System innovative Impulse auslösen können, steht außer Frage. Eine auffällige Gemeinsamtkeit erfolgreicher
Unternehmer besteht z.B. in ihrem Gespür für innovative Talente; sie halten ständig
Ausschau danach und suchen sie schon dann an sich zu binden, wenn sich nocht gar
keine feste Aufgabenstellung abzeichnet, weil sie wissen, daß sich für Innovatoren
immer lohnende Einsätze finden lassen. Einige andere 'Frischzellenkuren' sind:

— Der Außenberater
— Urlaubsvertretung
— Ein Konkurrenzpatent
— Austausch zweier Ressortleiter
— Einführung neuer Methoden
— Konflikt-Management
— Innovations-Entwicklungs- und Integrations-Etat.

Mit dem Impuls ist es allerdings nicht getan, das anstrengendere und schwierigere
Problem besteht darin, aus dem Impuls einen Innovations-Prozeß zu machen und
für dessen Kontinuität zu sorgen.

2 —   'Zellteilung'
Therapien dieser Art sind:

- Schulung in Netzplan- und Prozeßdenken
- Corporate planning
- Trennung von Routine und Innovation
- Aufgabenerweiterung und -anreicherung
- Lotsen-Gruppen
- Gruppendynamisches Training
- Aufkauf einer Firma, joint venture
- Problem-Gesprächsrunden
- Projekt-Team
- Pädagogisches Führen
- Systematische Erfahrungskumulation

Die Andersartigkeit der Verhaltensanforderung beim Innovieren gegenüber der gewohnten Routine und Anpassung bedeutet nicht, daß der Manager sich nun konträr verhalten müsse. Vielmehr geht es um Verhaltensweisen, die ihm nur zufällig, in weniger belastenden Situationen oder auch überhaupt noch nicht begegnet sind. Solchen neuen, anspruchsvolleren Verhalten nähert man sich zweckmäßiger Weise in beherrschbaren und verträglichen Etappen, aber nicht durch einen gewagten Gewaltsprung. Mit wachsender Erfahrung und Sicherheit können die Schritte schwieriger sein, kombiniert werden und sich auch auf mehrere Aspekte beziehen. Jeder Schritt muß sein konkretes und operationales Teil-Verhaltensziel besitzen. Es gibt zahlreiche pädagogische Lernhilfen wie Modellverständnis, Ausprobieren im Rollenspiel, Wiederholung unter erschwerten Bedingungen, Einbeziehung von Veränderungspaten, 'Vertrag mit sich selbst' u.a.m. Aktive Arbeit mit und an sich selbst ist — wie in jeder Therapie — unerläßlich. Zur Mindestschrittfolge gehört:

- Analyse (nicht Interpretation!) der objektiv unzureichenden und objektiv unzulänglich empfundenen Verhaltensweisen (IST)

- Beschreibung der Verhaltensformen und Einstellungen, die erwünscht scheinen (vorläufiges SOLL)

- Abstimmung zwischen zugänglicher sozialer Reife und Anforderungen (SOLL)

- Bestimmung des Weges, der Teilziele bzw. Etappen und des erforderlichen Aufwandes insbesondere an Zeit

- Auswahl der Führungsansätze

- Systematische Begleitung, Bewertung und Korrektur.

Als Beispiel diene die Anhebung der Innovationsfähigkeit einer anlagenliefernden Ingenieurabteilung, die wegen ständigem Termindruck, Kompetenzrivalitäten, mangelnder Abstimmung und Alleingängen nur noch sporadisch reagieren, aber nicht mehr innovativ agieren konnte. Die Arbeitsabläufe wurden wertanalytisch erfaßt unter besonderer Berücksichtigung der Funktionen Mit- und Vorkopplung. Die Analyse ergab, daß Vorkopplung überhaupt nicht und Mitkopplung lediglich durch technische Notwendigkeiten erzwungen wurde. Ausgeprägtes Ressortdenken und hierarchische Gliederung der Management-Funktionen schälten sich als zentrale Ursachen heraus. Die Abhilfe bestand darin, Querkommunikation und Rückkopplung zwischen allen beteiligten Stellen dem komplexen Arbeitsablauf anzupassen sowie zu einer mitverantwortlichen Einstellung zu gelangen. Dazu zählte auch Verantwortung für Unterlassung, Vorsorge für potentielle Probleme. Statt detaillierter Vorschriften wurde nun auf Akzeptanz der Ziele und Planung Wert gelegt, die gemeinsam erarbeitet wurden.

Kein Reifungsprozeß verläuft ohne Rückschläge. Diese sind deshalb kein Grund um Späne fliegen zu lassen oder aufzugeben. Vielmehr sind zur Korrektur Fragen zu stellen wie:

— War das Teilziel zu anspruchsvoll?

— War es hinreichend präzisiert?

— Hat ein nicht vorhersehbarer Einfluß in eine extreme Situation geführt?

— Würden andere ebenfalls von einem Rückschlag reden oder in Anbetracht der Umstände vielleicht ganz anders urteilen?

— Was haben wir also auf dem Weg zur angestrebten sozialen Reife gelernt, wie läßt es sich nicht verwerten, wo ist anzusetzen?

Soziale Reife sorgt für Grundsätze und Spielregeln, die den persönlichen Grenznutzen innovationsschädigender Verhaltensweisen minimiert und innovationsfördernde Verhaltensweisen gesellschaftlich zumindest nicht bestraft. Innovative Durchbrüche sind deshalb stets gleichbedeutend mit einem Bewußtseinswandel, der vor allem die Promotoren fordert. Das glaubwürdige und akzeptable Vorbild ist im übrigen der nachhaltigste Führungsansatz zur Hebung sozialer Reife. Wer nur Hänschen klein zu spielen vermag, darf nicht auf einem Bechstein-Flügel konzertieren wollen; aber mit dem Schifferklavier mag er in Kinderveranstaltungen seine Marktlücke finden.

4.34 Fortschritt längt Qualifikationspyramide

In Zusammenhang mit der sozialen Reife ist auf ein Phänomen hinzuweisen, das generelle Gültigkeit zu haben scheint, aber beharrlich geleugnet wird. Es ist die Tatsache, daß mit fortschreitender sozialer Reife die 'Qualifikations-Pyramide' an der Spitze rascher wächst als an der Basis. Systeme mit geringer sozialer Reife haben eine breite Basis und sind im Verhältnis zur Höhe hierarchisch stark strukturiert (kleine Aufsichtspanne). Mit wachsender sozialer Reife differenziert sich die Qualifikation, während die hierarchische Abstufung zurückgeht, die Basis schrumpft, bis es in sehr fortgeschrittenen Systemen zu einem birnenförmigen Qualifikationsauf-

62

bau kommt, d. h. die Basis wird schmaler als die Mitte (Automatisierung), während
die Spitze interdisziplinär bzw. gemeinsam von den Ressourcen gehalten wird.

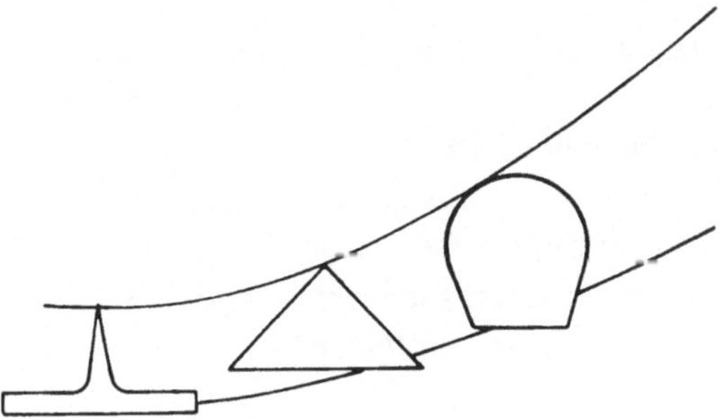

Abb. 6: Qualifikationspyramide

Dies hat nicht nur Auswirkungen für das Innovieren, sondern müßte es auch auf Per-
sonal-, Lohn-, Bildungs-, Entwicklungs- und Gesellschaftspolitik haben.

Der Aufbau der Qualifikationspyramide läßt sich quantitativ erfassen. Je höher das
Niveau ist, um so mehr Aufwand ist erforderlich, um es überhaupt zu erreichen und
auch, um es zu bewahren (die Halbwertzeit des Wissens sinkt). An der Basis wächst
dagegen der Mechanisierungs- und Automatisierungsgrad, Maschine und Computer
arbeiten billiger und besser als der Mensch. Im Zusammenhang mit der Erstellung
eines Aus- und Weiterbildungskonzeptes für Länder der dritten Welt wurden die
Qualifikationspyramiden verschiedener Branchen ermittelt. Die folgende Darstellung (Abb. 7) zeigt die leistungsspezifischen Qualifikationspyramiden für konven-
tionelle und nukleare Kraftwerke entsprechend den deutschen Vorschriften sowie
die Bildungsverhältnisse, die in bestimmten Entwicklungsländern angetroffen
wurden (vgl. 4.54).

Dazu muß man wissen, daß die Kraftwerkerschule des VGB z.B. als Voraussetzung
für die 3-jährige Kraftwerkerausbildung voraussetzt: Facharbeiter-Abschluß (ca.
3 Jahre), 3 Jahre berufsbezogene Tätigkeit, 2 Jahre gelernte Tätigkeit im Kraftwerk, also 8 Jahre gezielten beruflichen Werdegang. Um Schichtleiter in einem
Kernkraftwerk zu werden, sind zusätzlich 1 1/2 Jahre verantwortliche Erfahrung in
einem Kraftwerk vergleichbarer Anlagentechnik erforderlich, davon mindestens 1/2
Jahr als Reaktorfahrer. Die Umschulung eines Schichtleiters von konventieller auf
Kernkraft darf mit insgesamt 3 Jahren angesetzt werden, außerdem ist in regelmäßigen Abständen eine Auffrischungs-Schulung, z.B. am Simulator, erforderlich.

'Für den Schichtleiter eines modernen Kernkraftwerkes genügt es nicht alleine, das
notwendige Fachwissen zu besitzen. Er muß auch verstehen, seine Schicht zu einem
Team zu formen, ständig stimulierend und motivierend wirken und seine Kontroll-
und Überwachungsfunktion effektiv wahrzunehmen. Fehlende Führungsqualitäten

machen ihn trotz guter Fachkenntnisse zum Schichtleiter ungeeignet.' (VGB-Tagung 1976)

Als persönliche Voraussetzungen werden insbesondere genannt:

'Konzentrationsfähigkeit und Reaktionsvermögen.
Technisches Verständnis und funktionelles Denken.
Unabdingbar sind persönliche Reife sowie Fähigkeit
und Wille, sorgfältig, zuverlässig und verantwortungsvoll die anvertraute Aufgabe auszufüllen.'

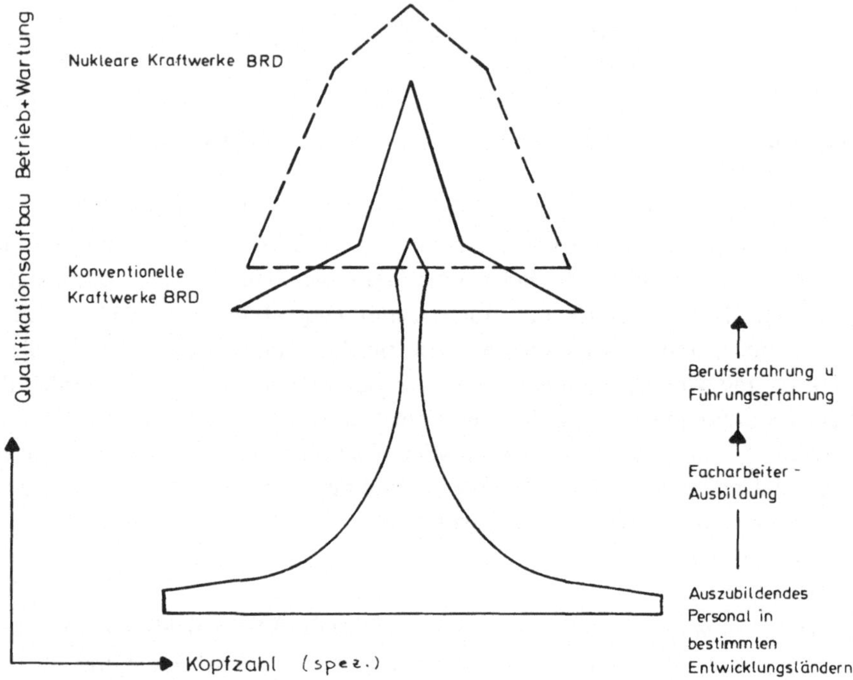

Abb. 7: Qualifikationspyramide für Kraftwerke

Ein Schichtleiter muß beliebige Störfälle sicher beherrschen. Anforderungen und
die Konsequenz eines Fehlverhaltens, also die Verantwortung und damit die Qualifikation sind im nuklearen Einsatz deutlich höher als im konventionellen. Aber auch
die unterste Ebene, z.B. der Pförtner, muß wegen der Sicherheitsauflagen höher
qualifiziert sein.

Daß es sich hier nicht nur um Fertigkeiten, sondern auch um Fähigkeiten handelt,
die eine gewisse soziale bzw. zivilisatorische Reife voraussetzen, mögen die folgenden Stichworte zum Psychogramm eines Schichtleiters vermitteln. Bei der zitierten

64

Untersuchung durch die Agentur des Verfassers mußte die Frage gestellt werden: 'Darf man dieselben Erwartungen an Personen aus Ländern mit vorindustrieller Gesellschaftsordnung stellen?'

Arbeitsstil:
Ausdauer, Belastbarkeit,
Arbeitstempo (ausreichend, variabel?)
Arbeitseinteilung (Korsett oder Hilfe?)
Distanz, Ordnung, Überblick, Sauberkeit,
Umsichtige Handhabung des 'Partners' Maschine?

Geistige Fähigkeiten:
Netzplan- oder Katalog-Denken?
Interdisziplinäres Verständigungs-
vermögen, Urteilsfähigkeit,
Einsichtigkeit?
Wach und lernbegierig?
Initiative?
Entscheidungsfähigkeit.

Zusammenarbeit:
Zielgebung und Selbstkontrolle,
Kommunikationsfähigkeit,
Kritikfähigkeit,
Rechtsdenken, Toleranz,
Fairness, Loyalität.

Nach einer anderen Systematik wurde das Leistungsprofil durch Gegenüberstellung eines Ideal- und Realprofils in folgenden Kategorien erfaßt: Denken (z.B. praktisch, analytisch, konzeptionell, flexibel etc.), Gefühl (z.B. stabil, schöpferisch, harmonisch, extra- oder introvertiert usw.), Aktion (z.B. dynamisch, durchsetzend, zielsicher, verantwortungsvoll etc.), Sozialverhalten (z.B. tolerant, kontaktfähig, kooperativ, systemorientiert, gerecht usw.) sowie Ausbildung, Berufspraxis, Lern- und Führungsfähigkeiten.

Das Phänomen der sich mit der sozialen Reife in die Länge ziehenden Qualifikationspyramide hat zahlreiche Konsequenzen. In diesem Zusammenhang interessiert unter anderem, daß durch Innovationen im eigenen System Niveau-Differenzen auftreten, die es zu integrieren gilt. Vor allem muß die Kommunikation darauf Rücksicht nehmen, die Dissonanzen müssen verträglich bleiben, Einseitigkeiten sind zu meiden. Die Tendenz zur Gleichschaltung der 'gesellschaftlichen Entlohnung' trotz wachsender Verantwortungs- und Qualifikations-Differenzen setzt voraus, daß es genügend 'Selbstverwirklicher' gibt, denen der Fortschritt an sich und ihr Beitrag dazu genügend Befriedigung vermittelt, um sich mit der gleichen 'gesellschaftlichen Entlohnung' zu begnügen wie geringer qualifizierte Ebenen. Obgleich dies illusionär ist, verhält sich die Praxis eben so, d.h. aber innovationsfeindlich. Unternehmen, die ihre Innovationskraft stärken wollen, müssen sich gegen Dissonanzen dieser Art schützen (z.B. durch Trennung in operatives und innovatives Management, Imageaufbau innovativen Bemühens, personenbezogene Ansätze, Entwicklung sozialer Anerkennungssysteme) und sich dabei selbstverständlich mit den Einflüssen politisch motivierter Stakeholders abstimmen. Vor allem muß unterbunden werden, daß erfolgstüchtige Machenschaften innovatives Bemühen ersticken oder den Innovations- und damit Leistungstüchtigen soweit benachteiligen, daß kein Anreiz mehr besteht, sich der Anstrengung und den Risiken der Entwicklung zu höherer Leistungsqualifikation zu unterziehen. Die Front des Fortschritts braucht Freiwillige, die wissen und spüren müssen, wofür sie sich mühen und die Risiken auf sich nehmen. Dies ist auch die Frage danach, wie die Ordnungsstruktur auszusehen hat, die einen dynamischen und konstruktiven Innovationsverlauf zu gewährleisten vermag.

4.4 Dynamik als Innovationsanlaß

4.41 Die Phasen eines Innovationsprozesses

Die Natur macht Sprünge. Deshalb ist es gerechtfertigt, den Innovationsprozeß vereinfachend in S t u f e n bzw. P h a s e n darzustellen. Die Übergänge von Stufe zu Stufe stellen die kritischsten Anforderungen an den Innovations-Verantwortlichen und die Organisation. Erfahrene Innovatoren werden allerdings selten von solch einer Stufe überrascht, sie sind vorbereitet bzw. helfen sie einzuleiten.

Weiter ist zu beachten, daß innovativer Vorsprung sich nicht damit erreichen läßt, daß man erst anpackt und dann nachdenkt. Wie bei einem Raketenstart sind die ersten Weichenstellungen im Innovationsprozeß die folgeschwersten und lassen sich selbst mit erheblichem Aufwand nachträglich nur unvollkommen korrigieren. Die größten Einsparungsmöglichkeiten liegen in den Anfangsphasen innovativer Produkte.

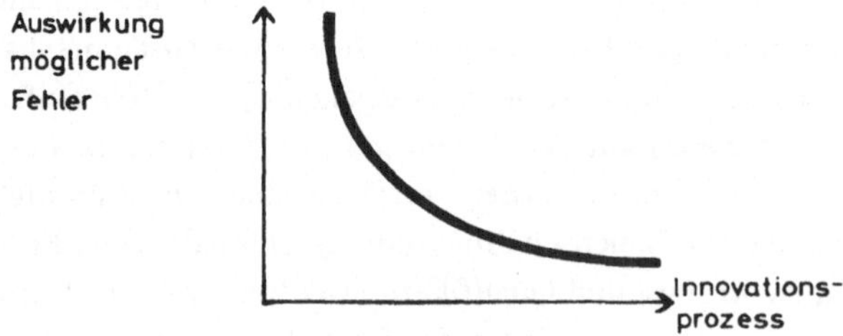

Abb. 8: Innovationsprozeß und Fehlerauswirkung

Je nachdem, welche Seite des Innovations-Prozesses im Vordergrund des Interesses steht, lassen sich verschiedene Darstellungen wählen:

Lernen
nach Levin:

Aufbrechung (unfreezing)
Wandel   (changing)
Verfestigen   (refreezing)

nach Blake-Mouton:

Hypothese
Theorie
Experiment
Kritik
Verallgemeinerung
Anwendung
Verbesserte Hypothese

Markt-Innovation:

Wahrnehmung
Interesse
Bewertung
Versuch
Kauf
Nutzung

Wertanalyse:

Informationsphase (Kritik, Datensammlung)
Schöpferische Phase (meth. Ideensuche)
Auswertungsphase (Alternativbildung)

Einstellungs-
änderung
nach NPI*

Umdenken — Haupt erleuchten
Umfühlen — Herz erwärmen
Handeln   — Hände rühren

*Nederlands Pädagogisch Institut

Führt man zusätzlich zu der zeitlichen Phasenfolge auch noch die sie bewegenden Polaritäten auf, dann ergibt sich die grafische Darstellung auf Seite 68.

Die Darstellung spricht für sich. Ergänzend wäre zu bemerken:
- Die einzelnen Phasen erfassen die Wirklichkeit auf unterschiedliche Weise.
- Die Phasenfolge ist einzuhalten.
- Polare Konflikte sind wesenhafter Bestandteil des Prozesses.
- Jede Phase muß in sich ausreifen.
- Unzureichende Innovationstiefe schlägt sich bei gleichem Anfangsergebnis in mangelhafter Stabilität der Lösung nieder.
- Der Übergang zwischen den Phasen ist kritisch, ebenso die Koordination von phasenverschiedenen Elementen.
- Iterative Rückkopplung gehört zum Reifeprozeß.
- Innovationen haben Zeitkonstanten.
- Der Prozeß bedarf 'sozialer Resonanz'.
- Die Mutationsfähigkeit hängt von der sozialen Reife des Systems und dem Führungsverhalten ab.

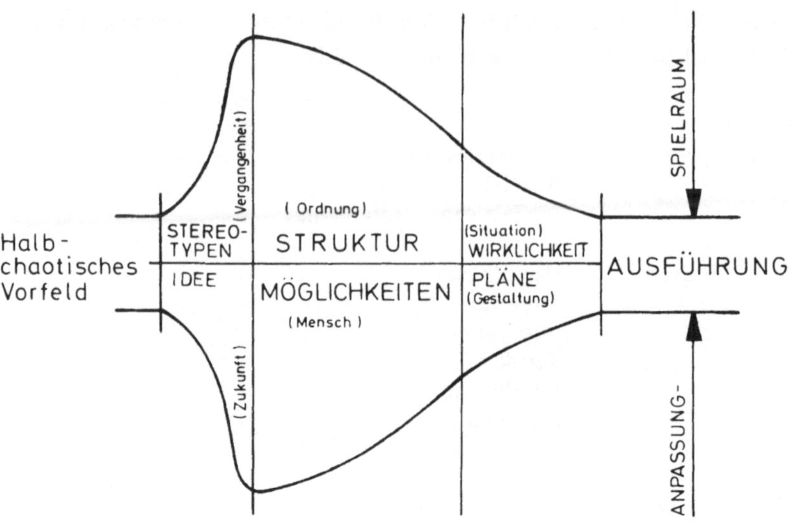

Abb. 9: Prozeßphasen

Zur praktischen Steuerung der einzelnen Phasen eines derartigen Innovations-Prozesses noch folgende Hinweise:

Phase 1
- *Einführung neuer Denkmöglichkeiten.*
- *Bewußtmachen der Gegenwart durch Polarisierung noch geltender Konzepte der Vergangenheit mit der situativen Zukunft der Bezugswelt.*
- *Rückspiegelung auf die eigenen Stärken und Schwächen.*
- *Ergebnis: Schöpferische Unruhe gebündelt in anerkannten Leitbildern und einer strategischen Zielsetzung. Vorgabe eines sinn- und planvollen Aktionsraumes mit Kriterien für das frühzeitige Erkennen fündiger Stellen, Bewerten von Alternativen und Setzen von Prioritäten.*

Checkliste:
- *Ist Innovation überhaupt erforderlich und wenn ja, in welcher Tiefe?*
- *Welche Einstellungs-Struktur herrscht bei den Meinungsführern?*
- *Wie reif und veränderungswillig ist die Organisation?*
- *Erfordert die Realisierung eine Zergliederung der anstehenden Innovationsaufgabe?*
- *Welches sind die prägenden 20% (ABC-Analyse)?*
- *Gibt es bereits potentielle Promotoren?*
- *Was läßt die Innovation befürchten und wie läßt sich das ausräumen?*
- *Wird die Situation wirklich verstanden und ist die Unzufriedenheit konstruktiv? Killerphasen, Strohfeuer oder echtes Engagement?*
- *Potentielle Konsequenzen, Risiken und ihre Eindämmung?*

- *Welche Integrationsanforderungen?*
- *Ist das Know-how vorhanden und nicht anderweitig blockiert?*
- *Bewegungsspielraum abstecken (Zeit, Mittel, Prinzipien, mögliche und wahrscheinliche Entwicklung)?*
- *Strukturieren (Abstrahieren, Analogien suchen, Alternativen bilden, was könne falsch laufen, löst sich Unzufriedenheit, werden fundierte Erwartungen geweckt)?*
- *Läßt sich ein prägender Wettbewerbsvorsprung erreichen?*

Phase 2
- *Die objektiven Voraussetzungen sind gegeben und erkannt, Bereitschaft und Fähigkeiten sind aufzubauen.*
- *Anforderungen mit sozialer Reife abstimmen.*
- *Such-, Lern- und Erfahrungsprozeß durch Polarisierung der akzeptierten Zielsetzung mit den sich daraus abzeichnenden persönlichen Rückwirkungen.*
- *Pädagogisches Führen, Gruppendynamik, erste Tests, evtl. Übergang von Entwicklung auf Produktion.*
- *Ergebnis: Einheitliche Willensbildung, operative Planung, Festlegung erheblicher Mittel.*

Checkliste:
- *Stimmen Bekenntnisse und Verhaltensweisen überein?*
- *Muß immer wieder angetrieben werden oder besteht eine gewisse Eigenmotorik?*
- *Kommen die Bedenken auf den Tisch, werden sie ausgeräumt oder verdrängt?*
- *Läuft die Planung so, daß die passiven Innovatoren Gelegenheit haben, sich synchron einzustimmen?*
- *Baut sich Fortschritt auf oder muß bei einzelnen immer wieder von vorne angefangen werden?*
- *Lassen sich vertretbare Arbeitspakete bilden?*
- *Wird genügend Eigeninitiative und informale Kommunikation eingespeist?*
- *Wie haben sich Vorstellungen verschoben und warum?*
- *Würde man den Prozeß, wenn es ihn nicht gäbe, wieder in Gang setzen?*
- *Ist genügend Mut zum Risiko vorhanden und Auffangnetze, die nicht entmutigen?*

Phase 3
- *Realisierung, Kommerzialisierung.*
- *Formierung des neuen Rollengefüges, Ungewißheit zwischen Entscheidung und Ergebnis. Polarisierung von Plänen und Wirklichkeit.*
- *Heftige Widerstände von denen, die nun nicht mehr ausweichen können und einstellungsmäßig überfordert sind.*
- *Konsequentes Führungsverhalten, intensives Integrieren, die Übergangsanforde-*

rungen des innovativen Starts gehen in die Routineanforderungen der Grade-aus-Entwicklung über.

Checkliste
- *Wer steht trotz aller Mühe nicht hinter der Lösung? Ist er loyal?*
- *Wen trifft die Lösung als Schock, weil er sich bisher nicht bemüht hat?*
- *Wo erwachsen persönliche Nachteile und Enttäuschungen? Was läßt sich tun?*
- *Wen quält die 'kognitive Dissonanz' zwischen den ungünstigen Aspekten der gewählten Lösung und den günstigen der nicht-gewählten?*
  (Attraktivität der gewählten stärken? Anreiz und Hemmer einbauen? Identitäten herausstreichen? Vernachläßigte Teilaspekte nachholen?)
- *Kritisch bleiben!*
  Konsequenzen klären und an die Vorinvestitionen denken. Es wäre wider die Natur, den Hund mit dem Schwanz wackeln zu lassen.

Hilfsmittel:

Phase 1
- *Konzeptbeschreibung, Leitbilder*
- *Kriterienaufstellung, -abstimmung und -gewichtung*
- *Stärke/Schwäche-Analyse*
- *Forced-Choice-Fragebogen*
- *Favoritenquadrant (Bestimmung der Reihenfolge)*
- *Kommunikationsübungen*
- *Analyse des vorherrschenden Verhaltensstiles*
- *Bildungsbedarfsanalyse*
- *Change agent*
- *Arbeitsgruppen*
- *Schulung, Information*
- *Prognosemethoden, Bedarfsidentifizierung*
- *Ideenfindung, Kreativitätstechniken*
- *ABC-Analyse*
- *Kostenschätzungsmethoden*
- *Kosten/Erfahrungs-Kurve, Produkt/Markt-Analysen*
- *Lebenskurven*
- *Informales Kommunikationsnetz, Erfahrungswerte*
- *Literaturstudium*

Phase 2
- *Experimentelle Projekte*
  (Klare Zielvorgabe; wer übernimmt welche Aufgabe mit welcher Kompetenz? Zeitplan mit Zwischenzielen; welche Mittel stehen zur Verfügung? Welche Aus-

bildung ist erforderlich? Auswertungskriterien!)

- *Multimomentaufnahmen*
- *Ablaufanalysen*
- *Kontaktogramme*
- *Vergleichende Funktionsbeschreibungen*
- *Gruppendynamisches Training*
- *Workshops*
- *Arbeitsgruppen*
- *Recherchen über Lizenzmöglichkeiten*
- *Change agent*
- *Promotorengespann*
- *Koordinationsausschuß*
- *Corporate planning*
- *Entscheidungstechniken*
- *Wertanalyse*
- *Deckungsbeitragsrechnung*
- *Soll/Ist-Bilanz und -Erfolgsrechnung*
- *Auswahlverfahren (screening)*

Phase 3
- *Lotsengruppe*
- *Change Manager*
- *Alle Technik des scientific managements*
- *Konflikt-Management*
- *Projekt-Management*
- *Strategie nach Lebenszyklen*
- *Ausbildung*
- *Stakeholder Konzept*
- *Planungsformulare*
- *Plankennziffern, S-Kurven*
- *Datenbank*
- *Substitutionskurve*

Zur Dynamik des Innovationsprozesses noch zwei erläuternde Beispiele:

Gewicht abnehmen! Sie fühlen sich schlapp, erhalten Nackenschläge, es muß etwas geschehen! Sie gehen zum Arzt. Der kann nichts finden, nur 16 kg Übergewicht. Er läßt Sie einen Sandsack mit 16 kg heben und malt Ihnen aus, was dieser Ballast an organischen Gefahren und Lebenserwartung statistisch bedeutet (Sind Sie gut versichert?). In Ihnen entsteht das Leitbild eines normalgewichtigen, spannkräftigen Mannes. Sie gehen in sich und stellen Hypothesen auf: Der schwere Knochenbau? Das reduzierte Rauchen? Die Geschäftsessen? Zu wenig Bewegung?

*Damit betreten Sie Phase 2. Sie ringen sich zu einer Zielplanung durch. Das Über-
gewicht soll in spätestens 3 Monaten verschwunden sein. Aber wie? An der Strategie scheiden sich die Geister.*

*Der erste ist ein Mann der Tat! Er geht in ein Sanatorium und läßt sich abspecken.
Er hat den schnellsten 'Innovations-Erfolg', verzichtet dabei aber auf die persönliche Lernkurve. Das äußert sich darin, daß er ein halbes Jahr nach der Kur
wieder im Vollbesitz seiner 16 kg ist, sich zum jährlichen Besuch des Sanatoriums
entschließt und dreierlei Garderobe für die verschiedenen periodisch wiederkehrenden Umfänge seiner Leibesfülle organisiert.*

*Der zweite nimmt die Sache selbst in die Hand. Er wiegt sich täglich, verzichtet
nach einer Mayo-Diät auf Zucker und Kartoffeln, schafft sich ein Heimfahrrad an
und benutzt es sogar regelmäßig. Er zielt damit direkt auf die als ungünstig erkannten Gewohnheiten, unterzieht sich dabei aber dem Zwang einer selbst auferlegten
Routine. Immerhin, das gewünschte 'Innovations-Ergebnis' ist vorhanden, allerdings
vom Symptom her kuriert, was sich nicht nur an gelegentlichen Rückfällen ablesen
läßt, sondern auch an Selbstbemitleidung und Unlust, von der vor allem der engere
Kreis der Familie und Mitarbeiter ein Lied zu singen weiß.*

*Von einer tiefgreifenden und voll gelungenen Innovation, einer wirklichen 'System-
entwicklung', ist erst beim dritten zu sprechen, dem es gelingt – ohne Appetit-
hemmer – nach ausreichender Nahrungsaufnahme begierdelose Sättigung zu empfinden, auch wenn noch so leckere Genüsse und anregende Gesellschaft locken.
Solche Innovation reicht weit über die angestellte Gewichtsabnahme hinaus, sie hat
Erleben zu Einsicht verarbeitet und Reaktionsweisen bewirkt, bei der Essen Spaß
macht, ohne deshalb zu verführen.*

*Interessant ist in diesem Zusammenhang auch die Tatsache, daß Abspecken in der
Gruppe leichter fällt. Disziplin und Erfolgserlebnis werden größer, Erfahrungsaustausch hilft. Auf dieser Erkenntnis aufbauend gibt es eine weltweite Bewegung.
Lokale Gruppen treffen sich einmal in der Woche unter Anleitung eines Trainers,
der selbst einmal übergewichtig gewesen sein muß, denn man muß die Problematik
selbst erfahren haben, um helfen zu können.*

*Nun zum zweiten Beispiel, der Einführung eines MIS (Management-Information-
System). Die Gliederung des Projektes hat folgendes Aussehen:*

*1 – Feasibility-Studie, Problemanalyse:
     (Festlegung der Ziele und Anforderungen an das Gesamt-
     Informations-System)*

*1.1 – Problem definieren
1.2 – Vorhandenes System analysieren
        (Organisation, Informations- und Produkt-Fluß)*

4.42 Das Timing

Der Einfluß des Timings auf Innovationseffizienz und -erfolg kann überhaupt nicht hoch genug veranschlagt werden. Verfehltes Timing läßt sich — wenn überhaupt — nur durch zusätzliche Anstrengungen ausgleichen. Timing kann ebenso für totales Versagen wie Triumphe verantwortlich sein. Es ist nicht delegierbarer Bestandteil der Innovationsverantwortung und als Gradmesser innovativer Führungsqualifikation besonders aussagefähig. Denn Timing erfordert Transparenz für Zusammenhänge und Situationen sowie ein Gespür für potentielle Reaktionen und die Fähigkeit mit und durch anderen gerichtet, integriert und dosiert handeln zu können.

Genies, die ihrer Zeit voraus sind, etwa ein Leonardo da Vinci, mit seinem Flugapparat, verstoßen gegen das Timing, wie es ein Industriebetrieb aus Gründen der Wirtschaftlichkeit und Sicherung seines Wettbewerbsvorsprungs handhaben müßte. Demgegenüber ist ein Timing, das die Vermarktung eines neuen Produktes auf die Auslastung der potentiellen Wettbewerber und auf die allgemeine Aufnahmebereitschaft abstimmt, wettbewerbsbewußt.

Häufigster Fehler beim Timing ist die Unterschätzung der Zeitkonstanten von Innovationsprozessen. Hier einige Beispiele für die

Zeitdauer von Innovationsprozessen	Jahre		
— Verhandlungsdauer zur Bildung eines joint-venture	0.5	—	1.5
— Bereinigung des Sortiments	1	—	2
— Einführung der Wertanalyse	1,5	—	2,5
— Qualitätsverbesserungs-Kampagne	2	—	3
— Einführung Netzplan-Denken, Stellenbeschreibungen oder neue Informationsstrukturen	3	—	4
— Divisionalisierung	4	—	6
— Durchgreifende Änderung des Führungsstiles	5	—	8
— Systeme zur Planung und Entwicklung eines Führungskräftepotentials	6	—	10
— Produktentwicklung Pharma-Industrie	8	—	12
— Abwicklung eines Kernkraftwerk-Auftrages	6	—	10

Technokraten sind der Auffassung, daß eine Produktion am besten läuft, wenn der Auftragsüberhang etwa 10% beträgt. Die Anwendung dieser Faustformel auf innovative Prozesse wird unweigerlich zum Eigentor. Beispiel wäre ein Anlagenbauer, der sich nach harten Verhandlungen durch ein Lieferzeitzugeständnis, das auf Kosten der eigenen Planungszeit geht, den Auftrag holt. Wenn er und seine Wettbewerber Beschaffung und Planungsanforderungen zuvor richtig eingeschätzt hatten und keine grundsätzliche Änderung in den Bedingungen eingetreten ist, dann bedeutet dieses Zugeständnis eine Verschlechterung des Risiko/Chancen-Verhältnisses (siehe 5.2), das sich in der Kostenrechnung niederschlagen wird.

Ein weiterer häufig zu beobachtender Fehler ist die unzureichende Koordination der Zielkonflikte zwischen Qualitäts- und Terminanforderungen. Bei innovativen Projekten sollte beides möglichst in einer Hand liegen. Besonders deutlich wird das dort, wo ein Ressort A mit der Realisierung erst beginnen kann, wenn B mit seinen Arbeiten fertig ist, B aber nicht realisieren kann, ohne von A Angaben mit einer Mindestgenauigkeit zu bekommen, also im Hausbau etwa zwischen Maurer, Elektriker und Schreiner. Nicht wenige Projekte scheitern z.B. daran, daß Technikern in ihrem Ressort Perfektionierungsgrade zugestanden werden, die für den Gesamtablauf auf den Zeitpunkt bezogen nicht notwendig sind, d.h. es werden unnötige Korrekturlawinen und selbstverursachter Zeitdruck ausgelöst.

Das Timing prägt den Innovationsprozeß qualitativ und indirekt, nichtdestoweniger intensiv. Aus der Küche wissen wir, daß Hausfrauen mit den gleichen Zutaten die unterschiedlichsten Gerichte zustande bringen, hauptsächlich weil sie diese zu verschiedenen Zeitpunkten des Kochvorganges zusetzen. Die Zeit existiert nicht für sich, bei innovativen Prozessen muß stets die Wechselwirkung mit quantitativen und psychologischen Faktoren beachtet werden.

Einstein nennt Zeit und Raum verschiedene Erscheinungsweisen derselben Wirklichkeit. Daran gemessen hat der auf Routine und Anpassung fixierte Manager ein gestörtes Verhältnis zur Zeit. Wir kennen ihn unter dem Druck der Tagesarbeit, nie hat er Zeit aufzuschauen, er 'verräumlicht' die Zeit. Machen wir uns dies am 'Zeitraffer' Auto klar. Je schneller das Auto, um so enger erscheint uns die Fahrbahn. Der Blick vermag bei geringer Geschwindigkeit noch unstet über die Landschaft zu schweifen, bei hoher verengt er sich zur Tunnelperspektive. Ähnliches widerfährt uns im Tagesablauf. Zeit wird so knapp, daß wir nicht einmal mehr die Zeit dafür haben, uns mehr Zeit zu verschaffen. Dazu würde schon etwas mehr Abstand genügen, innerer vor allem, denn der Zeitdruck ist ein relatives Erleben.

Deutlich wird dies bei Menschen, die sich im Kreise bewegen. Wenn dies nur hektisch genug geschieht, dann leiden sie unter Zeitdruck, obwohl sie absolut gesehen überhaupt nicht vorankommen. So kommt es, daß Männer der Vernunft soviel Unvernünftiges tun können, von außen betrachtet. Sie verplanen minutiös ihre Zeit und lernen Techniken, nur um sich noch rascher in ihrer Kreisbahn bewegen zu können. Um nicht schwindelig zu werden, konzentrieren sie sich auf das ruhende Kreiszentrum, ihr Ego, und um Zeit zu sparen, stimmen sie ihre Kriterien auf die Sichtweite ihrer Tunnelperspektive ein.

Die Entschuldigung 'keine Zeit' ist beliebt, denn sie klingt plausibel und schicksalhaft, gibt Bedeutung vor und läßt sich schwer kontrollieren. Überdies gilt Zeitmangel unter Anpassern als Ausweis für Tüchtigkeit, vermag also Überfordertsein oder fehlende Erfolgserlebnisse zu überspielen, vor sich und vor anderen. Damit verhindert aber diese Erklärung jene selbstkritische Bewußtwerdung, die Voraussetzung dafür wäre, daß nicht die Zeit einen, sondern man selbst Zeit hat. Der selbstmörderische Verstärkungseffekt dieser Konstellation läßt sich unschwer erfühlen, die Krise wird zur Dauereinrichtung. Würde ihnen eine Fee Zeit verschaffen, sie wüßten nichts damit anzufangen, innovativ würden sie aber bestimmt nicht, denn wenn sie die erforderliche Einstellung dazu besäßen, hätte es nicht der Fee bedurft.

Hier klingt das an, was H. Kahn als zunehmende Gefahr vom erlernten und erzwungenen 'Unvermögen, ein Problem zu erkennen und zu verstehen' apostrophiert. Als Gründe dafür gibt er an:

- Einseitige berufliche Routine, unzutreffende Erfahrungen.
- Unangebrachtes Prestige oder Anreize.
- Ideologische Verkrampfung.
- Simplifizierendes Wunschdenken.
- Gestörtes Verhältnis zur Wirklichkeit und ihrer realistischen kompromißlosen Erfassung.
- Ungenügende Vorstellungskraft, Courage und Sachkenntnis für innovative Tätigkeit.

Innovations-Verantwortliche brauchen einen ausgeprägten Sinn fürs Timing, den sie auf ihre Mitarbeiter ausstrahlen müssen. Sie induzieren ihre Führungsimpulse im Augenblick höchster 'Resonanzfähigkeit' mit dosierter Stärke und gezielter Richtung in verträglicher Form. Der Innovator entscheidet nicht über die Innovation, sondern steuert den innovativen Prozeß, indem er Termine setzt, Prioritäten vorgibt, Verantwortliche einsetzt, Grundsätze erläßt, strukturiert, Mittel zur Verfügung stellt, belohnt usw.

Bei der Planung neuer Vorhaben sind drei Zeitvorgaben zu unterscheiden:

- Einmalige Termine, z.B. für die Anfertigung von Werkzeugen oder die Erstellung von Gußmodellen.
- Zeitvorgabe für bereits bekannte Arbeitspakete oder Teile, die in großer Stückzahl gefertigt werden (Ausschlaggebend sind die Übungskurven 4.4).
- Ecktermine für Subsysteme und Montage-Arbeiten. Hier wird rückwärts von den 'kritischen' Meilensteinterminen die Planungs- und Durchlaufzeit errechnet und unter Ansatz der zu erwartenden Erfahrungsdegression in Abstimmung mit Kapazität, Kostenvorgabe, Fähigkeitsniveau, Stückzahl usw. das optimale Produktionsverfahren ermittelt.

Zwischentermine und Dringlichkeitskriterien zur selbstständigen Entscheidungshilfe sind besonders wichtige Führungsinstrumente zur Einhaltung der Meilensteine, denn sie vermitteln

- Transparenz und Kontrolle, um frühzeitig Planabweichungen erkennen zu können
- Geben den Mitarbeitern ein Gefühl für den Rythmus des Prozesses und eine auf das System und die Situation abgestimmte Dringlichkeit
- Verhindern, sich in Perfektionismus zu verlieren
- Helfen, die Verknüpfung unterschiedlicher Aktivitäten zu versachlichen und damit zu vereinfachen und zu optimieren sowie
- das Risiko besser mit der individuellen Verantwortung abzustimmen
- Geben den Mitarbeitern Gewißheit und bauen Vertrauen in die Zuverlässigkeit der Organisation auf.

Nur bei unzureichender sozialer Reife werden solche Termine als Eingriff und Fremdkontrolle empfunden.

Machen Sie sich einmal klar, welches Verhältnis Sie selbst zum Timing haben, dies kann ein fruchtbarer Anstoß zur Hebung Ihrer innovativen Führungsfähigkeit bedeuten:

- Steure ich Entscheidungsprozesse oder lege ich Wert darauf, das letzte Wort zu haben?
- Komme ich aus Zeitgründen nicht zu dem, was ich eigentlich sollte, oder setze ich statt dessen andere Prioritäten?
- Habe ich genügend innere Distanz, regelmäßig umschalten zu können?
- Muß ich immer wieder versäumtem Timing durch Mehrarbeit nachjagen?
- Verliere ich mich gerne in Details?
- Gelingt es mir manchmal, durch zarte Hinweise oder Humor im rechten Augenblick Kettenreaktionen auszulösen, deren Endergebnis sonst nur unter Druck zustande kam?
- Halte ich geschäftige Leute für tüchtig?
- Halte ich mich manchmal zurück, weil ich spüre, daß der Zeitpunkt falsch ist, oder spule ich ab, was ich mir vorgenommen habe?
- Falle ich mit der Tür ins Haus, wenn die Zeit drängt, und stoße dabei andere vor den Kopf?
- Kann ich zuhören?

4.43 Sicherstellung der Prozeß-Kontinuität

Prozeßfortschritt und Arbeitsteilung machen einen laufenden 'S t a f f e t t e n - w e c h s e l' unvermeidlich. Jede Übergabe bleibt eine Nahtstelle, die besonders kritisch wird, wenn sie gleichzeitig einen Wechsel der Aktionsstufe bedeutet, wie es z.B. bei der Freigabe einer Produktentwicklung für die Fertigung geschieht. Die wichtigste instrumentelle Hilfe zur Wahrung der Prozeß-Kontinuität ist die Planung. Beim Eintritt in eine neue Aktionsstufe, bei dem man unausweichliche Verpflichtungen für die ganze Entwicklungsstufe und evtl. darüber hinaus einzugehen hat, sollte man eine Zwischenbilanz machen, die bisherige Entwicklung auf die Zukunft projezieren, die Prämissen überprüfen, Konzept und Chancen/Risiko-Verhältnis noch einmal abwägen; es empfiehlt sich dabei eine kompetente, aber neutrale Seite einzuschalten (da die verschiedenen Möglichkeiten kognitiver Dissonanz – 4.52 – auch den schärfsten und loyalsten Blick trüben können).

Die Kommunikation darf beim Stafettenwechsel nicht zur einseitigen Belehrung werden, d.h. der Ablösende muß rechtzeitig anlaufen, ohne den Vorläufer zu behindern. In der industriellen Innovation bedeutet dies: Rechtzeitig gemeinsame Bildgestaltung, regelmäßiger Kontakt, ausreichende 'weiche' und informelle Kommunikation.

Von der Unternehmensführung her läßt sich dies z.B. dadurch abstützen, daß man es tunlichst vermeidet, eine Gruppe, die bereits einen Lernprozess hinter sich hat, durch Zuteilung eines Neulings zu zwingen, noch einmal den gesamten Prozeß nachzuvollziehen. Verspätete Teilnahme an einer Sitzung hat ähnliche Auswirkungen.

Andererseits haben die einzelnen Beteiligten unterschiedliche Umstellungszeiten. Den aktiven Vorreitern folgen die passiven Innovatoren und Nachzügler. An sich gilt auch hier die Geleitzugregel, daß das gesamte nicht schneller sein kann als der langsamste. Mit zunehmender sozialer Reife (4.33) wächst aber auch eine Selbstdisziplinierung, die den langsamen willens und fähig macht, Vorentscheidungen zu übernehmen.

Während man im Anpassungsbereich davon ausgehen muß, daß die Verwirklichung weder an Widerständen noch an Unzulänglichkeiten scheitert, kann dies bei innovativen Vorhaben nicht vorausgesetzt werden. In Abhängigkeit von der sozialen Reife gibt es aber auch dort eine Grenze, wo aus Rücksicht auf den gesamten Geleitzug die langsamsten ins Schlepp genommen oder aufgegeben werden müssen.

Wenn jemandes Widerstand sich so äußert, daß er, trotz Einblick und Gelegenheit zu eigenen Beiträgen, den Fortgang des Prozesses immer wieder blockiert, dann kommt der Moment, wo ihm ein letzter Termin einzuräumen ist. Nimmt er diesen nicht wahr, hat er sein Einflußrecht verwirkt. Sollte er versuchen, nachträglich doch noch auf die Vorphase zurückzugreifen, sind disziplinarische Maßnahmen unumgänglich. Selbst Dirigenten müssen sich nach der Partitur richten. Mängel an sozialer Reife lassen sich kurzfristig nur durch Autorität überbrücken. Auf Dauer lassen sie sich durch pädagogisches Führen abbauen. Dazu zählt es, echte Bedenken ernst zu nehmen und zu berücksichtigen; unter den Tisch gekehrt würden sie nur versuchen sich zu bestätigen.

Wenn sich während des Prozesses einseitige Abweichungen zu häufen beginnen oder der Streubereich der Ergebnisse unerklärlich und unakzeptabel wird, dann ist es bewährte Übung, jene Polaritäten gemeinsam auf das Know-why anzusetzen, die das motorische Spannungsfeld dieses Innovationsabschnittes aufbauen, also z.B. Fertigung u n d Vertrieb bei überhöhten Lagerbeständen. Das gelegentlich verwendete 'divide et impera' pervertiert den Wettbewerbsgedanken zu Wettstreit und Rivalität, sät Mißtrauen statt Vertrauen aufzubauen, trennt statt zu integrieren, dient eigener Machtausübung und verschärfter Kontrolle.

K r i t i s c h ist neben dem Ü b e r g a n g von Labor- zur Routinefertigung (Verfahrens-Innovation) auch die Abgabe der Prozeßführung von der Technik an das Marketing. Der Übergang aus der Forschung in eine Labor-Testausführung ist dagegen im allgemeinen wegen Personalunion unkritisch. Die Verfahrensentwicklung ihrerseits kann so komplex sein, daß Teilprozesse vorgetestet werden oder der Gesamtprozeß stufenweise an die ökonomische Größenordnung herangeführt wird (z.B. Chemie oder Kernkraft).

Es ist dafür zu sorgen, daß für die technische Entwicklung nötige Enthusiasmus durch erfahrene Anwendungspraktiker und kommerziell orientierte Katalysatoren nachhaltig moderiert wird. Konflikte zwischen der Verfahrens- und Produkt-Entwicklung sind als Frühwarnung aufzufassen, die Ausgewogenheit des Vorhabens zu überprüfen. Gibt es Schwachpunkte und wo liegen sie? Ist das marktseitige Anforderungsprofil ungenügend, potenzieren sich Sicherheitsmargen, fehlen integrierende Ziele, sind bösartige Störfaktoren vorhanden; gibt es Vorgaben, deren Einhaltung die Qualitätsminderung bewirkt?

Bei der Kommerzialisierung oder Realisierung eines Anlagenauftrages genügt es nicht, die funktionelle Folgeführerschaft eine Zeitlang 'mitlaufen' zu lassen, durchgehendes Projekt-Management wird unerläßlich.

Zerreißt die Kontinuität an irgendeiner Stelle, ist der Gesamtprozeß gefährdet, nicht nur das Endergebnis, auch sämtliche bis dahin angelaufenen Vorinvestitionen. Die Bedeutung der Kontinuität im Verein mit der Tatsache, daß Fortschritt im allgemeinen eine höhere Differenzierung der Teilsysteme bedeutet, macht die Führungsprobleme des Innovierens zum Integrationsproblem.

Zur Selbstbespiegelung.

— Achte ich auf Kontinuität in den Teams?
— Bin ich bereit, Vorentscheide zu übernehmen, und wer meiner Mitarbeiter sträubt sich grundsätzlich?
— Sind die nötigen Informationen zugriffsfähig, ihre Träger erreichbar?
— Kommen begründete Einwände auf den Tisch?
— Besteht ein Verantwortungsgefühl für Prozeßkontinuität, ohne daß bereits Probleme dazu zwingen?
— Ist die 'Partitur' im allgemeinen bekannt und wird dann auch respektiert?
— Wer versucht immer wieder zu dem Punkt zurückzukehren, wo er seinen Kopf nicht durchsetzen konnte? Konsequenzen?
— Wie offen, realistisch und aktuell ist die Kommunikation? Wird aus Fehlern gelernt oder das Gesicht gewahrt? Meinungs- oder harte Fakten?
— Sind neue Risiken oder Voraussetzungen eingetreten, z.B. durch Terminverkürzungen, Partnerwechsel, veränderte Kriterien?
— Herrscht Balance zwischen den Ressorteinflüssen? Werden insbesondere die Interessen von Technik, Finanzierung, Fertigung und Vertrieb miteinander konfrontiert und konstruktiv ausgetragen?
— Werden risikomindernde Zwischenschritte z.B. aus Zeitmangel vernachlässigt?
— Wird an der falschen Stelle gespart?
— Entsprechen die Mittel den Zielen?
— Sollten wir aufhören, hat es noch Sinn, gutes Geld schlechtem nachzuwerfen?
— Gibt es zwischen den Gruppen abwertende Erwartungsdifferenzen oder Tendenzen des 'Dann muß ich's selber machen'?
— Hält man sich an Tradition, weil man sich Fortschritt nicht leisten kann?
— Werden Fehler von der Kalkulation, Technik und Ausbildung ausgewertet?
— Werden Schuldige oder Ursachen gesucht?
— Wird dem Stafettenwechsel besondere und ausreichende Aufmerksamkeit geschenkt?
— Ist unsere Planung eine Innovationshilfe oder haben sich diejenigen durchgesetzt, die behaupten, Ungewisses und Qualitatives ließe sich nicht planen?

- Wie sieht es mit unseren Planabweichungen aus? Irgendwelche Abweichungstendenzen erkennbar? Kalkulieren wir uns aus lauter Ungewißheit aus dem Markt oder erkennen wir potentielle Probleme nicht rechtzeitig?
- Gibt es ein 'Recht auf Fehler'?
- Werden alle Möglichkeiten zu integrieren und Resonanz zu erzeugen genutzt und gezielt dosiert?

4.5 Innovieren heißt höhere Leistungsfähigkeit erwerben

Es ist eine geläufige Tatsache, daß Firmen wie Einzelpersonen immer wieder in gleichartige Schwierigkeiten geraten. Sie machen 'Erfahrungen', die sie machen müssen, weil sich durch ihren Blickwinkel und ihr Reaktionsschema immer wieder ähnliche Situationen ergeben müssen. Angeblich gleiche Erfahrungen sind oft nur die Folge eines fixierten, uneinsichtigen Eigenverhaltens. Erfahrung ist deshalb nicht die Häufung gleichartiger Erlebnisse, sondern das Auswerten, Lernen und Umstellen der Erwartungen und des Verhaltens. Je weniger vergleichbar, je neuartiger die Situationen werden, um so wichtiger wird es, gezielt und systematisch solche Schwierigkeiten zu vermeiden.

Innovation bedeutet das Erwerben einer höheren Leistungsfähigkeit. Für den einzelnen heißt dies einerseits Abbau psychologischer Hindernisse und andererseits Erwerb zusätzlicher Fertigkeiten, Fähigkeiten und Erfahrung.

4.51 Unter- und Überforderung

Wenn sich der Primat in uns herausgefordert fühlt, dann werden zur Selbsterhaltung die körperlichen Reaktionsfähigkeiten bis zum Verhältnis von 1:9 intensiviert und zwar auf Kosten der psychischen Fähigkeiten (Blind vor Wut, Ideenflucht). Wenn sich der Mensch in uns herausgefordert fühlt, werden seine geistigen und seelischen Reserven mobilisiert, er sucht zu innovieren. Innovative Leistung setzt also ein gewisses, aber nicht zu hohes Spannungsniveau voraus. Dies fällt unterschiedlich aus je nach Art der Herausforderung und der Innovationsbereitschaft des Betroffenen; im Prinzip ist die Fähigkeit zu Innovieren aber jedem Menschen gegeben.

Bei Unterforderung fehlt der motorische Antrieb des 'Wohin'? Man sieht keinen Anlaß zu innovieren, die eigene Routine scheint bereits gültige Antworten parat zu haben. Überforderung verursacht Abwehrreaktionen, die innovative Herausforderung wird als Störung empfunden und deshalb bekämpft, verdrängt oder abgewälzt.

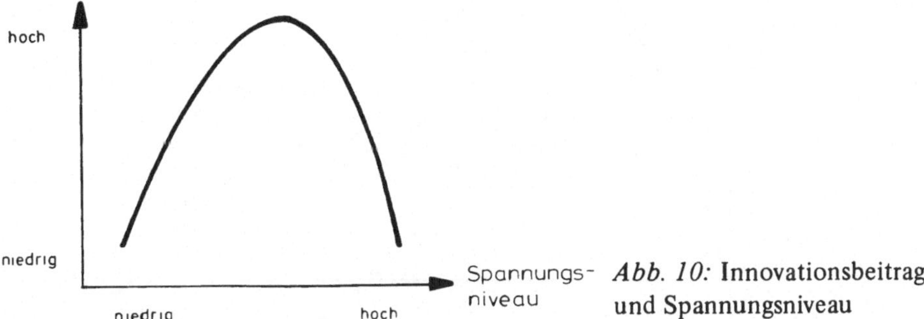

Abb. 10: Innovationsbeitrag und Spannungsniveau

Zwischen Unter- und Überforderung liegt ein Optimum. Es ist jenes Maß an Herausforderung, das die innere Distanz ohne Beeinträchtigung durch körperliche Motorik zuläßt. Dieses Aktivitätsniveau einzustellen und über der Zeit zu bewahren ist Grundanliegen jeglichen innovativen Führens. Schlechte Prozeßführung mündet in innovativen Strohfeuern oder führungsseitigem Gewalthandeln. Hier wird auch deutlich, daß innovative Leistung persönliches Interesse und einen Zeitaufwand erfordert, der groß genug ist, das notwendige Engagement zu pflegen.

Das Spannungsniveau läßt sich z.B. einstellen durch:
— Dosierte Impulse bzw. gezielte 'verträgliche' Schritte
— bewußten Einsatz gruppendynamischer Effekte (Zusammensetzung, Größe, Spielregeln usw.).

Unterschiedliches Spannungsniveau zieht also unterschiedliche Verhaltensweisen nach sich:

Spannungsniveau:	Wirkung:
niedrig	Routine —Reaktionen
mittel	Verteidigung des Gewohnten, Festigung des Vorhandenen, Suche nach Stabilisierung im Rahmen des 'status quo', faule Kompromisse, Offenhalten, Abwehrmechanismen.
optimal	Umorientierung; Suche nach Analogien, neuen Verknüpfungen, anspruchsvolleren Elementen; Interessen-Integration.
überhöht	Agression; Manipulation, dialektische 'Kunstgriffe', Kriegslisten und Tricks; einseitiges Durchsetzen; Sieg oder Untergang; Entgleisung zwischen Mensch und Bezugswelt;

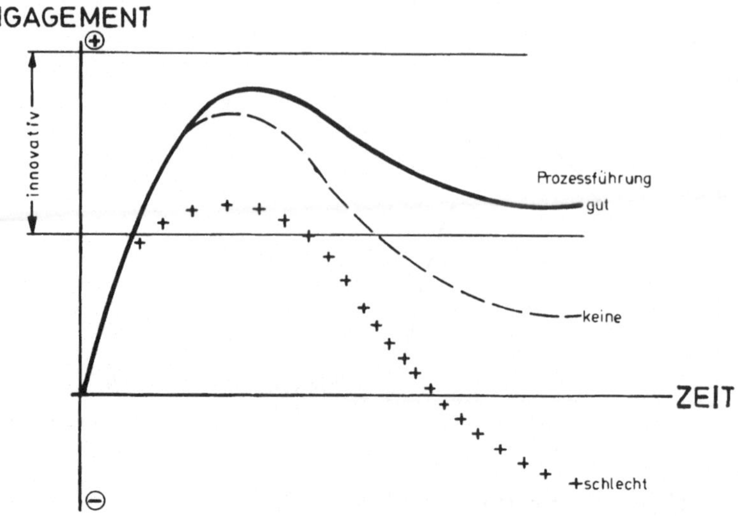

Abb. 11: Engagement und Prozeßführung

Auf den verschiedenen Spannungsstufen begegnet man typischen Verhaltensweisen:

K i l l e r p h r a s e n bei niedrigem Spannungsniveau:

— Das haben wir immer so gemacht.
— Damit verurteilen Sie alles, was wir in den letzten 3 Jahren getan haben.
-- Das haben wir noch nie so gemacht.
— Unser Geschäft ist anders.
— Wir haben unsere Bestimmungen.
— Was würde geschehen, wenn jeder....
— Das ist aber nicht neu. Ein guter Freund von mir hat damit schlechte Erfahrungen gemacht.
— Darüber sollte ein Team nachdenken!
— Ich weiß aus 20jähriger Erfahrung, daß das nicht funktionieren kann.
— Theorie und Praxis.
— Ich erhebe warnend meinen Finger.
— Dafür bin ich nicht zuständig.
— Das kostet viel zu viel.
— Das ist im Budget nicht vorgesehen.
— Das 'benefit/risk —Verhältnis' ist nicht zu vertreten.
— Dafür haben wir keine Zeit und keine Leute, die Tagesarbeit geht vor.
— Ist das der rechte Zeitpunkt?
— Es kommt nicht auf schöne Worte an, sondern darauf, etwas zu tun. Deshalb schlage ich vor.
— Das konnte keiner vorhersehen.
— Gute Technik verkauft sich von selbst.
— Unser Produkt ist nicht ersetzbar, unser Patentschutz hält dicht.
— Die beste Antwort auf schrumpfende Gewinnspannen sind steigende Stückzahlen.

82

- Eigentlich....
- Ja, aber.....
- .....man muß, man sollte.....
- ..... immer ....
- ..... nie .....

A b w e h r r e a k t i o n e n bei mittlerem Spannungsniveau:

Wenn die üblichen Verhaltensweisen nicht zum gewünschten Ergebnis führen,
stehen noch weitere Reaktionsmechanismen zur Verfügung, die bei ähnlichen Situationen auch schon gelegentlich Erfolg hatten. Als unbewußte Taktiken sind sie
moralisch nicht bewertbar, gehen allerdings in die Fähigkeitsqualifikation ein. Wenn
man solch ein Manöver als das auffaßt, für was es sich ausgibt, dann hat es sein Ziel
erreicht. Es gilt deshalb, es rechtzeitig zu durchschauen, sonst vermag es unüber-
windliche Hindernisse aufzubauen und die vorhandenen innovativen Kräfte vom
Firmenzweck auf die Verteidigung von Ressort- und Eigeninteressen hin umzu-
lenken. Die wichtigsten Abwehrreaktionen sind:

Rationalisieren:
Es werden intellektuelle Erklärungen gefunden, die plausibel klingen, aber fehl leiten.

Projektion:
Anderen werden die eigenen Impulse zugeschrieben.

Verlagerung:
Eine Reaktion wird umgeleitet, z.B. statt gegen den Chef gegen die Sekretärin.

Rückgriff:
auf primitivere Verhaltensweisen, z.B. kindliche Demutshaltung oder Hilfsbedürf-
tigkeit vor Autoritätsträgern.

Verdrängung:
Das Problem wird 'vergessen' oder weniger frustrierende Probleme hochgespielt
(keine Zeit).

Identifikation:
Frustrierte Bedürfnisse werden durch Nachahmung von Verhaltensweisen erfolgreicher Personen kompensiert (Cowboy-Effekt).

Ungeschehen machen:
Versuch durch Symbolhandlungen eine gestörte Ordnung 'zu beschwören'.

Resignation:
Sich in den Schmollwinkel zurückziehen, als ob einen das alles nichts anginge.

Überhöhte Spannungen müssen möglichst vermieden werden (siehe Konflikt-
Management 6.4). Sind sie aber einmal eingetreten, dann gibt es verschiedene Möglichkeiten, sie konstruktiv in den Griff zu bekommen und wieder abzubauen. Solch
ein Instrument ist die Dialektik. Auch auf manipulierende Zwänge (das ist richtig,

das falsch) sollte man nicht aggressiv, defensiv oder selbst manipullierend reagieren, sondern selbstsicher mit Hilfe einer konstruktiven Dialektik (6.463).

Nur allzuoft endet das, was als sachliche Erörterung gedacht war, in einer Verhärtung der Standpunkte oder abseits dessen, was die Situation erfordert. Am Kreuzweg stand meist eine dialektische Finte, die den Partner ablenkte, herausforderte oder verunsicherte. Arthur Schopenhauer nennt die Dialektik deshalb eine Fechtkunst, die alleine dem Zweck diene, sich durchzusetzen, also eine Angriffswaffe. Einer der von ihm zusammengestellten Kunstgriffe empfiehlt z.B. den Gegner durch verletzende Wortwahl so zu reizen, daß er nicht mehr klar zu denken vermag und im Eifer nun zu Übertreibungen neigt, die leicht zu markieren sind, und bei deren Widerlegung es so aussieht als habe er im Ganzen unrecht.

Eine Konferenz läßt sich deshalb am wirkungsvollsten vor dialektischen Abwegen schützen, wenn man deren häufigste Ursache anpackt, die persönliche Verunsicherung:

Vollständige und rechtzeitige Information, überzeugende Verdeutlichung des Gesprächzieles, gründliche Definition der Begriffe.

Rückhalt im äußeren geben wie durch Klarlegung der Rolle und Erwartungen an den Einzelnen, regelmäßige Arbeitsweisen, Formalisierung des Sitzungsverlaufes, Förderung von Gruppennormen wie Sprechzeit, Strukturierung, Verlaufskritik.

Hinhören und sich trotz Höherstellung und/oder profilierter eigener Ansicht abweichenden Auffassungen öffnen. Diese Grundhaltung will mehr als nur Gegensätzlichkeiten überbrücken, sie bejaht vielmehr den vorliegenden Konflikt als produktive, energie- und kreativitätsfördernde Chance. In solchem Arbeitsklima darf man seine Meinung ändern, ohne das Gesicht zu verlieren, vorausgesetzt, daß man gewisse Grundprinzipien konsequent wahrt und vorlebt.

Verdeutlichen der anstehenden Problematik durch konkrete Beispiele, sachliche Vorwegnahme destruktiver Dialektik, Relativierungs- und Rationalisierungsversuchen zuvorkommen sowie die ihnen zugrunde liegenden Befürchtungen abbauen, indem man sie aufnimmt und durchspielt.

Unsichere Sitzungsteilnehmer direkt, unter Umständen getrennt ansprechen. Man erkennt sie daran, daß sie 'empfindlich' reagieren, also Dinge überraschend auf sich beziehen, argwöhnisch sind, schwer von ihren Vorurteilen loskommen und diese immer wieder anders begründen, gerne nach Schuldigen statt nach Gründen suchen, nicht zieltreu sind, ihre Prioritäten ständig wechseln, plausible Schwarzweiß-Werte den Realitäten der Grauwerte vorziehen.

Konstruktive, faire Dialektik einsetzen. Beispielsweise Gemeinsamkeit in den Erfahrungen, Beweggründen oder Zielen betonen. Oder die Stärken, Verdienste oder Beiträge anerkennen, nicht in der zensurhaften Art von Schulmeistern und Autokraten, sondern durch Aufmerksamkeit und Bemerkungen wie: 'Dieser Punkt scheint mir besonders bedeutungsvoll, wir sollten ihm wirklich mehr Beachtung schenken. 'Ich bin Ihnen dankbar, daß Sie das noch erwähnen.'

Wesentlich bei alldem ist für den Abbau von Unsicherheit eine Haltung, die von der Warte des Partners her betrachtet und argumentiert. Der Partner tritt mit einer bestimmten Rolle an, man sollte ihm seinen Auftritt nicht vermiesen, er hängt daran. Das Gesicht, das er unter Umständen dabei verliert, macht im übrigen niemanden reicher.

Zu rasches Vorgehen verunsichert ebenfalls, deshalb bedient sich die faire Dialektik hinführender, sich vergewissender, versachlichender Methoden wie zum Beispiel Fragetechniken (Meinen Sie nicht, wenn ....? Selbst wenn es so wäre, dann ....) oder man negiert den aggressiven Teil und betont in seiner Antwort das konstruktive, sachliche Element, (Wenn ich Sie richtig verstanden habe, dann ....) oder man legt auch bewußt eine kurze Abkühlungspause ein und sucht dann nach einem noch nicht verhärteten 'Einstieg', zum Beispiel in Gestalt eines übergeordneten Gesichtspunktes mit Gemeinsamkeiten.

Unfaire Dialektik gedeiht wie ein Schimmelpilz überall dort, wo etwas faul ist. Deshalb suchen wir keine Sterilität, was wir brauchen, ist ein gesundes Klima mit eigenen Abwehrkräften. Ein untrügliches Indiz für dieses Klima ist gelegentlich aufkommender Humor, nicht verletzender Witz, sondern jener versöhnliche, selbstkritische Humor. In der Abwehr gegen bösartige Dialektik gilt es hellhörig zu sein, sich nicht provozieren zu lassen, innerlich Distanz zu wahren und ihren destruktiven Kräften durch eine sachorientierte, entfaltungsfreundliche Ordnung die Wirkung zu nehmen. Solche Dialektik macht Freu(n)de.

4.52 Vom Urwiderstand gegen das Neue

Ohne vorgefertigte Urteile, Gefühlsmechanismen und Gewohnheiten könnten wir das Leben nicht bewältigen. Sie ersparen Zeit und Mühe, sich in jeder Situation neu entscheiden zu müssen, wirken also entlastend; die Übereinstimmung mit den Stereotypen anderer Menschen bildet überdies einen wesentlichen Bestandteil des 'Wir-Gefühls' und vermittelt Sicherheit.

Auch in neuen Situationen greifen wir deshalb zunächst einmal auf Bewährtes oder Plausibles zurück. Je stärker solch eine Verhaltensbereitschaft emotionell verankert ist, um so größer ist der Widerstand gegen ihre eventuelle Veränderung; je älter eine affektive Einstellung ist, um so starrer wird sie. Die Innovationsfähigkeit hängt wesentlich davon ab, wie sicher wir uns, ohne das in Frage gestellte Stereotyp fühlen und ob wir 'Störgrößen' lediglich registrieren oder als Erfahrung auswerten.

Stereotype

— sind einfacher strukturiert als die Wirklichkeit;
— implizieren vorschnelle Urteile, d.h. die Ablehnung erfolgt ehe das Andersartige ernsthaft geprüft wird;

— besitzen ein hohes Beharrungsvermögen.

Ihr 'Nutzen/Verlust'-Verhältnis ist im Anpassungsbereich hoch; beim Innovieren sollte man sich ihres jeweiligen Gehaltes bewußt sein.

Was die Ausgewogenheit zwischen Innenleben und Umwelt auch immer bedroht, es erzeugt psychische Spannungen, die von Verunsicherung über Angst und Depression bis zur Beziehungslosigkeit zur Realität führen können.

Man unterscheidet F r u s t r a t i o n (frustra — vergebliches Mühen), S t r e s s (physikalisch die Kraft, die einen Körper gerade verformt) und S o m a t i s i e - r u n g. Ein gewisses Maß an Frustration ist lebensnotwendig und gar nicht vermeidbar (wenn Sie den einen befördern oder loben, wird ein anderer frustriert); jeder Mensch kann jedoch nur ein bestimmtes Maß an Frustration verarbeiten (verschiedene Frustrationen addieren sich, z.B. privat oder geschäftlich). Führungskräfte — und insbesondere Innovatoren — müssen eine hohe Frustrationstoleranz besitzen; was bedeutet, gleiche Sensibilität bei geringerer Emotionalisierung durch Einsicht in die Ursachen und nicht die Flucht hinter einen höheren Schwellenwert. Zu hohe und/oder anhaltende Frustration zieht Stress nach sich, aus dem man sich nicht mehr ohne Hilfe von außen zu befreien vermag. Neurotisierte Führungskräfte und Innovatoren sind untragbar, zu schöpferischen Leistungen nicht mehr im Stande, ihre Fähigkeit zur Prüfung der Realitäten ist beeinträchtigt.

Frustrationen erhalten kognitive und affektive Komponenten. Anhand der 'k o g - n i t i v e n D i s s o n a n z e n' wollen wir das Zustandekommen des 'Urwiderstandes gegen Ungewißheit' etwas näher kennenlernen:

Kognitive Dissonanzen treten immer dann auf, wenn derselbe Mensch sich zwischen zwei einander widersprechenden Meinungen Ideen oder Überzeugungen zu entscheiden hat. Dieser Zustand ist nach der Theorie Festingers so unerträglich, daß der Betroffene ihn schnellstens und auf die einfachste Weise, d.h. psychologisch und nicht sachlich zu beenden trachtet. Wird er mit einer Innovation konfrontiert, kann er sie z.B. vor sich herschieben, die Fakten anzweifeln, die Realisierung sabotieren, ihre Notwendigkeit relativieren, den Innovator ablehnen und vieles andere mehr. Dabei gebraucht der in Dissonanz befindliche Mensch seinen Verstand, um vernünftig zu erscheinen, vor anderen und vor sich; er empfindet sie um so erdrückender, je stärker sein Selbstwertgefühl bedroht ist. Die kognitive Dissonanz ist glücklicherweise nur eine von vielen Beweggründen, sonst gäbe es kein geistiges Wachstum, keine Reife und keine Innovation.

Hat sich unsere Versuchsperson zu einer Entscheidung durchgerungen, entsteht — auch wenn sie sich bereits auf die Innovation eingestellt haben sollte — wiederum

Dissonanz. Sie erwächst aus dem Vergleich der negativen Seiten der gewählten mit den (wirklichen oder eingebildeten) positiven Seiten der nicht-gewählten Alternative bzw. einer Unbalance zwischen Anstrengung und eingetretenen Erwartungen. Deshalb wollen Menschen vor ihrer Entscheidung die möglichen Alternativen kennen, auf die Ziel- und Durchführungsplanung Einfluß haben und diese sollte realistische Zwischenziele enthalten. Zu beachten ist ferner, daß die persönliche Entscheidung, welche spätestens mit der Realisierungsphase unausweichlich wird, alte Stereotypen verhärtet oder neue anlegt. Jedenfalls wird dann der eingehende Informationsstrom daraufhin gesiebt, die eigene Entscheidung zu bestärken und zu rechtfertigen. Recht gehabt zu haben sollte keine Prestigefrage sein und Schuldige statt Ursachen zu suchen nicht als Führungsprinzip gelten. Das Management by Champion 'Im Dunkeln lassen und mit Mist bestreuen' ist für Innovationen auch in kleinsten Dosen tödlich.

Der Urwiderstand hat in der Betrachtungsweise des Regelkreismodells (4.322) den Sinn, das Vorhandene zu stabilisieren. Man muß sich fragen, was einen Menschen dann überhaupt veranlassen kann, das Wagnis eines innovativen Durchbruchs auf sich zu nehmen. Kurioserweise ist dies ebenfalls der Urwiderstand, diesmal aber als Abwehr gegen die Bedrohung der Vorstellungswelt aus der heraus der Innovator agiert. Das ist auch das Geheimnis, warum sich der Innovator trotz überforderter Anpassung nicht verunsichert fühlt. Aber in einer Welt zu leben, die unter einer Problematik leidet, die ihm lösbar erscheint, das vermag er nicht zu ertragen, dem widersetzt er sich. Sein Bedürfnis nach Selbstverwirklichung lehnt sich gegen die Bedrohung seines Problemlösungsverständnisses auf.

Je stärker die resultierende Neuartigkeit die ihm nachfolgenden Adoptoren verunsichert, um so heftiger werden sie sich seiner Lösung widersetzen. Umgekehrt tritt der Urwiderstand bei motivierten Adoptoren vermindert auf, denn sie werden gleichsam durch den Vorgänger in das Neue hineingezogen. Diese Zusammenhänge weisen auf einige heikle Punkte hin:
— Der Urwiderstand ist durch seinen Affektgehalt 'blind' dafür, ob er sinnvoll stabilisiert oder notwendige Innovation verhindert. Beispiel: Eine Trendverschiebung wird jahrelang als ungünstiger Konjunktureinfluß belegt und angesehen.
— Die Vermittlung von Sicherheit und Zuversicht ist ein zentrales Anliegen erfolgreicher Adoption von Innovationen.
— Voreilendes Fähigkeitspotential und das Bedürfnis nach Selbstverwirklichung machen den Innovator aus.
— Innovatoren können nur mittelmäßige Anpasser sein, zwischen den Einstellungen liegen Welten. Es ist allerdings denkbar, daß sich die innovative Einstellung nur auf Teil-Lebensbereiche bezieht.

Kleines ABC zum Vermeiden von Veränderungswiderständen:

– 'Veränderungstiefe' ausloten; Art, Reihenfolge und Zeitrahmen des Vorgehens klären
– Ankündigungen rechtzeitig, verständlich und vollständig machen (nicht nur 'Was' sondern auch 'Warum)
– Das 'Wie' nicht als beschlossene Sache darstellen, Gewöhnungszeit gewähren, Rückmeldungen ernst nehmen, mitarbeiten lassen, schrittweise vorgehen, positiv verstärken.
– Veränderungen aus der Sicht der Betroffenen sehen; Wortwahl und Ton auf Stimmung, Art und Stellung der Betroffenen einstellen.
– Veränderungsanforderungen mit dem Frustrationspotential und dessen Vorbelastung abstimmen, Prioritäten setzen.

..... und einige Selbstfragen dazu fürs stille Kämmerlein:

– Müssen Sie schlechte Nachrichten aus den Leuten herausquetschen, ausgegebenen Terminen stets hinterher rennen?
– Müssen Sie immer wieder an den Teamgeist appelieren? Arbeiten Ihre Mitarbeiter für sich, für Sie oder mit Ihnen?
– Helfe ich gerne oder kritisiere ich lieber?
– Sorge ich dafür, daß Entscheidungen von Leuten getroffen werden, die mit den Folgen leben müssen?
– Höre ich zu oder meine ich schon alles zu kennen?
– Respektiere und erwäge ich ernstlich abweichende Meinungen?
– Bin ich gegen Unvollkommenheit duldsam?
– Bin ich mir stets bewußt, wie schwer es sein mag, mich und meine Ansicht zu akzeptieren?
– Klammern sich meine Mitarbeiter an überholte Vorstellungen?
– Sind wirklich neue Spielregeln nötig oder werden die alten nur nicht eingehalten?
– Stelle ich Selbstverständliches stets in Frage?
– Passen Konzepte und Methoden zusammen?
– Wer hat ein Versprechen für die Zukunft und wer meint, eines zu haben?
– Wer könnte sich übergangen fühlen?
– Wo sitzen die Promotoren, welcher Art sind sie?
– Wer ist dauernd überlastet, wer ist überfordert?
– Haben Mitarbeiter Angst vor Chefs?
– Wer löst alles nur 'strukturell' und hat kein Ohr für seine Mitarbeiter?
– Bin ich mir stets bewußt, mißverstanden werden zu können?
– Habe ich klare Zielvorstellungen und sind meine Zielvorgaben integrativ?
– Fasse ich nach, halte ich durch geeignete Impulse Richtung, Tempo und Spannungsniveau des Innovationsprozesses?

4.53 Einstellung und Verhalten

Obwohl es noch keine zufriedenstellende Theorie vom Verhalten gibt, lassen sich einige nützliche Aspekte für den Führungsverantwortlichen aufzeigen.

Die Einstellung (Motivation) entsteht aus Veranlagung, Erziehung, Bedürfnissen, Konzepten, Gefühlen und Vorurteilen. Sie läßt sich als Bereitschaft verstehen, auf bestimmte Signale in einer bestimmten Weise zu reagieren. Diese Bereitschaft kann aber in verschiedene Verhaltensweisen münden.

Das Verhalten ist sozial geprägt. Die Einstellung ist individueller Natur und dient Zwecken wie Zeitökonomie, Anpassungsgewinn, Bedürfnisbefriedigung oder Ich-Verteidigung. Daher besteht zwischen Einstellung und Verhalten kein einfacher Ursache-Folge-Mechanismus, sondern ein komplexes Netz alternativer Abhängigkeiten.

Innovationen bedeuten Veränderungen im sozialen System; verlangen sie Abschied von bewährten Reaktionen, sind auch Einstellungsänderungen erforderlich. Dies läßt sich erreichen durch:

— Ansprechen der relevanten Einstellungszwecke
— Verstärkung der konfliktbewältigenden Einstellungs- und Verhaltensweisen seitens der Bezugsgruppe
— Pädagogisches Führen, d.h. Einhalten der elementaren Lerngesetze.

Umgekehrt führen von der Bezugswelt erzwungene Verhaltensänderungen zu wachsenden Innenkonflikten mit der Einstellung. Das Individuum ist bestrebt, Spannung und Ungewißheit dadurch abzubauen, daß es ein stabiles Verhältnis zwischen seinen Einstellungen und Verhaltensweisen sucht.

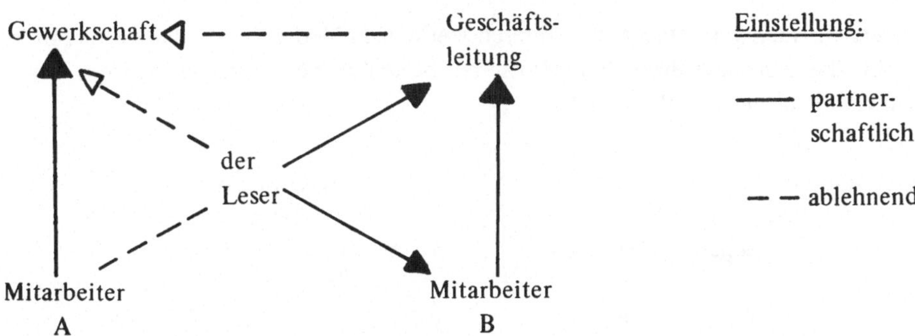

Abb. 12: Einstellung zur Bezugswelt

Sobald sich in diesem Kräftegleichgewicht auch nur eine Beziehung der Stärke, Richtung oder Art nach ändert, wird ein neues Gleichgewicht durch Veränderung aller anderen Beziehungen gesucht. Dabei werden die am schwächsten verankerten Einstellungen zuerst verändert.

Eine Differenzierung der einstellungsprägenden Bedürfnisse zeigt die Maslowsche Bedürfnispyramide:

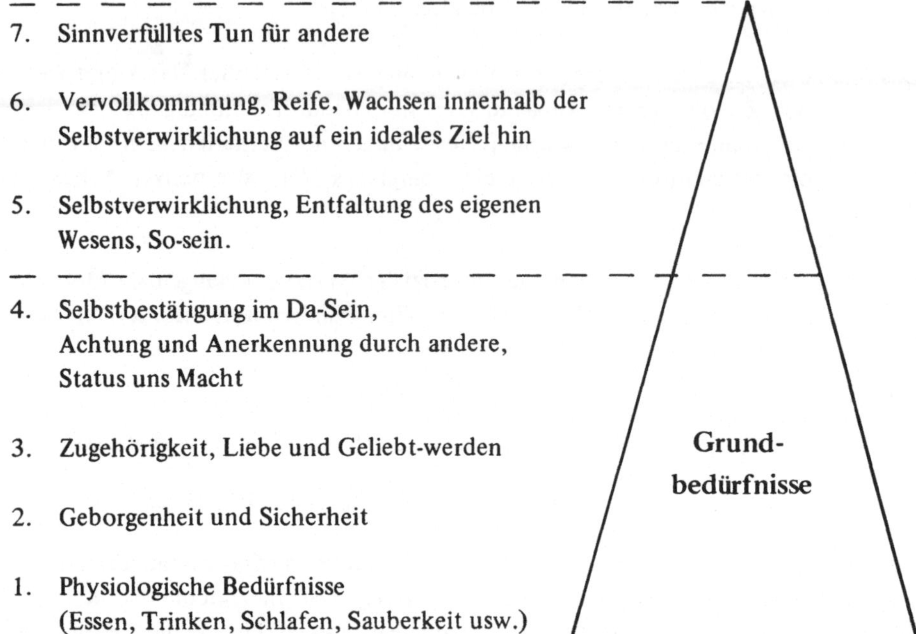

7. Sinnverfülltes Tun für andere

6. Vervollkommnung, Reife, Wachsen innerhalb der
   Selbstverwirklichung auf ein ideales Ziel hin

5. Selbstverwirklichung, Entfaltung des eigenen
   Wesens, So-sein.

4. Selbstbestätigung im Da-Sein,
   Achtung und Anerkennung durch andere,
   Status uns Macht

3. Zugehörigkeit, Liebe und Geliebt-werden

2. Geborgenheit und Sicherheit

1. Physiologische Bedürfnisse
   (Essen, Trinken, Schlafen, Sauberkeit usw.)

Abb. 13: Moslows Bedürfnispyramide

Unterstellt man vereinfacht, der Mensch steuͤre sein Verhalten so, daß er die Mittel erhält, die seine jeweiligen Bedürfnisse am besten zu befriedigen vermögen, lassen sich damit folgende Schlüsse ziehen:

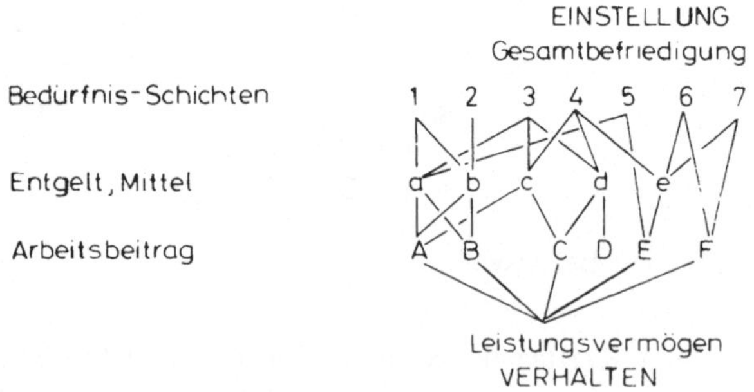

Abb. 14: Einstellung und Verhalten

90

Eine unmittelbare Bedürfnisbefriedigung aus dem Arbeitsbeitrag ist nur bei den höheren Bedürfnissen möglich. Bei den Grundbedürfnissen sind positive oder negative 'Verstärker' dazwischengeschaltet. Vom Entgelt zur Bedürfnisbefriedigung besteht nur selten (z.B. beim Ordensverleih) eine eindeutige Zuordnung (Sex oder Geld kann mehreren Grundbedürfnissen zugute kommen). Materielle Belohnung ist um so wirkungsvoller, je niedriger die angesprochene Bedürfnisstruktur ist und nutzt sich durch Wiederholung ab. Viel Geld oder Druck veranlaßt 'Mitarbeit', aber keine Einstellungsänderung. Für die Bedürfnisbefriedigung ist alleine ausschlaggebend, was der Mitarbeiter als ungesättigtes Bedürfnis empfindet, nicht was der Vorgesetzte oder die Gewerkschaft dazu meinen. Häufig äußern sich seine Motive über einen Seitenkanal, weil das wirkliche Bedürfnis tabuisiert, ein innerer Konflikt überspielt wird, andere Einstellungskomponenten dominieren (also: Beobachten, hinhören, den Menschen als Ganzes — nicht nur in seiner Rolle am Arbeitsplatz — sehen).

Die durchschnittliche Bedürfnisstruktur, die Systemordnung und das Führungsverhalten stehen in einem wechselseitigen Verhältnis. Wo physiologische Bedürfnisse vorherrschen kann nur mit dirigistischen Methoden geführt werden. Dirigistische Systeme sind darauf angewiesen, den Verhaltensspielraum ihrer Elemente so weit wie möglich zu beherrschen; zuviel Freiraum würde als Schwäche der Führenden ausgelegt. Sie bedienen sich genormter Entgelte, gesteuerter Information, bedürfnisformender Gruppenwerte und des Befriedigungsentzuges bei Fehlverhalten (Strafe!). Soziale Reife ist offenkundig gleichbedeutend mit einer hochkarätigen Bedürfnisstruktur.

Auch in einer grundsätzlich liberal eingestellten Gesellschaft kann ein dirigistisch -autoritäres Vorgehen gerechtfertigt sein z.B. in Katastrophensituationen oder als pädagogische Stütze, um die Ordnungs- und Aufbaukräfte eines aus den Fugen geratenen Systems wieder zu stärken, die für Selbstdisziplin und -verwaltung Voraussetzung sind. Wenn Gruppen mit unterschiedlicher Bedürfnisstruktur über einen Kamm geschoren werden, stehen ungute Konflikte ins Haus. Die Sperrung der beruflichen Selbstverwirklichung führt zu exzessiven Ansprüchen in den zugelassenen Bedürfnissen (Status), zu versteckten Sanktionen (gebremste Eigeninitiative, bürokratische Handlungsweisen, Zurückhalten und Filtern von Informationen, Warten lassen, Atomisierung von Verantwortung, Rückdelegation von Entscheidungsaufgaben, Ablehnung von Innovation usw.) oder zum Ausweichen ins außerberufliche Leben. Aus der Sicht des Bedürfnisgeschädigten werden solche Verhaltensweisen als Erfolg empfunden. Je länger sie ausgeübt werden, um so tiefer setzen sie sich als Einstellung fest und verselbständigen sich schließlich. Je früher solche Fehlentwicklungen korrigiert werden, um so mehr Aussicht auf Erfolg besteht.

Wir hatten das Verhalten als soziales Phänomen bezeichnet. Dies muß noch mehr differenziert werden. O r g a n i s m u s   u n d   U m w e l t stehen in einem gegenseitigen Abhängigkeitsverhältnis, sie b i l d e n   e i n   S y s t e m und verhalten sich unmittelbar zueinander. Aber auch die Einstellung des Organismus wird von der Umwelt vorgeprägt. Dabei sind mehrere Strukturen von unterschiedlichem Einfluß zu unterscheiden:

— Die schicksalhafte W e s e n s s t r u k t u r des Individuums.
— Der N a h b e r e i c h mit seinem persönlichen Begegnen und konkreten Erleben (Kollege, Freund, Familie etc.)
— Die G r o ß - oder G r o b s t r u k t u r (Geschlecht, Rasse, Kulturkreis, Politik, Altersgruppe etc.). Nicht Individuum oder Person, sondern die 'Rolle' ist das Bauelement dieser sozialen Struktur. Was für den Einzelnen ein Ereignis darstellt, hat für die soziale Grobstruktur nur statistischen Stellenwert. Es handelt sich um überwiegend unausweichliche Zugehörigkeiten, die für den Einzelnen Begriffe mit ausgeprägten emotionellen Inhalten darstellen. Das so 'aufgeladene' Rollenspiel dient der Selbstbehauptung der entsprechenden Grobstruktur.
— T r a n s z e n d e n t a l e   S t r u k t u r e n
Sie bewirken, daß sich aus Urknall und chaotischer Ursuppe Ordnungen gebildet haben, die wir auch dort als sinnvoll erahnen, wo sie unserer Bewußtseinsevolution noch nicht oder auch nie zugänglich sein wird. Ihre übergeschichtliche Wahrheit schlägt sich in ethischen, philosophischen und relgiösen Bemühungen nieder, schimmert aber auch aus großen Kunstwerken. Diese abstrakten Strukturen bilden letztlich immer wieder den Born und Halt, wenn 'Störungen' den bisher festen Boden wanken lassen und der Fuß konkret in Neuland zu setzen ist.

Das Wirkfeld des Unternehmers und Managers ist der Nahbereich, das des Politikers der Großbereich. Sein Apparat ist die Behörde, sie wird politisch strukturiert, hat oft Monopolcharakter, sucht Einfluß, denkt in Wahlperioden, gewährt ihren Mitgliedern existenzielle Sicherheit auf Lebenszeit ohne Leistungsanstrengung und belohnt Wohlverhalten eher als die Übernahme persönlicher Risiken oder Verantwortung. All dies ist wenig als Anstoß und Motivation zum Innovieren, ja nicht einmal zum Rationalisieren geeignet. Politische Verhaltensweisen im Betrieb töten seine Wettbewerbsfähigkeit.

Ihre sachkontrollierte Aufgabenstellung verbieten es Unternehmer und Manager sich der kennzeichnenden Führungsansätze des Großbereichs zu bedienen wie anonyme Emotionalisierung, manipulative Debatten, Fraktionsgehorsam, Entscheidung nach Meinungsbarometer, Wahlversprechen, Einnahmen nach Ausgaben zu richten usw. Ihre Führungsimpulse basieren auf dem persönlichen Kontakt mit der überschaubaren Arbeitsgruppe und deren messbarer Aufgabenverantwortung. Diese Impulse durchdringen das Unternehmen stafettenartig von Nahbereich zu Nahbereich. Gerade deren unterschiedliche Betrachtungsweisen und Reaktionen sind die Quelle des betrieblichen Innovationsvermögens. Im Führungsauftrag schlägt sich dies dahingehend nieder, den Mitarbeitern einen sinnerfüllten Rahmen zu geben, destruktiver Escalation vorzubeugen und dafür Sorge zu tragen, daß Initiative und Erfahrung in persönlicher Entfaltung münden. Die Wesensverschiedenheit des Führens zwischen Nah- und Grobbereich ist wohl der Hauptgrund dafür, daß sich unsere Manager und Unternehmer so schwer tun im Umgang mit der Politik.

Andererseits zwingen wachsende Konzerngrößen sowie Politisierung der Bezugswelt und ihrer Ordnungsprinzipien die Führungsverantwortlichen der Industrie, sich aktiv mit den Mechanismen und Denkweisen politischer Strukturen auseinanderzusetzen und sie ebenfalls zu integrieren. Die politische Entwicklung ist für sie künftig ebenso wichtig wie die technologische oder konjunkturelle. Umgekehrt müssen sie daran interessiert sein, ihre politischen Partner mit ihren eigenen Denkkategorien vertraut zu machen. Auch hier ergibt sich aus zunehmender Interdependenz die Notwendigkeit zu einer höheren Bewußtseinsebene für alle Beteiligten. Ein Beispiel dafür ist das Wechselspiel zwischen Marcuse und der Kernkraft:

Kernkraft ist zum Reizwort geworden. Nur noch wenigen Fachleuten scheint es möglich zu sein, den Problemkreis sachlich zu analysieren. Aber die meisten Diskussionen werden zu Debatten und sind voll manipulativer Dialektik, d.h. erst war die Einstellung da und dann wurde das passende Argument gesucht; wer einen Hund schlagen will findet für gewöhnlich auch einen Stock. Das wäre noch nicht einmal das schlimmste. Inzwischen hat aber die damit verbundene Emotionalisierung einen Grad erreicht, der blind macht für Einsicht, taub für den Standpunkt anderer und bereit für das letzte Argument, die Gewalt. Für das Ergebnis ist es gleichgültig, welche Motivation zu solchem Verhalten führt, nicht aber für die moralische Bewertung und damit vielleicht für die Besinnung auf Vernunft und geltende Werte. Deshalb soll ausdrücklich unterschieden werden zwischen der zu respektierenden Ur-Angst vor dem Atom und jenem Humanradikalismus der hier einen Ansatz sieht, um das verhaßte System 'ökonomisch-technologischer Manipulation und Unterdrückung' aus den Angeln zu heben. Niemand hat die Grundlagen dieser letzten Haltung bisher besser beschrieben als Herbert Marcuse. Die dort gerechtfertigten Waffen zur Zerstörung der bestehenden Gesellschaft decken sich mit den Vorgehensweisen besorgter und verängstigter Bürger. Darüber nachzudenken lohnt sich für alle, die auf dem Boden unserer Ordnung stehen und guten Willens sind.

Marcuse nennt seine Chaoten 'Gewissen des Volkes' und 'Sauerteig der Gesellschaft'. Diesen Anspruch begründet er wie folgt:

— Die moderne Industriegesellschaft ist verwerflich, da sie dem Menschen falsche, quantitative Bedürfnisse einpflanzt und sein Freiheitsbedürfnis unterdrückt.
— Diese Industriegesellschaft konnte dennoch die beherrschten Massen in ihre Ordnung integrieren. Deshalb empfinden diese keine subjektive Notwendigkeit zu radikalen Umwälzungen. Opposition ist somit alleine Sache jener wenigen 'Außenseiter', die diese Zwänge durchschauen.
— Argumentieren und protestieren auf dem Boden der Legalität ist unrealistisch; es bewirkt nichts, ja es reproduziert nur die herrschende Ordnung. In einer re-

pressiven Gesellschaft drohen selbst fortschrittliche Kräfte in dem Maße unterzugehen wie sie die bestehenden Spielregeln hinnehmen.
— Das hohe Recht auf Widerstand gehört zu den ältesten und geheiligten Elementen der westlichen Zivilisation, es ist potentielle Geschichte und als solches
  dem festschreibenden Recht der herrschenden Gewalt vorgeordnet. Es gibt also
  ein Naturrecht zur Anwendung außergesetzlicher Mittel sobald sich die gesetzlichen als unzulänglich erweisen.
— Muß deshalb Opposition Gewalt anwenden, dann nicht um eine Kette neuer
  Gewalttaten auszulösen, sondern um die etablierte Gewalt zu zerstören und so
  durch gesellschaftlichen Umsturz der Befreiung den Weg zu ebnen.
— Es geht nicht darum gegen dieses oder jenes zu Felde zu ziehen, sondern aus-
  gewählte Anlässe zu nutzen, um die bestehende Gesellschaft total zu treffen
  und zu revolutionieren.
— Wie die dann folgende 'Freiheit' aussehen soll, liegt 'jenseits von Definition und
  Bestimmung', weil die Gesellschaft der Zukunft das 'wahre Positive' ist.

Die Schlüsselrolle der Energie ist ein offenes Geheimnis militärischer Logistik und
hat Lenin einmal dazu veranlaßt, Elektrizität und Kommunismus bedeutungsgleich
zu setzen; sie bietet sich also für Außenseiter als Ansatzpunkt für den 'totalen Um-
bruch' förmlich an. Wenig tröstlich, daß die Industriegesellschaft von Marcuse weltweit als unfrei,totalität und verwerflich angesehen wird. Der Pluralismus des Wes-
tens habe gegenüber dem Zentralismus des Ostens nur den zweifelhaften Vorzug,
seine Mitglieder nicht politisch-indoktrinär und terroristisch, sondern ökonomisch-
technologisch und gesellschaftlich-psychologisch zu manipulieren. Auf beiden Seiten werde jedoch Freiheit unter dem Anschein von Freiheit entzogen und so der
Mensch zu einem 'verwalteten Objekt'.

Wer immer sich in unserer Gesellschaftsordnung mit Kernkraft auseinandersetzt und
helfen will, sinnvolle Lösungen zu finden, der muß diesem idealmarxistischen Gedankengut ein Wertgebäude entgegensetzen, das jene Vertrauen vermittelnde, in
sich ruhende Stärke besitzt, die Chaoten offenbar alleine respektieren.

4.54 Lernen – Üben – Erfahren – Innovieren

Reaktionen laufen ähnlich wie Reflexe automatisch ab. Da sie ein situatives Unter-
scheidungsvermögen voraussetzen und veränderbar sind, haben sie etwas mit Lernen
zu tun. Besonders wichtig sind in diesem Zusammenhang jene innovationslähmen-
den Frustrations-Reaktionen, die auf Kosten psychischer Fähigkeiten die Körper-
motorik mobilisieren. Ihre häufigste Erscheinungsform ist jene blinde Betriebsamkeit eines 'Handelns-an-sich' (manchmal auch eines wild-um-sich-schlagens) das
keine planmäßige Bewältigung gestattet und dem Herumpicken eines blinden
Huhnes gleicht, das gelegentlich ein Körnchen findet. Sobald eine Entlastung spürbar ist, auch wenn sie nur eine Scheinlösung darstellt, läßt der Bewegungssturm
nach.

L e r n e n ist ein Prozeß, sein Ergebnis ist das Gelernt-haben, es sind meßbare Fertigkeiten und Wissensinhalte. Der Lerntransfere vollzieht sich mittels Belehrung und Imitation von Lehrer zum Schüler; das bedingt eine gewisse Abhängigkeit des Schülers vom Lehrer.

Durch Ü b e n werden bestimmte Lerninhalte mittels Wiederholung so automatisiert, daß sie als Quasi-Reaktionen zur Verfügung stehen. Die eingeübten Verhaltensmuster werden flüssiger, d.h. zu Routine. Solcher Verbesserung von Fertigkeiten sind jedoch Grenzen gesetzt, deshalb kommt es z.B. zu einem 'Weltrekord' im Schnellschreiben. Beim Einüben einer Fremdsprache sind es zunächst einzelne Wörter, dann Sätze, die sich in täglich wiederkehrenden Situationen wiederholen, und schließlich sind wir sogar in der Lage, ohne zu übersetzen, 'in der fremden Sprache zu denken'.

Beim Üben geht es also zunächst darum, motorische und intellektuelle Fertigkeiten zu standardisieren und die einzelnen 'Pakete' durch Wiederholung zu automatisieren. Fortschritt an Routine schlägt sich in sogenannten Übungskurven nieder, die einem Grenzwert zustreben.

Die betriebliche Praxis unterscheidet subjektive und objektive Lernvorgänge. Bei Neueinrichtung einer Produktion wirken beide zusammen, die subjektiven Lernkurven der einzelnen Arbeiter und die objektive der Verfahrens-'Durchlaufzeit'. Beide beeinflußen sich gegenseitig. Übungskurven gibt es in betrieblichen Bereichen überall dort, wo es Routine gibt, also auch im Einkauf, der Entwicklung, Personalplanung usw. Der einmal erworbene Übungsgrad geht ohne ständige Auffrischung wieder zurück, wird vergessen und verlernt, die Fertigkeit läßt ungenutzt wieder nach.

Üben zielt also darauf ab, die Fertigkeit im Umgang mit bestimmten Situationen zu verbessern. Eine Gefahr liegt darin, in Situationen, die nur gleich scheinen ohne es wirklich zu sein, gleich zu reagieren. Es ist die Gefahr des Übertragens von Routine auf Innovations-Probleme.

In Situationen, die nicht durch Zerlegen in Routineelemente zu bewältigen sind, muß der Lernende selbst das beste Verhalten finden.

Führt ein frustrierendes Erleben womöglich trotz mehrfacher Wiederholung zu keiner Verhaltensänderung, kann man nicht von E r f a h r u n g sprechen. Führt es zwar zu einer Verhaltensänderung, aber zu keinem Einstellungswandel, sprechen wir von erzwungener Anpassung, die stets Folgekonflikte auslöst.

Von Erfahrung sprechen wir erst, wenn das Erleben die Wurzeln der ungenügenden Reaktion erreicht, und über einen 'Erfahrungsprozeß' zu einer Einstellungsänderung im Sinne höherer Leistungsfähigkeit (und nicht eines Ausweichens, Verteidigens oder Angreifens) geführt hat.

Es gibt zwei Niveaus der Erfahrungsfindung. Das erste steht unter dem Motto: Spring ins Wasser und schwimm! Es ist das KO-Prinzip des Autokraten und der 'natürlichen Auslese', bequem, aber unwirtschaftlich und obendrein inhuman.

Das zweite Niveau sucht die Versuch/Irrtum-Bilanz durch Systematisierung der Erfahrungsfindung günstiger zu gestalten. Es wird analysiert, prüfbare Hypothesen erstellt, geplant und mittels Alternativen optimiert. Man nähert sich der Wirklichkeit in bewältigbaren Erfahrungsschritten. Den typischen Prozeßverlauf kennzeichnen folgende Phasen:

—   Auswertung
—   Erarbeitung einer neuen Hypothese bzw. Einstellung
—   Ausprobieren eines adäquaten Verhaltens
—   Bestärkung oder Korrektur (Kritik)
—   Zugriffsfähige Speicherung und Kumulation des Erfahrungswandels
—   Umfassendere Anwendung, Auswertung usw.

So gewonnene Erfahrung läßt sich — im Gegensatz zur Übungskurve — unbegrenzt kumulieren (vgl. 6.336 und 6.337)

Von den Führungsansätzen zur Förderung von Erfahrung sollen an dieser Stelle lediglich die 'Kritik' und das 'Bewältigungslernen' hervorgehoben werden.

Kritik läßt die auszubauenden Stärken ebenso wie die auszumerzenden Schwächen erkennen und ist grundsätzlich von emotionsgeladener, abwertender Kritisiererei zu unterscheiden. Erstklassige Unternehmer beschleunigen Erfahrungsprozesse, indem sie konstruktive Kritik fordern und fördern. Ohne ein Recht darauf, probieren und dabei Fehler machen zu dürfen, Um Erfahrung aufbauen zu können, ist Innovieren nicht denkbar.

Beim Bewältigungs-'Lernen' geht es darum, das Erfahrene auch anwenden zu dürfen Damit steht es im Gegensatz zum Vermeidungslernen, wobei zwischen Vermeidung aktiver Natur (z.B. Flucht, Isolation) und passiver Natur (z.B. Unterlassen) unterschieden wird.

Das Bewältigungslernen ist von besonderem Einfluß auf die 'innere Reibung' bzw. den 'Wirkungsgrad' des Erfahrungsprozesses, denn:

—   Durch angemessene Bestärkung in zunehmend schwieriger werdenden Situationen kann die Wiederholung eines geeigneten Verhaltens gefestigt werden. Die Verstärkung muß allerdings motivations- bzw. einstellungsrelevant sein.

—   Höherwertige Verhaltensweisen sind nur durch ermutigende Verstärkung zu erzielen, nicht durch Entzug oder/und Bestrafung (negative Verstärkung).

—   Im Bereich der Grundbedürfnisse wird positive Verstärkung ohne Bewältigungserleben manipulierend aufgefaßt. Die Wirkung hält nur beschränkte Zeit an (entlädt sich wie eine Batterie) und der Verstärker verliert im Wiederholungsfall an Wirksamkeit (Weihnachtsgeld wird zum Gewohnheitsrecht, Weiterverkürzung der Arbeitszeit zur Selbstverständlichkeit).

— Entfaltung, innovatives Lernen, ein 'Über-sich-Hinauswachsen', ist nur im Bereich der gehobenen, alleine dem Menschen eigenen Bedürfnisse möglich. Positive Verstärker des Bewältigungslernens sind z.B.:
Leistungserleben und Selbstbestätigung,
Anerkennung für Einsatz und Arbeit,
Art und Inhalt der Aufgabe,
Verantwortung bzw. zugestandene Selbständigkeit,

Lernimpulse dieser Art haben selbstverstärkende, nachhaltige Wirkung, denn sie lassen die Spannung eines sowieso schon im Inneren des Angesprochenen arbeitenden 'Generators' zur Entfaltung kommen. Führungsseitig ist beim Bewältigungslernen noch folgendes zu beachten:

— Verstärkung erzielt ihre beste Wirkung, wenn sie dem Verhalten unmittelbar folgt.

— Wird eine verstärkte Verhaltensweise nicht weiter bestärkt und geübt,schwächt sie sich ab und tritt nur noch gelegentlich auf.

— Komplexe Verhaltensweisen lassen sich in Teilschritten verstärken. Eine einzige negative, verunsichernde Verstärkung vermag den Gesamterfolg infrage zu stellen.

— Verstärker sind besonders wirksam, wenn sie unerwartet kommen. Deshalb wird ein Verhalten durch unregelmäßige Verstärkung besser gefestigt als durch regelmäßige.

I n n o v i e r e n stellt einen kollektiven Fähigkeits- und Leistungszuwachs dar. Durch gezielte und systematische Nutzung der verzweigten Individualerfahrungen innerhalb einer Firma wird der Innovationsprozess ermöglicht und wiederholtes Lehrgeld für schon gemachte Erfahrung vermieden.

Auch der Umgang mit innovativen Anforderungen läßt sich 'üben', vor allem, wenn man die Zahl der Parameter beschränkt wie das z.B. bei Testpiloten, Lotsen oder Innovations-Agenten der Fall ist. Die Spezialisierung von Managern auf typische Lebensphasen des Produktzyklusses statt auf Produkte wird in diesem Sinne von diesem Buch empfohlen (4.6). Ein anderes Lern- und Führungsproblem ist die Frage, wie sich unerfahrene Projektleiter rasch zu tragenden Elementen des Systems entwickeln lassen. Dabei hat sich folgendes Vorgehen bewährt: 2 — 3 Anfängern wird ein alter Hase als Katalysator zur Seite gestellt, der gegenseitige Erfahrungsaustausch institutionalisiert und der Neuling zwei bis drei Mal mit der gleichen Phase oder Teilaufgabe betraut. Hier zeigt sich im übrigen ein Effekt, der deutlich von den Produkt-Erfahrungskurven abweicht. Sobald die Konzentration auf das

Neuartige von Routine abgelöst wird, schleichen sich Unaufmerksamkeitsfehler ein, die die Ergebnisverbesserung zum Teil wieder zunichte machen. Probate Gegenstrategie ist die successive Anreicherung an Verantwortung sowie das Eindringen in weitere Prozeßphasen, also Bewältigungslernen.

4.55 Beispiel „Export"

Wir wissen bereits, daß Innovieren bei Überforderung des gewohnten Anpassungsrahmens unerläßlich wird. Dies ist im Export immer dann der Fall, wenn unterschiedliche Zivilisationsstufen und Gesellschaftsformen zu koordinieren sind. Besonders deutlich wird dies beim Export hochtechnisierter Anlagen in vorindustrielle Länder der dritten Welt. Dabei hindern die Probleme der menschlich-sozialen Infrastruktur den Fortschritt oft mehr als die der technisch-ökonomischen Infrastruktur.

Quantitativ äußert sich dies z.B. darin, daß für den mit wachsender Industrialisierung steigenden Bedarf an Fachkräften der personelle Unterbau fehlt. Dementsprechend fordern die Entwicklungsländer umfangreiche öffentliche Ausbildungsförderung seitens der Industrieländer und die Entwicklungskunden machen den Anlagenlieferanten Ausbildungsauflagen, die weit über das in Europa gewohnte Maß an anlagenspezifischer Einweisung hinausgehen; im Extremfall sollen im Schnellverfahren aus Schulabgängern erfahrene Spezialisten und Führungskräfte gemacht werden. Nicht selten werden überdies Kopfzahlen eingesetzt, die den hierzulande, aber auch dort notwendigen betrieblichen Umfang weit überschreiten. Die dafür erforderlichen direkten Aufwendungen liegen in der Größenordnung der Gewinnspanne, die in direkten im Versagensfall bei einem Vielfachen davon. Deshalb ist es gute Praxis, die Ausbildung als gesondertes Dienstleistungspaket auszuweisen, das dann aber auch hinreichend genau zu spezifizieren ist. So konnten bereits mehrere Firmen aus einer finanziellen Belastung seitens der Ausbildung ein einträgliches Geschäft machen. Die personelle Belastung übersteigt allerdings oft die Möglichkeiten, gerade mittlerer und kleinerer Unternehmen, so daß hierauf ausgerichtete Institute, Institutionen und Kooperationen einspringen bzw. herangezogen werden müssen.

Es handelt sich jedoch keineswegs nur um ein quantitatives Problem. Die qualitativen Aspekte sind weitaus gravierender und ausschlaggebend für den Enderfolg. Sie lassen sich in Anpassungs- und Innovationsprobleme von Arbeit zu Mensch, Mensch zu Arbeit und Mensch zu Mensch systematisieren. Dies gilt für beide Seiten, den Lieferanten ebenso wie den Besteller, wobei die zu bewältigende Innovationsspanne auf der Bestellerseite allerdings in der Regel größer ist, was nicht bedeutet, daß sie für das Innovationsvermögen des Lieferanten nicht zu groß sein kann.

Grob ist zunächst zu unterscheiden zwischen der Vermittlung manueller und intellektueller Fertigkeiten sowie der Entwicklung von Interaktions- und insbesondere Führungs-Fähigkeiten. Im ersten Fall geht es im wesentlichen um das Einüben neuer Reaktionsmuster, die sich meist ohne besondere Schwierigkeiten in das soziale Gefüge und Rollenverständnis einpassen lassen. Bei gewerblichen Fachkräften, deren Tätigkeit überwiegend aus speziellen Fertigkeiten besteht, hat es sich bewährt, ihnen während der innovativen Neuorientierung den Schutz ihrer gewohnten gesellschaftlichen Bezugswelt zu belassen, ganz abgesehen davon, daß dies auch die kostengünstigere Lösung ist. Deshalb sollte diese Art der Ausbildung soweit wie irgend möglich im Bestellerland selbst geschehen.

Ganz anders bei den Dispositionsfähigkeiten und Verhaltensweisen, die zur effizienten Führung hochtechnisierter Anlagen unerläßlich sind, aber in vorindustriellen Gesellschaften nicht entwickelt sind, also erst zu erwerben sind. Hierzu zählen z.B. selbständiges Entscheiden, Verantwortungsbereitschaft, Denken in Zusammenhängen, Terminbewußtsein, Planen, Leistungswille, Sorgfalt u.a.m. Dazu müssen tief verwurzelte kulturelle Stereotypen aufgebrochen (Zivilisations-Schock) und die neuen Einstellungen durch Erfahrung fest verankert werden. Das läßt sich aber nur bei Integration in eine industrielle Bezugswelt erreichen.

Andererseits muß dringend davor gewarnt werden eigene Fähigkeitsanforderungen einfach – oder gar missionarisch – zu übertragen und zu fordern: soziale Reife, aber auch Kulturgut und Klima setzen ihre eigenen zu respektierenden Akzente (4.33 und 4.53).

Die nachfolgende Matrix strukturiert das soziopsychologische Konfliktfeld der Begegnung eines industriellen Lieferanten mit einem vorindustriellen Besteller. Die einzelnen Felder sind durch charakteristische Beispiele erläutert. Die Matrix entstammt einer Untersuchung, die das Ziel hatte, festzustellen, wie das gesamte Konfliktfeld durch die sich damit beschäftigenden Interessenten zweckmäßig abzudekken ist (Besteller und seine Institution, Lieferant, staatliche Ausbildungsförderung und Entwicklungshilfe, Innovations-Agentur des Verfassers).

	Harmonisierung von		
Frustrations-Gefälle	Arbeit zu Mensch	Mensch zu Arbeit	Mensch zu Mensch
Europäer			
auf fremde Mentalität + vorindustrielle Arbeits- und Lebensbedingungen	1 Arbeitsplatz-ausstattung	3 Unterrichtung Hygiene; Projekteinweisung	5 Verhaltenseinweisung (Integration)
Wiedereingliederung nach längerem Übersee-Einsatz	2 Personalpolitik	4 Fortbildungsprogramme	6 Nabelschnur zur Heimat
Übersee'ler			
Anforderungen einer postindustriellen Technologie und Gesellschaft an Kenntnisse, Fähigkeiten und Verhalten	7 Auslegung der Anlage	9 Bildungsbedarfsanalyse; Fachausbildung	11 kulturbezogene Vorschulung; pädagogische Begleitung (Integration)
Dissonanz zwischen sozialer Bezugswelt und beruflichen Anforderungen	8 Organisationsplan	10 Auffrischungs-Training Integrierte Fachkräfte Basisarbeit in Umfeld	12 Reintegration; Kulturaustausch

Es folgen einige Hinweise, um die Umsetzung innovativen Gedankengutes in dieser
Aufgabenstellung zu demonstrieren:

A) 1 – 6 'Mentalitätshürde' in Richtung Entwicklungsland:

zu 1: Die Vorschriften (z.B. Sicherheit) des Heimatlandes sind einzuhalten, die
Grundbedürfnisse möglichst im gewohnten Erwartungsniveau zu befriedigen
(z.B. Klimatisierung oder Verpflegung). Dies betrifft auch die Privatsphäre
(Unterkunft, Freizeitgestaltung, Schule usw.).

zu 2: Die Reintegration ins Stammhaus ist nach einem längeren Auslandseinsatz
psychologisch schwieriger zu verarbeiten als die Entsendung. Der Entsandte
gewöhnt sich an eine Selbständigkeit, einen sozialen Status und Annehm-
lichkeiten, über die er und seine Familie nach der Rückkehr nicht im gleichen Maß verfügen können. Außerdem haben sich seine alten Bezugspunkte
inzwischen verschoben; auch beruflich liegt er nicht mehr 'vorne', sondern
hat Nachholbedarf. Ein Multi ist der Auffassung, daß sich Mitarbeiter, die
länger als 4 Jahre in Übersee waren, überhaupt nicht mehr ins Stammhaus
eingliedern lassen. Nur eine weitsichtige Personalplanung mit einer wohl-
durchdachten Fortbildungspolitik ist in der Lage, das von Firmenange-
hörigen im Ausland erworbene Erfahrungspotential nutzbringend in das
Unternehmen zu integrieren.

zu 3: Der Einsatz von Montagepersonal auf überseeischen Baustellen erfordert
umfangreiche organisatorische und menschliche Vorbereitung. Aus Konkur-
renzgründen kann ein hierfür entwickeltes System nur andeutungsweise erwähnt werden. Es geht davon aus, daß dieses Personal stark in den Grundbedürfnissen fixiert ist und verhaltensseitig in engen Schlecht/Gut-Normen
lebt, was starke affektive Widerstände gegenüber abweichenden soziokultu-
rellen Abweichungen zur Folge hat. Neben einer landeskundlichen Schulung
erfolgt eine spezifische Vorbereitung auf Situationen, die erfahrungsgemäß
kritisch sind, anhand von ausgefeilten Ablaufprogrammen und Merkblättern.
Darunter fallen Themen wie: Reiseplanung, Verhalten bei Flugreisen, Ge-
sundheitsführer für Tropen, Überleben in der Wüste, Todesfälle auf der Bau-
stelle, Arbeitsbedingungen, Einrichtung von Pannenbüchern usw.

zu 4: Der Rückkehrer muß zunächst einmal fühlen, wohin er gehört und wissen,
was man mit ihm vor hat. Dann wird ihm und seiner Familie Hilfe angeboten (nicht aufgedrängt), möglichst rasch wieder Wurzeln zu schlagen und
Entwicklungen, die inzwischen fachlich, firmabezogen und gesellschaftlich
stattgefunden haben, aufzuholen. In der engeren Schulungsphase werden die
Rückkehrer gezielt auf ihre neue Tätigkeit vorbereitet. Die begleitende
Nachbetreuung ist eine wichtige psychologische und fachliche Hilfe, um besser mit den Schwierigkeiten dieses innovativen Überganges fertig zu werden.
Sie sorgt vor allem dafür, daß die notwendige Verhaltenssicherheit in verträglichen Stufen systematisch aufgebaut wird. Das reicht von der einüb-
baren Routine bis zu einem Anlauf- und Aktionsplan. Dieser bedient sich
des schrittweisen Bestätigungslernens, bereitet auf potentielle Dissonanzen
vor, stärkt individuelle Schwächen, nennt begrenzende Einflüsse, erarbeitet
Schrittfolgen und Alternativen.

zu 5: Schon die Eingliederung eines Neulings aus demselben Kulturkreis ist ein innovatives Problem. Zwei Maßnahmen aus dem Fallbeispiel 8.8 seien hier hervorgehoben: Die Einführungs-Fibel, welche auf eine erste Vorstellung der formalen Struktur hinausläuft, und der 'Pate', der die informale Struktur vermittelt und die soziale Eingliederung ebnet.

Differenzen der Sozialstruktur und Mentalität erschweren z. B. Verständigung und Informanten. Beispiel wären südamerikanische Ingenieure, die ihre Anlage 'von der Pike auf' kennen lernen sollten und deshalb — wie gewohnt — einfach ans Reißbrett gestellt wurden. Ergebnis: Verärgerung und Komplikationen mit dem Vertragspartner.
Grund: Ein Statussymbol wurde verletzt. Solche Gedankenlosigkeit läßt sich noch einfach vermeiden, bei affektiven Vorurteilen (Neger sind ....) ist das schon schwieriger.

Zu der unter 3 erwähnten Entsendungsvorbereitung gehört deshalb auch eine Verhaltensvorbereitung, der sich in abgewandelter Form auch die Kontaktpersonen zu ausländischen Informanden zu unterziehen haben, mit Themen wie: Sitten, Sozialstruktur, Mentalität, Verhalten gegenüber Frauen, Trinken und Essen, Behandlung lokaler Kräfte, Umgang mit Behörden, Gesten und Verhaltensklischees, Verhalten in politischen Krisen, Bestechung, Verhandlungstaktiken usw.

Wie im gesamten Innovationsbereich ist man auch hier auf eine gewisse Bereitschaft, Aufgeschlossenheit und Grundmotivation angewiesen. Es verspricht wenig und ist riskant, jemanden lediglich über den Manipulator 'Geld' entgegen seinen Neigungen zu einem Auslandseinsatz zu bewegen; die sich aus solcher Personalpolitik ableitenden opportunity costs (entgangene Gewinne) übertreffen den ursprünglich kalkulierten Gewinn nicht selten um ein Mehrfaches.

zu 6: Die Nabelschnur zur Heimat reicht vom gewohnten Sportbericht bis zur laufenden fachlichen und betriebsinternen Information, aber auch regelmäßigen Besuchen. Sie vermittelt Zugehörigkeit und erleichtert die Widereingliederung.

B) 7 – 12 'Zivilisationsschock' in Richtung Lieferland.

zu 7: Die Auslegung einer Anlage hängt davon ab, wie sie behandelt werden wird. Mangelnde Sorgfalt, Verschmutzung, Überlastungen, Fehlbedienungen, unterlassene Wartung, falsche Ersatzteile, u.a.m. sind Einflüsse, denen Anlagen in vorindustriellen Ländern mit höherer Wahrscheinlichkeit ausgesetzt sind als bei uns. Dies (einschließlich klimatischer und betrieblicher Bedingungen) verlangt nach einer robusteren Auslegung.

zu 8: Selbst Schwesteranlagen kommen in Europa und Übersee zu abweichenden Organigrammen. Völlig unterschiedliche Arbeitsmoral etwa verlangt die Doppelbesetzung zahlreicher ausführender Tätigkeiten in einem venezolanischen Walzwerk. Filzokratie im vorderen Orient führt zu Positionen, die, funktionell gesehen, nicht erforderlich sind. Geringere Arbeitsintensität, Entscheidungsschwächen und hoher Kontrollaufwand schlagen sich unmittelbar in der organisatorischen Struktur nieder.

zu 9:   Um Menschen an ihre Arbeit heranführen zu können, ist zunächst die Bildungsspanne zu ermitteln. Schon in der Auswahl der auszubildenden Aspiranten kann dem Entwicklungskunden wertvolle, fachkundige Hilfestellung gegeben werden. Das Ausgangsbildungsniveau ist zu definieren und einschließlich der Persönlichkeitseignung zu prüfen. Das Bildungsziel wird zweckmäßigerweise von den in Deutschland üblichen Anforderungen auf die vorliegenden Besonderheiten hin modifiziert. Der Bildungsweg ist nun mit Lern-, Übungs- und Erfahrungspaketen zu füllen, von denen möglichst viele zu standardisieren sind, damit das Ausbildungsangebot kalkulierbar wird, die Pakete selbst durch Wiederholung in den Genuß der Kosten/Erfahrungs-Verbesserung kommen und sich der Ausbildungserfolg dokumentieren läßt. Wesentlich ist dabei, daß die Weiterbildung nicht einfach aufgepfropft wird, d.h. daß die alten Inhalte offengelegt, mit den neuen konfrontiert und erst dann vermischt werden, da sonst immer wieder ein Rückfall in die Ur-Auffassung erfolgen würde.

zu 10:   Es ist nicht damit getan, den ausgebildeten Kursanten in seine Tätigkeit zu entlassen. Er braucht weiter eine fachliche 'Nabelschnur' (und außerdem Unterstützung bei der Austragung seines Konfliktes zwischen den erworbenen Verhaltensweisen und denen seiner alten Bezugswelt, Punkt 11). Die Fertigkeit und Fähigkeit im Umgang mit Störfällen verlernt sich. Wo die Kosten für eine Nachschulung gering sind im Vergleich zu den möglichen Schäden oder wo Menschenleben bedroht sind (wie bei Flugzeugen und Kernkraftwerken), sind regelmäßige Auffrischungs- bzw. Simulatorkurse unerläßlich. Außerdem ist es für die Erhaltung der Wettbewerbsfähigkeit erforderlich, den Stand des Wissens mit fortzuentwickeln, geschweige denn erst, wenn man sich industriell verselbständigen will. Ein wesentlicher Grund dafür, daß nach Verstaatlichungen von südamerikanischen Minen in ausländischem Besitz statt Gewinnen nur noch Verluste eingefahren wurden — obwohl das alte Personal noch vorhanden war — war immer wieder der nun fehlende Zugang zur weiteren Know-how-Entwicklung, dennoch war man gezwungen, auf dem Weltmarkt mit inzwischen fortgeschritteneren Minen zu konkurrieren.

Seitens der deutschen Entwicklungshilfe hat sich der 'integrierte Experte' zur Bewältigung dieses Konfliktfeldes bewährt. Es sind deutsche Fachkräfte, die im Dienst des Einsatzlandes stehen, und einen Gehaltszuschuß seitens der Bundesregierung erhalten. Sie werden für praxisbezogene Ausbildung, aber auch zur Weiterbildung und Nachbetreuung herangezogen. Sie tragen auch zu der Basisarbeit bei, die im wesentlichen von den Entwicklungsländern selbst zu leisten ist und den Wandel der sozialen Bewertung der Arbeit und angemessener Verhaltensweisen zum Ziel hat.

zu 11:   Der Sprung aus der vorindustriellen in die nach-industrielle Welt Deutschlands wird ohne pädagogische Vorbereitung zum Zivilisationsschock, der die Anpassungsfähigkeit der Kursanten ohne Auslandserfahrung bei weitem überfordert. Desorientierung, Haltlosigkeit, Fehlreaktionen und hohe Personal-Ausfallquoten sind die Folge. Dies schlägt sich in unvorhergesehenen Mehraufwendungen, Terminverzögerungen und Rufschädigung für den Lieferanten nieder. Um dem entgegenzuwirken, hat die Innovations-Agentur des Verfassers eine V o r schulung für die Integration von weiterzubildende

Führungskräfte aus Entwicklungsländern ins Leben gerufen. Das Programm baut Vorbehalte und unrealistische Erwartungen ab, stellt grundsätzliche Verhaltensabweichungen gegenüber eigenen Klischees vor und verarbeitet sie zum Beispiel im Rollenspiel; es baut gezielt die Anforderungen der Ausbildung so auf, daß seitens der Firmen die eigentliche und gewohnte Fach- und berufsbezogene Fähigkeitsausbildung sofort beginnen kann. Der 'Zivilisationsschock' wird pädagogisch verarbeitet. Basislernpakete sind:

Geographie, Klima, Geschichte, Kultur, Sport, Wirtschaft, Verkehrsverbindungen, das Verhältnis beider Kulturräume und Länder

Sitten, Arbeitsauffassung, Verhaltensnormen, Sprichworte, Traditionen, Auslländer, Status im Beruf, regionale Differenzen, Groß- und Kleinstadt. Gesten, Feiertage, Hygiene, Essen und Trinken, Kleidung, Einkaufen, Wohnen, Geselligkeit, Mann und Frau, Krankheiten, ärztliche Betreuung, persönliche Versicherung, Ausländergesetze, Steuern, Geldverkehr/Devisen, Handelspolitik, Markt- und gelenkte Wirtschaft.

Arbeitsordnung, Pünktlichkeit, Sauberkeit, Verantwortung, Zusammenarbeit, Sich-informieren, Leistungsnormen, Qualitätswesen.

Entscheiden, Netzpläne, Führungsstile, Projekt-Management, Timing, Selbstplanung

Einführungsbesuche (Einkauf, Betriebe, Familien, Vergnügung, Kultur)

Rollenspiel in ausgewählten Situationen

Briefe schreiben, Dokumentation, Fachsprache.

zu 12: Die Rückgliederung der Ausgebildeten ist nicht weniger problematisch als der Zivilisationsschock. In vielen Entwicklungsländern 'schändet Arbeit' ab einem gewissen Sozialstatus an aufwärts. Im übrigen bedeuten ein Examen oder Titel Anspruch auf Versorgung und Fortkommen, sodaß kein Anlaß besteht, von sich aus die Unannehmlichkeiten auf sich zu nehmen, die ihr volkswirtschaftlich zweckmäßiger Einsatz für sie persönlich bedeuten würde, aber auch kein Anreiz sich weiter zu bemühen oder zu bilden. Hinzu kommt, daß die so Ausgebildeten in der Organisation, die sie zur Ausbildung geschickt hat, oft nur mittlere Positionen in entlegenen Landesteilen erhalten, ihnen aber bei kleineren Firmen auf Grund ihrer Ausbildung bessere Positionen in der Hauptstadt offen stehen. Von dem was an Ausbildung zurückströmt, kommt letztlich nur ein Bruchteil im geplanten Sinne zum Einsatz.

So mancher Lieferant sieht sich deshalb gezwungen, auf Jahre hinaus auch noch die Schlüsselpositionen des Betriebspersonals selbst zu besetzen und eine fliegende Wartungsgruppe ins Leben zu rufen. Nun ist das Betreiben ein Geschäft, von dem die Anlagenlieferanten meist nichts verstehen und deshalb mit entsprechenden Risiken behaftet. Geeignetes Personal, das bereit wäre, mehrere Jahre in Entwicklungsländer zu gehen, ist auch knapp. Manchmal helfen Kunden oder Consultings aus. Es sind zahlreiche Fälle bekannt, in denen Prestigeanlagen zu keiner wirtschaftlichen Arbeitsweise zu bringen waren, weil sie nachlässig gewartet wurden, Störfälle zu unnötigen Havarien ausarteten, das zu verarbeitende Rohmaterial trotz Einsatz von Militär nicht beikam, das Produkt keinen kostendeckenden Markt fand, das fremde Betriebspersonal zu teuer war usw. Es sind Innovationen, die bereits vor dem ersten Startschuß gescheitert waren. Und jeder der Beteiligten läßt dabei Federn. Deshalb zahlt sich letztlich Gesamtverantwortlichkeit immer wieder aus.

Ein Teil der Ausgebildeten bleibt aber auch in der Bundesrepublick hängen. Man schätzt, daß z.Z. 40 000 Akademiker aus Drittländern in der BRD leben, die arbeitslos oder in inferioren Stellungen eingesetzt sind. Das Bundesministerium für wirtschaftliche Zusammenarbeit hat sich der Reintegration dieser Gruppe mit Erfolg angenommen, es finden entsprechende Seminare statt und eine bei der Zentralen Arbeitsvermittlung eingerichtete Reintegrationsstelle nimmt sich ausschließlich der Vermittlung von Akademikern aus Drittländern mit deutschem Examen an.

An dieser Stelle muß noch eine Lösung erwähnt werden, die den Konflikt zwischen funktionsorientiertem Verhalten und vorindustrieller Sozialstruktur dadurch entschärft, daß sie beide räumlich gegeneinander abschirmt. Es ist das selbstgewählte Getto der Kolonialherrn, dessen sich aber z.B. auch russische Großbaustellen bedienen.

Hier taucht das Problem der sozialen Reife in anderer Form auf; das Endziel besteht in einer Anhebung der gesamten Umwelt auf industrielles Niveau; da aber Zeit und Mittel beschränkt sind, geht man punktuell vor. Wichtig ist zunächst dafür Sorge zu tragen, daß die fortgeschrittenen Teilbereiche lebensfähig werden, sich selbst tragen und darüber hinaus Entwicklungsüberschuß liefern können. Analysiert man etwa die 'Elendsringe' um Sao Paulo oder Caracas, dann stellen sie zivilisatorische Abstufungen dar, die die einzelnen Menschen in ihrem Lern- und Erfahrungsprozeß regelrecht von außen nach innen durchwandern. Die Entwicklungspolitik der Länder hat dann dafür Sorge zu tragen, daß der Überschuß der Entwicklungszentren konstruktiv genutzt und nicht von Weltverbesserern vertan wird. Die Feststellung, daß dies nicht immer mit unseren eigenen Vorstellungen und Erfahrungen übereinstimmt, dürfte nun nicht mehr allzu provozierend wirken.

4.6 Operatives und innovatives Management

Das Tagesgeschäft erdrückt den Innovationsraum. Nur in seltenen Fällen ist der gewiefte Taktiker, der gut aus der Hüfte zu schießen versteht, auch ein Stratege und Innovator. Innovative Talente wachsen auch keineswegs nur in der Höhenluft der Vorstandsetagen, es gibt sie überall. Dennoch benutzen wir Bewertungsmaßstäbe und Organisationsmuster, die das Gegenteil ausdrücken. Beispiel profit center:

Richtgröße des verantwortlichen Bereichsleiters sind Umsatzwachstum und Jahresgewinn. Hierdurch wird er gezwungen, Zukunftserträge zum Nachweis kurzfristiger Erträge aufs Spiel zu setzen. Innovationen verlangen aber Vorinvestitionen, d.h. sie beeinflussen diese Meßwerte negativ. Auf die Fragwürdigkeit von Ertragsdenken im Zusammenhang mit Innovation wird noch unter 5.0 eingegangen. Eine saubere Trennung der Zielvorgaben nach den Eigenheiten der einzelnen Lebensphasen würde Klarheit und Ehrlichkeit in die innovativen und operativen Anforderungen bringen (Cash flow, Investitionen, relativer Marktanteil, Preispolitik, Rationalisierungseffekt).

Der Profit-center-Organisation fehlt es aber nicht nur an Prozeß-, sondern auch an Systemdenken. Sie tut so als ob die Optimierung von Teilsystemen bereits eine Optimierung des Gesamtsystems bringen könne. Erst die Abstimmung aller Ressourcen und Möglichkeiten des Gesamtsystems verleihen einem Unternehmen Erstklassigkeit und Kontinuität.

Daraus lassen sich für produktdiversifizierte Großunternehmen zwei Konsequenzen ableiten:

— Strategische Geschäftseinheiten (General Electric), die selbstverantwortlich einen eigenständigen Markt und Wettbewerb besitzen und selbstverantwortlich im eigenen Hause Kurz- mit Langfristinteressen ausgleichen.

— Produktbezogene oder regionale Unternehmenseinheiten mit g e t r e n n t e m strategischem und operativem Management.

Das strategische Management ist langfristig orientiert, disponiert die Finanzmittel und ist für den Aktionsbereich 'Innovation' verantwortlich. In einem Großunternehmen, liegt es nahe, an Stelle funktionaler und produktspezifischer geschäftsverantwortlicher Spezialisten für die einzelnen Stadien des Strategiezyklusses heranzuziehen und diese unternehmensweit einzusetzen. Man würde dabei z.B. unterscheiden zwischen dem Marktaufreißer der beginnenden Kommerzialisierung (Entrepreneur), dem absichernden Expansionisten der Folgephase (sophisticated Marketing Manager), dem Kostensenker und Cash-Herein-Holer der Reife- und Verdrängungsphase (Critical Administrator) sowie dem Schrott-Verwerter des erschöpften Marktes. Dies sind Aufgaben mit sich wiederholenden, phasentypischen Anforderungen, die aber für den Manager, der 'sein Produkt' durch alle Lebensphasen begleitet und die einzelne Phase nur gelegentlich mit Abstand verantwortet, subjektive Innovation bleiben.

Die Möglichkeit, innovativen Anforderungen durch subjektive Lern- und Erfahrungskurven besser gewachsen zu sein, ist nicht auf den Strategiezyklus beschränkt. Bei der Abwicklung großer Anlagen gibt es vergleichbare Phasen (und z.B. den Montage- oder Inbetriebnahme-Spezialisten). Für andere Innovationen, einmalig für die Firma, aber im Zuge des technischen Fortschritts erforderlich, haben sich Beraterspezialisten etabliert (z.B. Einführung Gleitzeit, Textverarbeitung, Dezentralisierung, Großraumbüro); andere Innovations-Spezialisten bilden sich für Dienstleistungen und in Stabsabteilungen heraus, z.B. für verstopfte Überseehäfen, Ausbildung Kundenpersonal, galoppierende Inflation, Nationalisierung u.a.m.

Fassen wir die Vorzüge zusammen, die für eine Unterscheidung zwischen operativen und strategisch/innovativen Führungsaufgaben sprechen, dann ergibt sich:

— Realitätsnahe Führungskräfteentwicklung und -beurteilung.
— Strategische, unternehmensorientierte Stellgrößen.
— Weniger Daten, bessere Information und Transparenz.
— Verkürzte Such- und Lernkurven, aktuelle Erfahrungen.
— Hohe Motivation durch Zuschnitt auf die Stärken der Mitarbeiter, Spezialisten-Autorität.
— Lösungen gewinnen zwangsläufig an Qualität.
— Job-enrichment durch häufigeren Wechsel des Bezugsfeldes.
— Nahtlose Integration zwischen Routine, Anpassung und Innovation im Betrieb.

5. Die ökonomische Komponente beim Innovieren

Unternehmen sind sozio – ökonomisch – technische Systeme.

Die t e c h n i s c h e Komponente stellt die Werkzeuge und materiellen Träger zur rationalen, unmittelbaren Bewältigung des Zwecks.

Die s o z i o l o g i s c h e Komponente bestimmt den Zweck und verleiht dem System seine Entwicklungsfähigkeit. Sie ist gesellschaftlich – psychologischer Natur. Sie gewinnt zusehens an Gewicht gegenüber den beiden anderen Komponenten und ist Anlaß und Motor des Innovierens, deshalb nimmt sie den breitesten Raum dieses Buches ein.

Die ö k o n o m i s c h e Komponente liefert die Lenkungsprinzipien des Systems, ermöglicht Koordination und bewußte Evolution des Systems (durch Abstraktion der Beiträge in Geldwerten) und gestattet den Griff in die Zukunft (Wertkumulation, Schuldentilgung etc.). Die ökonomische Komponente bewahrt das technologisch-soziale System vor technischem Selbstzweck und humanistischem Radikalismus. Das ökonomische Prinzip sucht – im Gegensatz zur natürlichen Auslese – größten Nutzen bei gegebenem Aufwand (M a x i m u m p r i n z i p) und/oder geringsten Aufwand bei gegebenem Nutzen (S p a r p r i n z i p). Das ökonomische Prinzip in Verbindung mit der von der soziologischen Seite einfließenden Nutzenvorstellug verleiht den Systembeziehungen ihr eigenes Gepräge.

Die maximalen Periodengewinn anstrebende profit - center - Struktur etwa betont Maximumprinzip und technologisches Denken. Die Marktwirtschaft geht davon aus, daß die Maximierung des eigenen Nutzens (in der kapitalistischen Ordnung mit Profit gleichzusetzen) auf eine Minimierung des Wettbewerbernutzens hinausläuft, und die Entfaltung dieser Kräfte eine Harmonisierung und Optimierung des Gesamtsystems nach sich zieht. Ökonomische Freiheit bedeutet W a h l f r e i h e i t (und nicht Freiheit von Ordnungsprinzipien wie es die "neue Linke" sieht). Die Planwirtschaft sucht eine von zentraler Vernunft definierte und gesteuerte Bedarfsdeckung nach dem Sparprinzip. Vorindustriellen Kulturen liegt das Sparprinzip mehr als das Maximumprinzip, das Befriedigung der Grundbedürfnisse sowie dynamische und nicht hierarchisch gebundene Disposition - und Verhaltensfähigkeiten voraussetzt.

5.1 Ertrags - und finanzwirtschaftliches Denken

Man kann eine Menge Geld verdient haben (Erträge) und dennoch kein Geld in der
Kasse haben (Liquidität). Erträge sind Einnahmen, die sich in der G+V niederschlagen. Die Buchhaltung folgt e r t r a g s w i r t s c h a f t l i c h e m Denken.
Sie stellt periodenweise Aufwände und Erträge gegenüber. Vielfach wird dabei
stillschweigend unterstellt, daß mit dem angestrebten Perioden - Gewinn auch die
finanzielle Sicherheit garantiert sei.

Tatsächlich ist aber die harte Nebenbedingung der Liquidität zu berücksichtigen.
Das Postulat der Liquidität ist durch Konkursordnung und wirtschaftliche Usancen
begründet. Liquidität ist Zahlungsfähigkeit bzw. Einnahmenüberschuß. Die f i -
n a n z w i r t s c h a f t l i c h relevanten Größen sind ausschließlich Einnahmen
und Ausgaben mit den dazugehörigen Zahlungszeitpunkten. Da Innovationen über
lange, periodenfremde Strecken mehr Geld verbrauchen als hereinholen,   d.h.
"Cash - Verzehrer" sind, ist der I n n o v a t i o n s v e r l a u f f i n a z w i r t -
s c h a f t l i c h z u b e u r t e i l e n. Die technische Phase einer Produktinnovation nimmt bis Vertriebsbeginn überhaupt nichts ein, sie kostet nur Vorinvestitionen auf einen Rückfluß, der vielleicht einmal in der Zukunft die Vorausgaben
einschließlich Zinsen soweit übertrifft, daß zusammengerechnet ein Gewinn zustande kommt. Aber auch die Marktinnovation gibt in den ersten beiden Phasen
(Nachwuchs und Expansion) noch mehr aus als sie einnimmt:

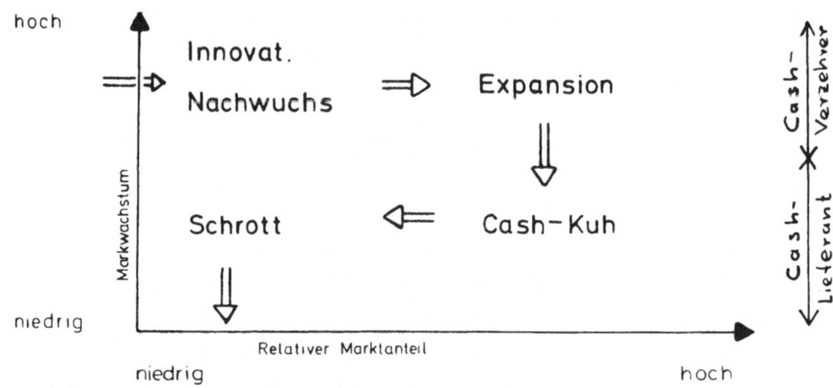

Abb. 15: Marktwachstum und Marktanteil

Es ist also keineswegs so, wie uns die "Macher" mit ihrem simplen Denkschema
weiß machen, daß ein "Erzeugnis zur Innovation werde, sobald der Markt Hurra
schreit." Der für die Wahrung des ökonomischen Leitprinzips maßgebende Finanzwirt schreit in der Pionierphase "Hu", während der Expansion "Brr" und endlich
in der Reifephase "Ah !". Wir schließen uns dem an und wollen den Übergang
zu Anpassung und Routine, also das Ende einer Innovation - unabhängig davon,

110

ob es eine reine Markt - oder eine Produkt/Markt -Innovation war - dort ansetzen, wo die Gesamteinnahmen die Gesamtausgaben des Prozesses zu übertreffen beginnen.

Eine gesunde Innovations - und Ertrags - Struktur weist 40 - 60% Cash - Kühe am Gesamt - Umsatz aus. In der deutschen Elektroindustrie bedeutet dies bei der augenblicklichen Innovationsdynamik, daß die Cash - Erzeuger im Durchschnitt jedes fünfte Jahr abgelöst werden.

Der Ertrag eines Aufwandverzehrers ist ohne Aussagewert; Sinnvoll ist es dagegen, die Effizienz eines Innovationsverlaufs an ihren Zwischenzielen zu verfolgen, also Einhaltung der bereitgestellten Mittel, der Zwischentermine, des Leistungsumfangs und seine Qualtität.

Der Schlachtruf der Simplifikateure ”Innovation ist gut, Rendite besser” ist überhaupt keine Alternative, sondern eine Verwechslung finanz - und ertragswirtschaftlicher Kriterien. Im übrigen ist eine nachhaltige Renditeverbesserung nur innovativ möglich.

Der Finanzwirt ist der Gralshüter der Unternehmenskontinuität, die nie aus den Augen lassen darf. Sein Instrumentarium ist inzwischen so ausgefeilt, daß Liquiditätspleiten nicht mehr vorkommen dürften. Seine Hauptinstrumente dabei sind:

— Finanzplan, der erfolgswirtschaftliche Daten in künftige Ausgaben und Einnahmen transformiert und dabei die Liquiditätsengpässe ortet,

— Kapitalbindungsplan, der das strukturelle Gleichgewicht des Kapitalbedarfs und seine Deckung im Durchschnitt der Abrechnungsperiode sicher stellt, und

— täglicher Liquiditäts - Status, der auch die Liquiditätsreserven verfolgt.

Der mit Cash — flow bezeichnete Einnahmestrom wird in zwei Positionen ausgewiesen, dem Gewinn (vor Steuern) und den Abschreibungen. Je mehr „Beine“ ein Unternehmen hat, um so besser lassen sich die gegensinnig fließenden Geldströme der Cash-Verzehrer und Cash-Lieferanten miteinander abgleichen; Kleinere Firmen haben es deshalb schwerer, ihre Innovationen zu finanzieren, denn sie sind stärker auf fremdes Risikokapital angewiesen.

Der Cash - Hunger eines Innovationsprozesses wächst mit seiner Dauer; Komplexität und Umfang wirken sich gleichsinnig aus; er wird im gleichen Maße unterschätzt wie die Widerstände und Risiken des Prozeßablaufs verkannt werden. Sollten Sie zum ersten Mal ein Haus bauen, dürfte dieser Effekt 20 - 25% ausmachen; die Architekten wissen das, lassen diese Erfahrung aber nicht einfließen.

Das in die Länge ziehen der Cash - Zufuhr aus Liquiditätsgründen kostet immer Ertrag, denn man verschenkt dabei Vorsprung und Marktanteile bzw. Cash-Rückfluß-Potential (siehe 6.336). Umgekehrt ist die Kürzung des Innovationsprozesses zur Senkung des Cash-Zuflußes nur in Grenzen möglich (vgl. 4.42).

Die erforderliche Liquidität kann gespeist werden aus:

— Überschüssen der laufenden Einnahmen
— Kurzarbeit (sofern Aussicht auf Wiederbeschäftigung)
— Vorübergehender Verzicht auf Neuinvestitionen
— Veräußerung von Substanzen, Verschuldung
— Eigenkapital und Reserven
— Fremdkapitalaufnahme
— Verzicht auf Eigeninnovation und Hereinnahme von Lizenzen
— Übergang auf Leasing, Factoring und Fortfaiting.

Finanz - und ertragswirtschaftliches Denken verbinden sich in dem Prinzip "Gesicherte Liquidität bei maximaler Rentabilität". Es profiliert die Planung und sorgt auf diese Weise für nüchterne Lösungen, für die Integration von Zielkonflikten und für die Motivation zu Innovieren. Zahlungsfähigkeit hängt von der Ertragsfähigkeit ab und die Ertragsfähigkeit von der Innovationsfähigkeit (s. S 172 ff.).

5.2 Risiko - Erfassung

Unterschiedliche Risiken eines Innovationsprozesses multiplizieren sich. Die umseitige Matrix will zeigen, wie mit der Zahl der innovativ geforderten Subsysteme das Gesamtrisiko durch Wechselwirkung geometrisch wächst.

In die absolute Höhe des Risikos geht vor allem noch die Marktdynamik und die Länge des Lebenszyklusses ein. Bei kürzer werdenden Zyklen in stagnierenden Märkten beispielsweise wächst die Chance für innovativen Vorsprung, dieser ist aber schwieriger zu realisieren, die Vorgehensweisen haben dann weniger strategischen und mehr operativen Charakter.

Im Gegensatz zu den Risiken mehren sich verschiedene Chancen in demselben Innovationsvorhaben im allgemeinen nur additiv. Das einzugehende Risiko / Chancen - Verhältnis stellt deshalb eine grundlegende unternehmenspolitische Entscheidung dar, die u.a. von der sozialen Reife, der Marktstellung, den verfügbaren Ressourcen sowie den Zielen und Erwartungen abhängt.

Der Begriff von Risiko und Chance drückt jeweils die Wahrscheinlichkeit des Nicht - Erreichens bzw. Erreichens der geplanten Leistungs -, Zeit - und Kostenziele aus.

112

Strategie / Neuerung für Subsystem	Vertrieb	Entwickl.	Produktion	Investition	relativer Risikograd
I Wachstum mit Markt	1				1
II Steigerung Marktanteil	1,5			1,3	2
III Neue Märkte für vorh. Produkte	2			1,5	3
IV Einführung Service für vorh. Produkte	1,5			2	3
V Neue Modelle vorh. Märkte	1,3	1,6	1,9		4
VI Neue Produkte in vorh. Märkten	1,5	2	2	2	9
VII Neue Produkte in neue Märkte	2	2	2	2	16

Während die Betriebswirtschaft den Risikobegriff auf nicht versicherbare, umweltverursachte Einzelrisiken und das allgemeine Unternehmenswagnis beschränkt, sind hier auch die Risiken aus Führungsfehlern zu berücksichtigen.

Zu unterscheiden sind:

Risiken, die einkalkuliert sind, weil sie erkannt wurden, ihre Ursache beseitigt oder die Folgen begrenzt werden können.

Risiken, die so unwahrscheinlich oder geringfügig eingeschätzt wurden, daß man es bewußt "darauf ankommen" läßt. Verantwortungsbewußte Finanzwirte kennen ihre Innovatoren so, daß sie diese Risiken global recht gut zu berücksichtigen und eine entsprechende Liquiditätsreserve anzulegen wissen.

Risiken, die informationsseitig nicht erfaßt, übersehen oder falsch eingeschätzt werden. Für sie muß ein Reservepolster "Unvorhergesehenes" zur Verfügung stehen. Höhe und Treffsicherheit dieses Polsters hängen davon ab, wie qualifiziert und erfahren die Firma ansich und insbesondere das Management sind.

Vielfach leidet die Erfassung potentieller Risiken unter der Neigung dazu, von Wirkungen messerscharf, kausal und sofort auf die Ursachen zu schließen. Man sollte sich stets Fragen vorlegen wie:
— Tatsachen oder Meinung, Symtom oder Ursache?
— Welche Ursachen sind möglich, welche ist die wahrscheinlichste, wie läßt sich das beweisen?
— Was könnte am meisten weh tun und wie könnte es ausgelöst werden? Wahrscheinlichkeit und Tragweite? Wie läßt es sich verhindern, wie rechtzeitig erfassen?
— Gibt es verwendbare Erfahrung? Wer und wo?
— Wiederholen sich bestimmte Rückschläge, drehen wir uns irgendwo im Kreise, verschärft sich ein Zwang? Und was ist das Gemeinsame an den Abweichungen?
— Wo betreten wir Neuland (wenn auch mit alten Erfahrungen), wo ist uns etwas aufgedrückt worden, was paßt nicht so recht zu uns?
— Wo hat alles Priorität 1, verbringt man die Zeit mit Lückenstopfen?
— Wo fehlen Alternativen?
— Wo sind mehrere Teilsysteme auf Kooperation angewiesen?
— Wo herrrscht Unzufriedenheit?

Meist versucht man von einer bestimmten Chance ausgehend die Risiken so zu verkleinern, daß das Risiko/Chancen - Verhältnis bewältigbar bzw. akzeptabel wird. Dies geschieht z.B. durch
— Beschaffung zusätzlicher Informationen,
— Modellversuche oder Testmärkte,
— Eindämmung der möglichen Auswirkungen unvermeldbarer Risiken,
— Kombination eigener Stärken mit fremden Stärken (z.B. joint venture),
— Trend - Innovation, z.B. lohnkostensenkende Automatisierung, da die Löhne weiter steigen werden.

Im Angesicht strahlender Chancen werden die Risiken gerne durch eine Wunschbrille gesehen statt nach Aschenbrödel - Innovationen zu suchen, die zwar von bescheideneren Chancen ausgehen, sich aber durch erheblich günstigere Chancen/ Risiko - Verhältnisse auszeichnen. Dazu zählt vor allem die systematische Lückensuche zwischen und in der Kombinationsfähigkeit eigener Stärken (z.B. Marketing Produkt 1 mit Produkt 2 + 3), Sortimentsbereinigung oder die gezielte Nutzung des vorhandenen Erfahrungs - bzw. Rationalisierungspotentials.

Es liegt im Wesen des Risikos, daß es sich realisiert. Fehlschläge sind beim Innovieren unvermeidlich. Deshalb müssen die erfolgreichen Innovationen die fehlgeschlagenen tragen helfen. Wer sein Geld nicht festverzinslich und sicher anlegt, erwartet eine angemessene Risikoprämie. Bei einer Kapitalrückflußzeit von 4 Jahren muß die Kapitalrendite heutzutage je nach Risikohöhe der Innovation 30% bis 50%

vor Steuern betragen. Dies wollen einige Politiker nicht einsehen, wundern sich dann über mangelnde Innovationsraten und glauben, diese durch dirigistische Maßnahmen ausgleichen zu können.

Der Ansporn zur privatwirtschaftlichen Kapitalanlage erwächst aus persönlichen Bedürfnissen, die sich nicht unbedingt mit denen der Gesellschaft zu decken brauchen. So gibt es gesellschaftspolitisch wichtige Aufgaben, deren Risiko die privatwirtschaftlichen Möglichkeiten überfordern. Nur hier hat der Staat einzuspringen, und das nur so lange, bis die Risiken auf ein privatwirtschaftlich tragbares Maß abgebaut sind.

Innovationen erfordern Risikokapital. Bei selbständigen Innovatoren oder Mittelbetrieben gibt es dafür nur zwei Quellen: Eigenkapital bzw. Gewinn oder Fremdkapital, dem dann oft Sicherheiten in Form von Einfluß eingeräumt werden muß. Den Großbetrieb drückt nur die Differenz der sich ausgleichenden Cash - Zu - und Abflüsse, außerdem kann er sich an den Kapitalmarkt wenden.

Ein gut geführtes Unternehmen kann bei äußerster Anstrengung und einem jährlichen Mengenwachstum von 10% einen jährlichen Rationalisierungseffekt zwischen 2 und 4% des Umsatzes erzielen. Dem stehen Aufwandssteigerungen aus Umverteilungsbelastungen und Inflation gegenüber, die meist größer sein werden. Preiserhöhungen können günstigstenfalls die Differenz ausgleichen und damit die Substanz vorübergehend erhalten. Gegenüber einer vorwärts drängenden Bezugswelt läuft dies aber auf zunehmenden Rückstand bzw. Substanzverfall hinaus. Wer überleben will, muß innovieren, denn die zusätzlich erforderliche Rendite kann alleine aus Wettbewerbsvorsprung kommen. Um innovieren zu können, bedarf es aber wiederum einer Vorinvestition, die solche Risiken einzugehen gewillt ist. Steht kein Risikokapital zur Verfügung, weil es günstigere Anlagemöglichkeiten gibt oder nicht verdient ist, wird Innovieren zum russischen Roulett. Ohne Innovieren also kein Wettbewerbsvorsprung - ohne Wettbewerbsvorsprung kein Risikokapital, und ohne Risikokapital kein Überleben.

Mit der Gründung der Deutschen Wagnisfinanzierungs - Gesellschaft (WFG) wurde 1975 ein erster Schritt zur Bereitstellung von Risikokapital an interessanten Innovationsvorhaben von kleinen und mittleren Unternehmen unternommen. Die Gesellschaft beteiligt sich in der Art, daß sie Anteile erwirbt, die nach erfolgreichem Abschluß des Vorhabens den Gesellschaftern des Unternehmens zum Rückkauf angeboten werden.

Die Besonderheit der Wagnisfinanzierungs - Gesellschaft ist darin zu sehen, daß sie auch Managementberatungen im Rahmen von Prüfung und Betreuung von Beteiligten zur Verfügung stellt, eine Komponente, die sich bei der Prüfung der bisherigen Anträge als außerordentlich wichtig erwiesen hat.

Die vom Bundesminister für Forschung und Technologie herausgegebene Informationsschrift "Förderfibel" gibt einen guten Überblick über die Möglichkeiten, Innovationsförderung zu erhalten.

Eine im Auftrag des Bundesministeriums für Forschung und Technologie erarbeitete Studie über das Innovationsverhalten kleiner und mittlerer Unternehmen hat gezeigt, wie bedeutsam vor allem Informationen über internationale Märkte sind.

Als Dienststelle im Geschäftsbereich des Bundesministeriums für Wirtschaft hat die Bundesstelle für Außenhandelsinformation (BfA) in Köln die Aufgabe, die mittelständische Wirtschaft mit Außenhandelsinformationen zu versorgen. Eine aktuelle Dokumentationsammlung und Berichte über Wirtschaftsstrukturen und Wirtschaftsentwicklung der Partnerländer bilden eine wertvolle Basis für die Informationsbeschaffung der Unternehmen. Die Nachrichten für den Außenhandel (NfA), welche die BfA gemeinsam mit den Vereinigten Wirtschaftsdiensten GmbH, Eschborn, herausgibt, liefern fünfmal wöchentlich Konjunkturberichte.

Der Bundesverband des deutschen Groß - und Außenhandels sowie die Außenhandelsvereinigung des deutschen Einzelhandels verfügen über abrufbares Material.

Das statistische Bundesamt in Wiesbaden und das Rationalisierungskuratorium der Deutschen Wirtschaft (RKW) in Frankfurt sind ebenfalls Institutionen, die branchen - und marktbezogen Details liefern können.

Ein weiteres Förderungsbeispiel ist das am 14. 12. 1976 beschlossene Innovationsförderungsprogramm des Landes Baden - Württemberg. Es will die Finanzierungs-, Risiko - und Managementprobleme mindern, die sich bei der Umsetzung von Forschungs - und Entwicklungsergebnissen in neue Produkte und Produktionsverfahren besonders bei kleinen und mittleren Betrieben stellen. Hauptanliegen ist die Beschaffung des notwendigen technischen Basiswissens und die Bereitstellung des erforderlichen Risikokapitals. Die Landesregierung regt die Innovationstätigkeit an, Initiative und Verantwortung bleiben jedoch beim einzelnen Unternehmen.

Hier noch einige zusammenfassende Tips zur Risikobehandlung (vgl. auch 6.35):

— Die Qualifikation der Marktforscher muß der der technischen Forscher entsprechen.

— Verkäufer müssen Optimisten sein, potentielle Käufer verhalten sich beim Befragen anders wie beim Kaufentscheid, deshalb Realitätsbremse einbauen.

— Nicht auf technische Brillianz mit zu hohem Realisierungsrisiko hereinfallen.

- Risikomultiplikation aus Komplexität, Größe und Zeitdauer beachten. Zahl der Innovationen mit hohen Anfangsausgaben möglichst klein halten.

- Ehe die Weichen für Ausgabenschübe unwiderruflich gestellt werden, neue Risiko/Chancen - Bilanz ziehen.

- Technologische Innovation von hohem Risiko mit staatlicher Hilfestellung angehen.

- "Einmaliges" wiederholbar machen (z.B. Katalysator von außen zuziehen, job rotation zur Erfahrungsanreicherung mit bestimmten Veränderungssituationen), Bildung von Arbeitspaketen (6.242).

- Kommunikation mit Verantwortung abstimmen (Erkennen des Problems, seines Eintritts und des Maßnahmeerfolges).

- Wichtung der kritischen Bereiche nach Auswirkung und Wahrscheinlichkeit.

- Anerkennung und Förderung der Mitverantwortung aller Mitarbeiter.

- Zuerkennung von Kompetenz und deren Wahrung.

- Frühwarn - Systeme einrichten.
  Hinhaltende Maßnahmen um Ursachen festzustellen, Eventualmaßnahmen um Schädigung einzugrenzen.

5.3 Bemerkungen zum Thema Inflation

Inflation stellt ein kalkulierbares Risiko dar, ist also weder ein Ereignis höherer Gewalt noch eine Aufforderung mit unseriösen Finanzierungen zu spekulieren. Die Auswirkungen der Infaltion lassen sich im voraus erkennen und damit auch einsäumen. Ihnen erfolgreich zu begegnen, verlangt nicht selten innovativen Einfallsreichtum.

Die beiden Strategien zur Risikoeinsäumung der Inflation sind Verkürzung der Bindefristen und Anpassung der Nominalschuld an die Geld w e r t entwicklung. Wettbewerb, Wirtschaftlichkeitsüberlegungen, Gesetze und Politik verlangen bei der Realisierung dieser Strategien einen hohen Informationsgrad und Kombinationsfähigkeit.

So gibt es internationale Wettbewerber, die das Preisrisiko ausklammern können (Staatshandelsländer und andere mit entsprechend ausgestatteter Exportkreditversicherung). Das Weiterreichen des Inflations - Risikos an die eigenen Bezugsquellen stellt ebenfalls eine den Geldwert stabilisierende Möglichkeit dar. Bei lokalen Zulieferungen im Lande des ausländischen Bestellers sollte dies weitgehend gelingen, wenn auch unter Inkaufnahme anderer Risiken wie Qualität, Termin u.ä. Je weiter allerdings der eigene Auftragserhalt von der eigenen Unterbestellung zeitlich entfernt liegt, um so schwieriger wird es mit dem Weiterreichen; manchmal ist dies nur Bummelei, aber im Anlagenbau läßt sich diese Zeitspanne wegen der zunächst erforderlichen Ingenieurbearbeitung nicht vermeiden; die konsortiale Einbindung der wichtigsten Lieferanten von Anbeginn an stellt dort einen möglichen Gegenzug dar. Vorfertigung und Lagerhaltung sind in der Regel im Vergleich zur Inflation das größere Risiko, solange es sich nicht um gallopierende Inflationsraten handelt.

Bei reinen Dienstleistungen und know - how - transfere (Monteure, Inbetriebnahmen, Ausbildung etc.) gibt es im allgemeinen keine Schwierigkeiten, angemessene Gleitklauseln zu vereinbaren.

Besonders schwierig ist die Kombination verschiedener Länderleistungen zu einem einzigen Geschäftsabschluß. Strukturelle Verschiebungen - wie etwa in der BRD - lassen u.U. Produktionskosten und Inflationsrate unterschiedlich wachsen. Für derartige Störfaktoren sind die Zeiträume, für die man seine Mittel im Auslandsgeschäft unwiderruflich bindet, langfristig; im Zeitalter zusammenwachsender Wirtschaftsräume sind deshalb inflationsausgleichende Maßnahmen nicht nur konsequent, sondern auch geeignet, der desintegrierenden Wirkung der Inflation entgegen zu wirken. Verursacher dieser Problematik sind nicht die Unternehmer, sondern überzogene Lohn - und Sozialkostensteigerungen, monopolisierte Rohstoffpreise, Wechselkursmanipulation und andere politisch bedingte Einflüsse.

Substanzverluste an eigenen Investitionen im Ausland, z.B. an Niederlassungen, sind - soweit sie nicht aus Betriebsverlusten kommen - Inflations - oder (bei Fremdwährungsverschuldung) Kurs - Verluste.

Beim Anlagevermögen handelt es sich um die hinlänglich bekannte Erscheinung der steuerlich vorgeschriebenen Abschreibung vom Anschaffungs - bzw. Buchwert (Ausnahme z.B. Argentinien, wo von aufgewerteten Beträgen abgeschrieben werden kann). Wenn auch gewinnmindernde, steuerfreie Substanzerhaltungs - Rücklagen zur Wiederbeschaffung der "verbrauchten" Produktionskapazität ebenfalls untersagt sind, dann muß der Ausgleich bei angestrebter Geschäftskontinuität über den Gewinn nach (progressiven!) Steuern hereingeholt werden. Die Wertbeständigkeit einer Beteiligung ist deshalb um so weniger gewiß, je stärker das Produktiv- (und nicht das Grund-) Vermögen im Vordergrund der Investition steht.

Übersteigt das Finanz - Umlaufvermögen die Verschuldung, so tritt beim Verfall der Kaufkraft der Bilanzwährung alleine im Überhang ein Inflationsverlust ein. Es liegt in diesem Fall nahe, den drohenden Verlust durch Gewinnverbesserung der Gesamt - Forderung wieder hereinzuholen.

Soweit das Vorratsvermögen mit Fremdkapital finanziert ist, entstehen keine Inflationsverluste.

Kursverluste können eintreten, wenn die Valuta - Schulden die Valuta - Forderungen übersteigen. Wo Provisionsvorschüsse oder Darlehen in der Währung des Stammhauslandes zur Finanzierung von betriebsnotwendigem Vermögen verwendet werden, geschieht dies im allgemeinen, weil Fremdmittel in lokaler Währung nicht erhältlich sind. Die Kursverluste realisieren sich dann bei Ablösung der Finanzhilfe in lokaler Währung.

Bei Inflationsverlusten behält das dem Reinvermögen gegenüberstehende Eigenkapital zwar nominell seinen Wert, nicht aber in "Einheiten der Kaufkraft". Ein Inflationsverlust mindert daher den inneren Wert einer Beteiligung, z.B. in Gestalt einer Aktie genauso wie ein bilanzwirksamer Betriebsverlust. Für "ausländische" Aktionäre treten zusätzliche Kursverluste auf, wenn der Außenwert der lokalen Währung schneller sinkt als der Innenwert; im umgekehrten Fall stellt sich der ausländische Aktionär bei der Veräußerung seines Anteils günstiger als der inländische Aktionär.

Jedenfalls empfiehlt es sich, Investitionsanalysen auf Kostenvergleichen aufzubauen, die zusätzlich zum ROI (return on investment) auch die Steuerlast und Inflation berücksichtigen.

Das Einsäumen des Inflationsrisikos setzt voraus, daß es frühzeitig anvisiert und systematisch angepackt wird. Auch hier schneiden Manager, die agieren, besser ab als solche, die sich aufs Reagieren verlassen. Meßlatte für die Qualifikation ist der Streubereich der Ist - Werte um die ursprünglichen Soll - Vereinbarungen; wichtig ist es, diese nicht nur sporadisch zu sehen, sondern im Zeitablauf desselben Projektes und vor allem die Erkenntnisse solcher "Authopsien" auf andere "Patienten", d.h. Projekte zu übertragen, also aus den Erfahrungen an einer Stelle eine Lernkurve (keinen Marschbefehl) für die Gesamtorganisation (und nicht nur für eine Funktion) zu machen.

5.4 Investitionsrechnung

Begrenztem Kapital steht eine unbegrenzte Zahl von Investitions - und Innovationsmöglichkeiten gegenüber. Deshalb müssen die Alternativen vergleichbar gemacht werden. Zu fragen ist:

— Mit welchen Kriterien läßt sich eine Prioritätsrangfolge ermitteln?

— Gibt es Schwellenwerte, unter denen ein Projekt nicht verfolgt werden sollte?

Investitionsanalysen umfassen eine künftige Zeitspanne und prüfen die Erwartungen auf ihre ökonomische Tragfähigkeit. Wir stellen 3 Kriterien vor: Investitionsrendite, Kapitalrückfluß und die Barwertmethode.

Das Kriterium der I n v e s t i t i o n s r e n d i t e ist verbreitet, da es einfach zu handhaben ist und Angaben aus der Buchhaltung genügen. Sie umfaßt die gesamte Lebensdauer des Projekts.

$$\text{Investitionsrendite} = \frac{\text{durchschnittl. Jahresertrag nach Steuern}}{\text{durchschnittl. Kapitaleinsatz}} \times 100$$

Die Priorität richtet sich nach der Höhe der so ausgewiesenen Rendite; eine Untergrenze läßt sich sinnvoll festlegen, z.B. durch Bezug auf die angestrebte, durchschnittliche Ertragskraft des Unternehmens (vgl. S. 114/115) modifiziert um die Steuerbelastung, denn:

$$\text{Return on Investment} = \frac{\text{Gewinn vor Steuer}}{\text{Umsatz}} \times \frac{\text{Umsatz}}{\text{Kapital}} \times 100$$

Die Ertragskraft läßt sich von der Gewinnrate und/oder dem Kapitalumschlag her verbessern.

Ein anderer Denkansatz geht von den alternativen Verwendungsmöglichkeiten des Kapitals aus (portofolio-Management, siehe, 6.33/1).

Die Rendite eines Innovationsvorhabens müßte die gesamte Lebensdauer eines Produktes bis zur Ablösung durch die nächste Innovation erfassen; schon deshalb ist die Investitionsrendite in diesem Bereich eher ein rückschauendes Kontroll - als ein vorausblickendes Auswahl - Kriterium.

Außerdem bleibt der Zeitwert des Geldes unberücksichtigt, was z.B. bei internationalen Alternativen zu erheblichen Verzerrungen wegen unterschiedlicher Inflationsraten, Kursrisiken und Zinssätze führt; eine Differenzierung in Projekte, bei denen die Rückflüsse relativ früh einsetzen gegenüber solchen mit langen Volaufzeiten, ist ebenfalls nicht gegeben.

Die K a p i t a l r ü c k f l u ß - M e t h o d e beruht demgegenüber auf dem Cash-flow und den tatsächlichen Investitionsausgaben. Sie berechnet die Zeitdauer, in der das investierte Kapital zurückfließt. Dabei ermittelt man den jährlichen Cash - flow und zieht ihn von der investierten Kapitalsumme ab, bis diese ausgeglichen ist.

Die Alternative mit der kürzesten Amortisationszeit ist die beste. Damit fließt auch das Zeitrisiko ein, denn je kürzer die Zeitspanne zwischen Investitions - und Amortisationszeitpunkt ist, um so besser beherrschbar werden im allgemeinen auch die Risiken. Der Zeitwert des Geldes findet insofern Berücksichtigung, als frühe Geldrückflüsse stärker bewertet werden als späte.

Auch dieses Kriterium hat Schwächen. Es berücksichtigt nicht die Erlöse hinter dem Amortisationszeitpunkt; da es keine Hinweise auf die Ertragskraft verarbeitet, kann dies dazu führen, daß ein tragfähigeres Projekt wegen seiner längeren Amortisationszeit unberücksichtigt bleibt.

Die Kapitalrückflußmethode eignet sich also gut für die Beurteilung von Innovationsvorhaben, muß aber durch andere Kriterien ergänzt werden.

Dafür kommt z.B. die B a r w e r t m e t h o d e in Frage. Sie berücksichtigt die Größenordnung und die Zeitnähe des erwarteten Cash - flow jeder Periode über die gesamte Nutzungsdauer eines Projektes. Dabei werden die zukünftigen Einnahmen und Ausgaben mit umgekehrten Zinseszinstabellen auf ihren gegenwärtigen Wert diskontiert. Die Summe daraus ergibt den Barwert des Projektes. Das Projekt mit dem höchsten Barwert hat Vorrang.

Die Investitionsrechnung ist eine ökonomische Entscheidungshilfe, sie sortiert; sie stellt aber keinen Ersatz für Systemtransparenz, Prozeßgespür und Vernunft dar.

6. Innovative Führungsansätze

Fortschritt bei Anpassung und Routine bedeutet Perfektionierung des Vorhandenen; man bewegt sich in übersichtlichem, vertrauten Gelände. Läuft man damit Gefahr, den sich ändernden Anforderungen auf die Dauer nicht gewachsen zu sein, muß man den Fuß in unbekanntes, unübersichtliches und riskantes Neuland setzen.

Das ist stets gleichbedeutend mit dem Vorstoß in eine Tätigkeit höherer Qualifikation; es sind zusätzliche Verknüpfungen, mehr Variable, turbulentere Entwicklungen zu bewältigen. Industrielles Innovieren ist ein Erfahrungs- und Reifungsprozeß, der unter dem Selektionsdruck wirtschaftlicher und sozialer Auslesekriterien steht.

Innovative Ziele werden − im Gegensatz zu Anpassungszielen − gerne zu hoch angesetzt. Häufigster Anlaß dafür sind oberflächliche Beurteilung des Neulandes und Mangel an Selbstkritik.

Fehleinschätzung des Zusammenhanges zwischen Zeit und Qualität ist eine markante Spielart verfehlter Zielgebung. Umorientierung und Fähigkeitszuwachs brauchen aber Mindestzeiten, werden diese unterschritten, wachsen die Reibungsverluste, Risiken und Qualitätsmängel progressiv an.

Nur aus dem Blickwinkel einer pädagogischen, prozessgerechten Führung läßt sich die für ein innovatives Ziel erforderliche Zeitspanne überhaupt beurteilen. Da sie in der Praxis oft nicht ausreicht, müßten die Ziele entsprechend herabgesetzt werden. Fixpunkt ist also das Ausgangsniveau; es bestimmt gleichzeitig, welche Art von Führungsansätzen motivieren und verträglich sind. Durch frühzeitiges Innovieren läßt sich nicht nur die erzielbare Spanne an Qualifikationszuwachs vergrößern, sondern auch die Schrittart, -folge und -größe freier wählen. Schon deshalb darf Innovieren kein gelegentlicher Fortschrittsanfall sein, sondern muß ein kontinuierliches Mühen um Fähigkeitszuwachs und Reife darstellen.

Ein weiterer Grund dafür, daß die Anforderungen des Innovierens gern unterschätzt werden, ist darin zu suchen, daß man in Produkt- und Markt-Innovationen zu denken gewohnt ist. Dabei ist die Zielsetzung augenfällig, man ist mehr Steuermann als selbst betroffen, die Zusammenhänge sind mit einfachen Modellen hinreichend beschreibbar, die Auswirkungen lassen sich von einem Standort aus übersehen. Ganz anders bei der System-Innovation, also der Anhebung der Leistungsfähigkeit des Gesamtsystems und nicht nur der von Teilbereichen. Dies spielt eine wachsende Rolle, nicht nur weil die Konsequenzen von Produkt- und Markt-Innovationen an Ausstrahlung gewinnen und so die Gesamtsysteme fordern, sondern vor allem, weil die Realisierung von Produkt- und Markt-Innovationen den Systemen ständig steigende Fähigkeitspotentiale abverlangt. Ausschlaggebend für die Überlebenskraft eines Unternehmens ist heute die Fähigkeit, schwierige menschliche Probleme in persönliche Entfaltung und kooperative Arbeitsabläufe zu transformieren.

Dieses Potential entspricht der sozialen Reife (4.33) und läßt sich durch ein Kräftedreieck kennzeichnen:

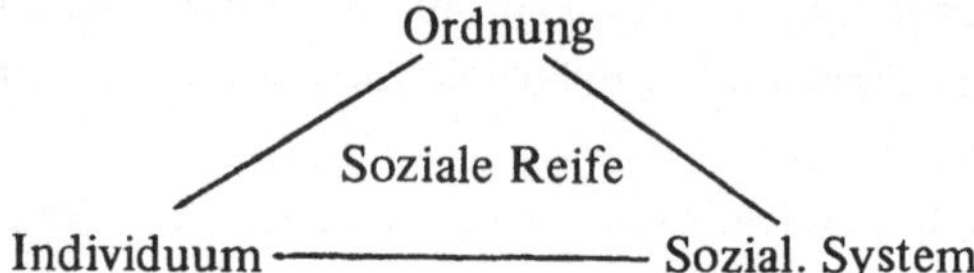

Abb. 16: Soziale Reife

Eine Innovation stellt demnach den Übergang auf eine neue Anpassungsebene mit höher qualifiziertem Fähigkeits- und Leistungsniveau dar.

Führungsfähig ist solch ein Lern- und Erfahrungsprozeß nur, solange das aufgezeigte Kräftedreieck in sich stabil bleibt. Danach müssen die Führungsansätze ausgewählt und dosiert werden. Von der Führung her stellen die einzelnen Kräftepole folgende Anforderungen:

Individuum:

— Fähigkeitsentfaltung und mehr Freiraum für den einzelnen, Ausräumen von Hindernissen und Dissonanzen.

Soz. System:

— Wandel im Zusammenspiel der einzelnen im Sinne höherer Systemreife, Nutzung des Multiplikatoreffektes sozialer Systeme.

Ordnung:

— Eine Ordnungsstruktur, welche die Zwiespältigkeiten der ersten beiden Erfordernisse integriert.

Es gibt nur wenige Führungsansätze, die ausschließlich innovativ genutzt werden, wie etwa Kreativitätstechniken oder Methoden zur Entscheidung bei hohen Risiken. Wie sich mit einem Bleistift ebenso eine Personalbeurteilung wie ein Portrait zeichnen läßt, so kommt es auch bei den Führungsansätzen darauf an, wer das gewohnte Werkzeug handhabt und mit welcher Absicht dies geschieht.

124

Der folgende Überblick der Führungsansätze sieht deshalb nach didaktischen Gesichtspunkten vier Kategorien vor. Die Ausführungen beschränken sich auf Ansätze, die in der praktischen Arbeit eine Rolle spielen:

Konzeptionell: Sie geben den Systembeziehungen ihre Richtung und pegeln das Niveau des Kräftedreiecks ein.

Strukturell: Sie beschäftigen sich mit dem organisatorischen Muster, den Arbeitsabläufen, der Kommunikation, der Bildung von Gruppen und geben Antwort auf Fragen nach Autorität, Verantwortung, Befugnissen u.ä.m.

Instrumentell: Es handelt sich um technische und methodische Ansätze, also 'Handwerkszeug' wie Netzpläne, Erfahrungskurven, Optimierungsprinzipien, Konkurrenzanalysen usw.

Personenbezogen: Sie helfen die Umorientierungsproblematik menschlich zu bewältigen und haben Verhaltensänderungen von Personen und Gruppen zum Thema.

6.1 Konzeptbildende Ansätze

Ein Innovationsprozeß beginnt mit dem 'Konzipieren', d.h. dem Abwägen von Möglichkeiten und Beschränkungen in der Zukunft. Das gilt ebenso für die Gründung eines Unternehmens wie für ein Projekt, das den Anpassungsbereich überschreitet. Werden die neuen Konzeptionen nicht hinreichend mit der Wirklichkeit konfrontiert, kommt es zu illusionärem Scheindenken und/oder zum 'Durchsetzen' der eigenen Vorstellungen, d.h. also zu keiner innovativen Entwicklung, sondern einem gewaltsamen Verändern. Solange die neue Konzeption lediglich im Wahrnehmen und Denken verankert ist, befindet sie sich noch in der Peripherie des Systems, die Menschen sind noch nicht wirklich mit ihr verbunden. Der Wandel muß noch als wünschenswert erlebt werden. Dies wird bereits mit der strategischen Zielsetzung eingeleitet und durch die operative Planung und weitere Führungsansätze systematisch vertieft.

Firmenkonzeptionen sind Hypothesen von der Bezugswelt, entwerfen ein Zukunftsbild und gestalten den unternehmerischen Aktionsraum. Aus tragenden Ideen werden richtungsweisende Willenserklärungen. In das Unternehmen hinein wirken sie motivierend, integrierend und sinngebend; dem Außenbetrachter vermitteln sie Profil und Image des Unternehmens, (also jenes 'Vorurteil', das an die Stelle unzureichender Sach-Information tritt).

Unternehmens-Konzeptionen stellen die Entwicklungswilligkeit ein. Es ist schon ein Unterschied, ob die Leistung eines Unternehmens

— auf Wunschziele ausgerichtet wird, also etwa auf Wachstumsziele, die keinen Bezug zur Lebensphasenverteilung des Sortiments, zum Marktwachstum ect. haben,

— die Zukunft als Extrapolation der Vergangenheit erwartet wird,

— man so sein will wie die Konkurrenz,

— oder man sich an einem strategischen Soll mißt, das aus einer sauberen Analyse aufgebaut wurde und innovativen Einfluß auf die Gesamtentwicklung anstrebt.

Konzeptionen vermögen beim einzelnen wie in Systemen Kräfte, Fähigkeiten und Eigenschaften anzuregen, die zuvor nicht vorstellbar waren. Ein klassisches Beispiel dafür ist die Einführung der liberalen Marktwirtschaft durch L. Erhard. Wie jeder Innovator hatte auch er sich mit Widerständen wie 'Alles schon dagewesen' oder 'Wir müssen realistisch bleiben und die Menschen nehmen, wie sie sind' auseinanderzusetzen. Richtig ist, daß Innovationen schon aus Risikogründen überwiegend aus neuartigen Verknüpfungen bekannter Elemente bestehen; im Extrem stimmt nur das Timing zum ersten Mal, aber das gibt den Ausschlag. Richtig ist auch, daß die organischen und psychischen Merkmale des Menschen vorgegeben sind. Doch die Vielfalt an 'Verknüpfungsmöglichkeiten' z.B. zwischen Einstellung und Verhalten (4.73) macht den Menschen entwicklungsfähig; außerdem kann er ungenutzte Fähigkeiten einsetzen und Erfahrungen kumulieren; schließlich besitzt er noch die Gabe zum schöpferischen, originären Gestalten.

Auch projektspezifische Konzeptionen müssen die Konsequenzen auf das Gesamtsystem schon aus Gründen der Vollständigkeit und Widerspruchsfreiheit der eigenen Planung berücksichtigen. Dies ist schwierig, da es sich bei Innovationen um Übergangsprobleme ohne Lösungsvorbilder in mehr oder weniger offenen Systemen handelt. Die betriebliche Konzeptbildung enthält deshalb, ob ausgewiesen oder nicht, auch gesellschaftliche Vorstellungen.

Gute Konzeptionen führen zu systemausgewogener Resonanz, schlechte Konzeptionen verändern Symptome auf Kosten der Gesamtstabilität. Richtig erarbeitete und formulierte Konzeptionen sind eine ständige innovative Herausforderung und ein Katalysator für Verhalten und intellektuelle Disziplin. Vergessen wir nicht, daß fehlende Orientierungsmöglichkeit Unsicherheit und Frustration nachzieht. Wenn deshalb ohne fundierte Richtmarken innovatives Gelände betreten wird, werden solange willkürliche Maßstäbe gesetzt, bis man sich nicht mehr bedroht fühlt, das führt aber unweigerlich in Scheinlösungen.

126

Eine gut formulierte Konzeption sollte:

— klar, verständlich, ehrlich, motivierend und für jeden davon Betroffenen realisierbar sein,
— Fähigkeit und Wille der Mitarbeiter berücksichtigen,
— rechtzeitig jedem Betroffenen bekannt werden,
— strategischen Alternativen zugänglich sein,
— überprüfbar und vorlebbar sein,
— langfristig gültig bleiben (Größenordnung Lebenszyklus).

Zu den u n t e r n e h m e n s s p e z i f i s c h e n Konzeptionen zählen:

— Führungsgrundsätze,
— Unternehmenszweck,
— Strategische Zielplanung.

In F ü h r u n s g r u n d s ä t z e n tritt die gesellschaftliche Verantwortung und
die transzendentale Substanz der Unternehmensverantwortlichen besonders deutlich zutage; Handlungsmaxime drücken aus, auf was es einem letztlich ankommt
und worauf man sich auch bei Ungewissheit verläßt.

Der U n t e r n e h m e n s z w e c k projeziert den eigenen Gestaltungsdrang auf
die Bezugswelt und steckt dort sein Tätigkeitsfeld ab. Seine Kraft kann über Gene-
rationen erhalten bleiben.

Die s t r a t e g i s c h e Z i e l p l a n u n g weist dem innovativem Bemühen die
Richtung unter Berücksichtigung der Dynamik der gewählten Bezugswelt (Operative Planung siehe 6.3) und dem angestrebten Wandel des eigenen Systems. Die
strategische Planungsspanne beträgt z. B. bei IBM 7 Jahre, die operative 2 Jahre; die
Jahresplanung ist dabei eine verpflichtende Zielübereinkunft.

Beispiele:

Führungsgrundsätze

*Eine japanische Weltfirma nennt ihre Führungsgrundsätze ausdrücklich innovations-
orientiert:*

— *Zum Fortschritt und der Wohlfahrt der Gemeinschaft beitragen,*
— *Fair und gerecht handeln, um andere und sich respektieren zu können,*
— *In Vertrauen und Verantwortung zusammenarbeiten (sonst bleiben auch talen-
  tierte Menschen eine disziplinlose Horde),*
— *Kybernetisch denken und sich auf das Gemeinsame im Verschiedenen konzen-
  trieren; das 'Warum' hat Vorfahrt vor dem 'Wie',*
— *Anerkennung und Selbstentfaltung in den Dienst des Fortschritts stellen,*

— Die Rechte anderer achten; bescheiden, freundlich und dankbar sein,
— Im Wandel nach Harmonie und Ausgewogenheit trachten.

Die Führungsrichtlinien von BBC Mannheim beschreiben Führungsgrundsätze und Unternehmenszweck. Hier ein Auszug, der einen Eindruck von der ausgeprägt innovativen Einstellung dieser Unternehmensführung vermittelt:

Zielsetzung und unternehmerische Aufgabe:

Übergeordnetes Ziel ist es, unsere Existenz in der gegebenen Wirtschaftsordnung zu sichern durch Erwirtschaftung angemessener Gewinne und der erforderlichen Liquidität. Sie sind unabdingbare Voraussetzung für Krisenfestigkeit, Leistungsfähigkeit und Schritthalten mit dem Fortschritt.

Jedem Geschäftsbereich, der im harten Wettbewerb rentabel arbeiten will, muß es gelingen,

— eine zusammenarbeitswillige Mannschaft von loyalen, fähigen, verantwortungsbewußten und ideenreichen Mitarbeitern aufzubauen,

— ein auf die heutigen und die kommenden Marktbedürfnisse optimal abgestimmtes Angebot von technischen Leistungen und Erzeugnissen zu entwickeln,

— Die Marktgängigkeit, Qualität und Gebrauchstauglichkeit seiner gewinnbringenden Erzeugnisse zu optimieren, Erzeugnisse ohne Zukunftschancen dagegen auszumerzen,

— neue und zukunftsträchtige Märkte zu erschließen,

— eine stets wachsende Zahl potenter, zahlungsfähiger und wachstumsintensiver Kunden zu gewinnen und zufrieden zu stellen,

— alle gebotenen Möglichkeiten zur Produktivitätssteigerung sowie zur Verbesserung der Wirtschaftlichkeit in allen Funktionsbereichen konsequent zu nutzen,

— möglichst preisgünstige, leistungsfähige, zuverlässige und fortschrittliche Zulieferanten heranzuziehen,

— die Gesamtheit dieser Aufgaben mit sparsamem Geldaufwand für alle Anlagen, Vorräte und Forderungen zu lösen,

*— und — last not least — für seine Leistungen und Erzeugnisse Preise zu erzielen,
die das eingesetzte Kapital angemessen zu verzinsen gestatten.*

Sicherung hoher Effizienz:

*Der Erfolg jedes Geschäftsbereiches hängt entscheidend von dem Tempo und dem
Wirkungsgrad ab, mit dem seine Funktionsbereiche die ihnen obliegenden Aufgaben
lösen.*

*Voraussetzung für den Erfolg ist ferner, daß alle Mitarbeiter ständig aus eigener In-
itiative nach Verbesserung, Leistungssteigerung und optimaler Wirtschaftlichkeit
streben.*

Das läßt sich durch eine Personalführung erreichen,
*— die die Mitarbeiter aller Grade davon überzeugt, daß sie auch ihren eigenen
Interessen am besten dienen, wenn sie sich nach Kräften für die Verwirklichung
der Unternehmensziele einsetzen, indem sie*
*— ihre Bereitschaft zum selbstständigen, konstruktiven und verantwortungsbe-
wußten Mitdenken und Mithandeln, zur Zusammenarbeit und zur gegenseitigen Beratung mobilisiert und wachhält.*
Das läßt sich durch eine Organisation erreichen,
*— die im Wege der Delegation qualifizierte Mitarbeiter von allen Aufgaben ent-
lastet, die weniger qualifizierte zufriedenstellend lösen können,*
*— die jeden Mitarbeiter voll einsetzt und ihm einen zumutbaren Umfang von Auf-
gaben zumißt, die seinen Fähigkeiten entsprechen,
und*
*— die eine lückenlose, überschneidungsfreie und termingerechte Erledigung aller
notwendigen Aufgaben durch die Mitarbeiter gewährleistet.*

Planung und Erfolgskontrolle

*Der zielstrebige und weitsichtige Geschäftsbereichsleiter verschafft sich stets vor
dem Start Klarheit darüber,*

— welche Ziele,
— auf welchen Wegen, sprich: mit welchen Maßnahmen,
— mit welchem Einsatz,
— in welcher Zeit und
— gegebenenfalls in welchen Etappen

erreicht werden sollen. Erst dann trifft er wichtige Entscheidungen.

Das Instrument, das ihm diese Klarheit verschafft, ist die vorausschauende Planung. Die koordiniert alle Zielvorstellungen und Mitteleinsätze sowie die sich hieraus für alle Funktionen des Geschäftsbereiches ergebenden Aufgaben. Sie steckt einen ziel-konformen Entscheidungsrahmen ab und hilft weitgehend, kostspielige Entschei-dungsfehler zu verhindern.

Der verabschiedete Plan ist das Instrument, das den Geschäftsbereichsleiter in die Lage versetzt, den Geschäftsablauf hinsichtlich der Erfüllung der kurzfristigen wie der langfristigen Ziele zu steuern und zu überwachen. Es ist aber erforderlich, daß Soll- und Ist-Zustand laufend überwacht und gegebenenfalls angepaßt werden.

6.2 Strukturierende Ansätze

Organisatorische Strukturen überleben gerne die Probleme, für die sie geschaffen waren; daran ändert auch die Tatsache nichts, daß es selten ein Organigramm gibt, dessen Personennamen noch stimmen. Fortschrittliche Organisationen, die bereits die Matrix-Struktur (Produktvertikale und Funktionshorizontale) um geografische Operationsgebiete erweitert hatten, sind deshalb schon dazu übergegangen, als 'vierte Dimension' die Zeit einzuführen, d.h. sie bejahen bewußt die Entwicklung ihrer Struktur über der Zeit (Dow Corning). Würde eine solche Firma auch noch An-lagen bauen, käme mit der Projekt-Organisation eine fünfte Strukturdimension hinzu.

Die strukturellen Anforderungen verschieben sich im Zuge des Innovationsprozes-ses, insbesondere bei den Phasenübergängen. H. Meffert und Shepard weisen vor allem auf das 'organisatorische Dilemma' zwischen der Innovationsbildung (Phase 1 und 2) und Innovationsdurchsetzung (Phase 3) hin (Abb. umseitig).

Je unsicherer und unselbständiger die Mitarbeiter sind, um so höher ist ihr Bedürfnis nach Strukturierung und um so größer sind ihre Widerstände gegen Umstrukturier-ungen. Je turbulenter die Entwicklung ist, um so größer wird deshalb die struktu-rierende Bedeutung konzeptioneller Ordnungsprinzipien insbesondere für die akti-ven Innovatoren; den passiven Innovatoren kann durch Strukturierung des Gelän-des, welches durch den Einsatz der aktiven Innovatoren bereits sicherer geworden ist, Rückhalt im subjektiven Neuland gegeben werden.

Über die wachsende Notwendigkeit, operatives und innovatives Management struk-turell voneinander abzugrenzen, wurde bereits unter 4.6 gesprochen. Das typische strukturelle Anforderungs-Mix von Fertigung, Entwicklung und Montage eines Ma-schinenbauers sieht wie folgt aus:

130

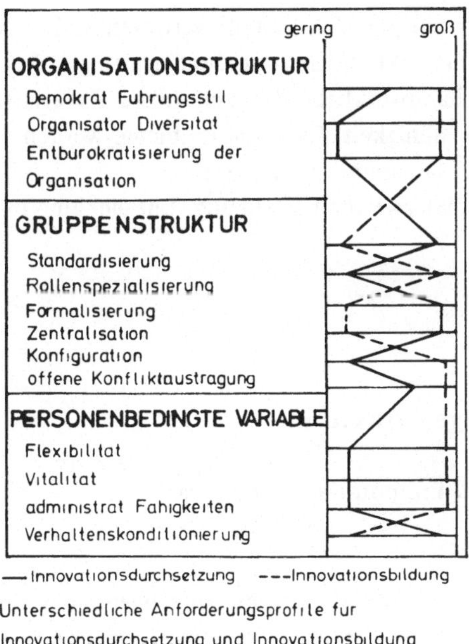

Abb. 17: Unterschiedliche Anordnungsprofile

Das Ergebnis der F e r t i g u n g ist gegenständlich und lagerbar, also räumlich wie zeitlich von der produzierenden Organisation trennbar. Die Struktur ist deshalb ausgerichtet auf die Sicherung und Überwachung der Produktivität und des Prozeßablaufes, ist eng reglementiert und erhält kurzfristige Aufgabenstellungen, die überwiegend mit automatisierten Wahlakten zu bewältigen sind. Interne Probleme können von Endprodukt ferngehalten werden; es verläßt die Organisation in ihrer Basis. Zwischen dem Kunden und der Organisation liegt ein anonymer Markt und/oder eine Vertriebsorganisation.

Das Ergebnis der Entwicklung ist immateriell, es sind Gedanken und Grundsatzlösungen, die persönlich vertreten werden müssen. Es ist schwierig, im voraus Ergebnis und Aufwand zu präzisieren. Die Aufgabenstellung ist langfristig. Erstmaligkeit und Kreativität beeinträchtigen die 'Produktion', die Organisationsstruktur läßt innovative Teilentscheidungen zu, verstärkt und selektiert sie, bis das Endprodukt 'oben' herauskommt, die hierarchische Pyramide ist sehr flach. Direkte Bezugselemente der Umwelt sind Wissenschaft und Technologie; Vertrieb und Fertigung kommen mit regelnden Steuerimpulsen aus ihrem eigenen Umweltbezug hinzu.

Das Ergebnis der M o n t a g e -Abteilungen ist gegenständlich, terminiert und nicht von ihrer Organisation zu trennen. Diese dient der Überwachung von Prozeß und Endqualität, die Aufgabe bewegt sich zwischen Routine und Anpassung im Rahmen normierter Teilentscheidungen. Andererseits verlangt der Außeneinsatz die Fähigkeit, die Firmen-Usancen auf sich gestellt vertreten zu können. Interne Probleme können weder vom Produkt, noch vom Kunden ferngehalten werden. Maßgebend für die Effizienz sind handwerkliche Fachkenntnisse, Zuverlässigkeit, Service-Mentalität und Kooperationsfähigkeit. Einfache Probleme werden von der Basis, schwierige von der Spitze der Organisation behandelt.

Auf das Zusammenspiel zwischen Fertigung, Entwicklung und Vertrieb geht Fallbeispiel 8.1 näher ein.

6.21 Innovative Eigenstrukturen

6.211 Der Innovations-Promotor aus der Firma

'Change manager' ist im amerikanischen Sprachgebrauch ein aktiv innovierender Disziplinarvorgesetzter in Ergebnis-Verantwortung. Die Aufgabenstellung des 'change agent' variiert dagegen vom Ideenlieferanten bis zum temporären Produkt- oder Projekt-Manager in Durchführungsverantwortung; der 'change agent' wird also zeitweilig ein 'Element des Systems', er kann aus anderen Bereichen kommen oder Firmenfremder sein.

Der Top-Manager als Innovations-Promotor

Wenn der 'Chef' eine Diskrepanz zwischen dem 'Ist' und seinen Vorstellungen vom 'Soll' sieht, dann besteht die Gefahr, daß er die Ursache zu kennen glaubt, als aktiver Mann rasch Ergebnisse sehen will und deshalb versucht, die eigenen Lösungen durchzudrücken. Es werden eine Reihe von Aktivitäten angestoßen, doch nach einiger Zeit ist die Angelegenheit versandet, häufig weil die angesprochenen Mitarbeiter sich in Detailfragen kompetent, aber nicht berücksichtigt fühlen. Andererseits ist Rückhalt in der hierarchischen Spitze für alle Innovationen unerläßlich, da sie meist in andere Bereiche ausstrahlen, also auf übergeordneter Ebene koordiniert werden müssen. Saubere Kompetenznähte und ausreichende Information sind Prämissen, die das Top-Management sicherstellen muß. Aber letztlich funktioniert kein Betrieb ohne eine gewisse Disziplinierung, die eingreifen muß, sobald menschliche Unvollkommenheit Zusammenspiel und System gefährden (vgl. 4.33).

Der mittlere Linienvorgesetzte als Innovations-Promotor

Viele Innovationen nehmen hier ihren Ausgang, auch solche, die letztlich die Zukunft der gesamten Firma gestalten. Oft steckt dahinter ein Fach/Macht-Promotorengespann (vgl. S. 49), das sich spontan an einer bestimmten Aufgabe gebildet hat.

Dazu der Fall eines schwierigen Problems entgangener Erträge. Es bestand genug Autonomie, um Wege gehen zu können, die nicht mit der Firmentradition übereinstimmten. Die Geschäftsführung war darüber nicht glücklich, verwehrte aber ihren Rückhalt nicht aus Gründen des allgemeinen Führungskonzeptes und des persönlichen Vertrauens zu den Promotoren, allerdings mit der Einschränkung einer ersten begrenzten Teileinführung. Das Firmenklima war gesund genug, den Fortschritt der neuen Lösung anzuerkennen und sich dann später selbst als neues Soll vorzugeben. Die innovativen Auswirkungen gingen weit über das ursprüngliche Projektziel hinaus.

Der Leiter eines Funktionsbereiches als Innovations-Promotor

Einblick in mehrere Ressorts und Distanz zur Dringlichkeit des Tagesgeschäftes sind eine gute Voraussetzung zur Ansiedlung innovativer Führungstalente in horizontaler Mitverantwortung. Freilich können sich diese in einem dirigistischen Klima, das Einfluß mit Macht gleichsetzt, nicht entfalten. In einem kooperativen Klima hat der Funktionsverantwortliche jedoch bemerkenswerte Innovationsmöglichkeiten, vor allem wenn er Linienpraxis besitzt und über seine Fachgrenzen hinausschaut. Er muß allerdings Prozeßpromotor-Qualitäten haben (menschliche Reife, kooperativ, firmen- und zukunftsorientiert, aktiv, prozeß- und systembewußt).

Es kann auch ein auf Abruf bereitstehender 'interner Innovations-Katalysator' sein. Einem solchen ist Zugang zu jedem Teil der Organisation einzuräumen und jeder kann sich umgehend mit der Bitte um Assistenz an ihn wenden. Die Personalisierung hat bei innovativen Aufgabenstellungen Vorteile gegenüber einer anonymen, dienstweggebundenen Organisationsabteilung.

Ein zukunftsweisender Ansatz besteht darin, die Aufgabe der Personalabteilung anzureichern. Im technokratischen Konzept war der Mensch ein Produktionsfaktor, den es wie eine — allerdings empfindliche — Maschine richtig aufzustellen, anzutreiben und zu warten galt (Arbeitsplatzgestaltung, Entlohnung, Sozialwesen). Beim Innovieren rangiert das menschliche Fähigkeits-Kapital gleichrangig neben dem Geld- oder Sachkapital. Ein anderer Ansatz wertet die Unternehmensplanung zum innovativen Gralshüter des Unternehmens auf.

Das Anheben des Fähigkeitsniveaus ist im übrigen nicht nur ein innerbetriebliches Anliegen, es gewinnt neben den traditionellen Leistungströmen der hard- und soft -ware insbesondere bei neuen Technologien (Umweltschutz) und unterschiedlichem Entwicklungsniveau (Märkte der dritten Welt) zunehmend die Gestalt eines weiteren Leistungsstromes (Entwicklungshilfe). Der kulturelle Boden muß gleichsam für die Aufnahme der gewünschten Produkte und Dienstleistungen vorbereitet bzw. das eigene System auf die ungewohnten Anforderungen eingestellt werden. Es ist deshalb nur konsequent, wenn in der Industrie die Personalabteilung mit ihren pädagogischen und sozialpsychologischen Fachkenntnissen zunehmend als Ratgeber, Katalysator und auch als Promotor zu Innovationsvorhaben zugezogen wird.

6.212 Projekt-Management

Es wird bei komplexen Aufgaben von begrenzter Dauer und gewisser Einmaligkeit angewendet, denen die klassische Stab-Linien-Organisation nicht gewachsen wäre, die aber auch nicht in eine Matrix-Organisation passen. Das Projekt-Management bietet außerdem personelle Kontinuität über verschiedenen Phasen hinweg.

Das Integrations-Spektrum des Projekt-Managements reicht vom individuellen Stabskoordinator bis zur T a s k   f o r c e , die eine aus der bestehenden Organisation herausgelöste, parallele Linienorganisation bei sehr großen Projekten von langer Dauer darstellt. Die Mehrzahl der Projekte bedarf eines weniger aufwendigen und anpassungsfähigeren Integrationskonzeptes als es die task force darstellt.

Der S t a b s k o o r d i n a t o r hat keine Anweisungsbefugnis, sein Einfluß hängt von seinem persönlichen Einfluß ab; er regt an, koordiniert und überwacht Termine, übergeordnete Technikkonzepte, Informationsflüsse, Prioritäten, plant und berät. Für das Erreichen der zu erbringenden Leistung (Projektziel) sowie das Einhalten der Kosten und Termine kann er folglich nicht verantwortlich gemacht werden.

Bei der 's t a f f - p r o j e c t' - O r g a n i s a t i o n steht dem Projektleiter ein Mitarbeiterstab zur Verfügung, der durch Vorgabe von projekt-spezifischen Eckdaten in die Instanzenstruktur hineinwirkt (z.B. Termine, Prioritäten, Abgrenzungen, Verknüpfungen, meßbare Zwischenziele, Kosten, Standards, Kennzeichnungen), deren Einhaltung kontrolliert und Abweichungen überwacht.

In einer erweiterten Form stellen die Fachabteilungen solche Mitarbeiter ab, die sowieso voll am Projekt arbeiten und/oder übertragen gleichzeitig einzelne H a u p t -f u n k t i o n e n (z.B. die übergeordnete technische Systemplanung). Die so abgestellten Mitarbeiter bilden vielfach mit dem eigentlichen Projektleiter als 'Fachprojekt-Leiter' eine Projektleitung; über diese Mitarbeiter erhält der Projektleiter Weisungsbefugnis, disziplinarisch bleiben sie aber ihrer Fachabteilung zugeordnet.
Ein räumliches Zusammensetzen erleichtert spürbar die Kommunikation, Stellvertreterprobleme, Bildung eines Team-Geistes und andere Integrationsanforderungen. (Wer meint, das Großraumbüro bringe dies sowieso, der irrt. Die Stellwände mancher Großraumbüros sind undurchdringlicher als die gemauerten Wände herkömmlicher Einzelbüros. Hier zeigt sich wieder, daß nicht das Mittel, sondern die Handhabung den Ausschlag gibt.)

Der Projekt-Leiter hat Durchführungsverantwortung, die Richtdaten des Projektes (Spezifikation,Mittel, Frist) zwängen ihm — im Gegensatz zum profit center — keinen Blickwinkel auf, der auf das Gesamtunternehmen bezogen, Fehlentscheidungen provoziert. Zusammenstöße, Willkür und Reibungsverluste lassen sich an den Kompetenzkreuzungen von Projekt- und Linienverantwortung allerdings nur bei angemessener sozialer Reife aller Beteiligten in vertretbaren Grenzen halten.

Vorfahrtsregeln reichen nicht, vielmehr muß konzeptionelles Denken im Stande sein, aus der Bandbreite der möglichen Verhaltensweisen jenes Handeln und Unterlassen auszuwählen, das der Projektzielsetzung am besten dient. Dafür sind die Teilnehmer im Sinne eines Einstehens für die Konsequenzen ihrer aktiven oder unterlassenen Einflußnahme verantwortlich, allerdings nicht in ausschließlicher Verantwortung, sondern im Sinne einer 'Mit-Verantwortung' (nicht 'Kollektiv-Verantwortung' und nicht Mit-Bestimmung – vgl. 6.49).

Ganz allgemein hat die Projektleitung einen stärkeren Einfluß auf das 'Was' und 'Wann', die Linieninstanzen auf Fragen des 'Wie'. Da es weder möglich noch sinnvoll ist, Interessengegensätze zu vermeiden, sind zwischenmenschliche Konfliktsituationen der ständige Begleiter, Stimulator und Motivator einer Projektleitung. Wertkonflikte sollten jedoch tunlichst vermieden werden.

Die Wirksamkeit des Projektmanagements wird gestützt durch organisatorische Maßnahmen (hierarchische Einstufung; Abstimmung von Umfang und Kompetenzen mit Zielen; räumliche Zuordnung), den Einsatz wirksamer Kontrollinstrumente (aktuelle, vollständige Kostentransparenz; Netzplantechnik; sensible Information by exception) sowie die Standardisierung von Arbeits- und Anlagen-Paketen.

6.213 Einsatz von Gruppen

Gruppen können als Ideen-Multiplikator (z. B. Kreativ-Gruppen), zur Wahrung von Kontinuität (z.B. Lotsen-Gruppe), zum Ausgleich unterschiedlicher Interessen (z.B. Produkt-Ausschuß) und auf andere Ziele zugeschnitten werden (Erfahrungs-Kumulation), die von den vorhandenen Strukturen nur unvollkommen erfüllbar, aber innovativ wichtig sind.

Kreativ-Gruppen

Ausschöpfen des vorhandenen Innovations-Potentials verlangt, daß auch die 'Normalkreativen' ihr Wissen bei der Suche nach neuen Ideen und Lösungen beisteuern, d.h. daß ihre innovativen Fähigkeiten freigelegt sowie verbessert werden. Das Feld solcher gruppendynamischer Ansätze ist weit und reicht von der Anregung der Phantasie und Intuition bis zur systematischen Ideenplanung. Hier eine bescheidene Auswahl davon in Anlehnung an eine Studie des Battelle-Institutes:

A   Brainstorming und seine Abwandlungen.

   Nach unserer Meinung eher Ventil und Selbstreproduktion als innovativ; Quantität geht vor Qualität, Für ersten Überblick bei konkreter Fragestellung geeignet.

B   Brainwriting-Methoden

Am bekanntesten ist das Ideen-Delphi. Eine Auswahl der ersten individuellen
Lösungsansätze wird in einer zweiten Runde den Beteiligten als Anregung und
Korrektur vorgelegt; in einer 3. Runde wird das Ergebnis der beiden ersten
Runden bewertet. Geeignet für Such- und Analysenprobleme mit Fachleuten,
die das Problem genau kennen.

C   Methoden der schöpferischen Orientierung

Bionik: Suche nach Analogien in anderen Disziplinen (z. B. Technik sucht in
    Biologie)

Lösungssuche nach heuristischen Prinzipien: Auflistung von Checkfragen zur
    Einkreisung von Konstellations-Problemen. Läßt sich durch Zufügen,
    Weglassen, Seitenverkehren oder Kombinieren eine Lösung finden?

Suchfeld-Auflockerung durch sprachliche Umformung, grafische Darstellungen,
    Betrachtung aus der Sicht verschiedener Positionen u.a.m. Diese Ar-
    beitsunterlage bedient sich verschiedentlich heuristischer Prinzipien
    und Auflockerungs-Impulse.

D   Methoden der schöpferischen Konfrontation

Klassische Synektik (5 - 7 Personen bis zu 2 Stunden): Der unbewußt ablau-
    fende kreative Prozeß soll bewußt simuliert werden.

Synektische Konferenz (5 - 7 Personen): Im freien Gespräch wird ein Diskus-
    sionsstil praktiziert, der die Lösungsfindung über Analogien betont.

E   Lösungsfindung durch systematische Strukturierung:

— Ablaufanalyse:
Analyse der Informationsflüsse und Verfahrensabläufe, um die Schwachstellen
bzw. Dissonanzen erkennen und Lösungen entwickeln zu können.

— Problemlösungsbaum:
Von den übergeordneten Lösungsaspekten zu den untergeordneten forschrei-
tend wird das Problem stufenweise nach Alternativen zerlegt.

— Problemfelddarstellung:
Um ein Problem in seiner ganzen Ausdehnung zu erfassen, ohne die Übersicht
zu verlieren, beschränkt sich die Methode auf die Wahl und Darstellung eines
vereinfachenden Modells.

— Funktionsanalyse:
Das Problem wird funktional und 'leitbildhaft' formuliert (z.B. Staubsauger =
Staub lösen, entfernen, sammeln und vernichten). Für jede Funktion werden
Träger zusammengestellt und diese dann optimal kombiniert.

Alle unter E erwähnten Methoden sind in diesem Buch verwendet und sowohl
individuell wie in der Gruppe anwendbar.

F   Methoden der systematischen Problemspezifizierung:

—   Progressive Abstraktion:
     Das Problem wird in immer größeren und grundsätzlicheren Zusammenhängen
     betrachtet. Auf den einzelnen Abstraktionsebenen werden Lösungsansätze ge-
     sucht. Innovationen sind hierauf angewiesen. Institutionalisiert haben sich
     Gruppen von 4 bis 7 Personen zur Bewältigung nicht eindeutig definierter Pro-
     bleme am besten bewährt.

—   Epistemologische Analyse:
     Um aus komplexen Problemen die entscheidenden Fragestellungen herauszufin-
     den, werden systematisch die Problem-Hintergründe analysiert.

Koordinationsgruppen

Aus ihrer Nähe zur Unternehmensspitze leiten sie Macht-Autorität ab.
Sie werden wie folgt angesetzt:

Koordinationsgruppen	Fachorientierung	Fach- und Macht-orientierung
Beibehaltung der hierarchischen Ordnung	—	Konzept über-lappender Gruppen
Überspringen hierarchischer Bindungen	Innovations- od. Produkt ausschüsse	Gruppenkoordi-nierungskonzept

Vor allem in mittleren Betrieben bedient man sich gerne der Innovations- oder Pro-
dukt-Ausschüsse. Dabei besteht Gefahr, daß fachlicher Perfektionismus innovative
Ansätze verkümmern läßt oder ein starker Mann sich auf diesem Umwege Einfluß in
das Ressort seines Kollegen verschaffen will, ohne diesem umgekehrt Einblick gewähren zu müssen.

Unstrukturiert kommt es zu jener Art von Interessenkompromissen, bei denen jeder
nur sieht, was er geben mußte und — entgegen der formalen Abmachung — informal
seine ursprünglichen Interessen weiterverfolgt. (Organisation ist nicht das, was ange-
ordnet wird, sondern was man sich erlaubt.)

Die praktische Bedeutung des Überlappens der Gruppen, also einer Kette von
Doppelmitgliedschaften, sorgt für eine Intensivierung innovativer Basis-Kommuni-
kation. Als Beispiel diene die Sortimentsbereinigung:

In dynamischen Märkten ist die Sortimentsbereinigung von vergleichbarer innovativer Bedeutung wie die Durchführung neuer Lösungen. Auch Gärtner beschneiden
ihre Bäume, um sie ertragfähiger zu machen. Vielerorts fehlt es an systematischen
Verfahren dazu. Bewährt hat sich zur Sortimentsbereinigung ein periodisch tagen-

der Ausschuß auf hoher Ebene. Er kommt jährlich etwa zur gleichen Zeit zusammen, um die Auswahlkriterien zu aktualisieren und die schwachen Produkte selbst aufzuspüren und zu beurteilen, sowie schließlich einen Aktionsplan für die Eliminierung zu erstellen. An dem Ausschuß nehmen Führungskräfte teil aus den Funktionen: Marketing und Verkauf (Verbraucherbeziehungen, Wettbewerbsentwicklung etc.), Fertigung (Kapazitäts- und Bestandsprobleme), Entwicklung (Qualitätsverschiebungen, Ersatzprodukte), Rechnungswesen (Kosten, Cashflow-Auswirkung etc.) Personal (Wiederverwendung, Umsetzungen, 'Ur-Widerstand' etc.) und Einkauf (Fremdbezug, künftige Materialkosten etc.).

Der Ausschuß erhält bereits einen mittels eines Datenformulars ausgewählten 'Produktkandidaten' und erarbeitet seine Entscheidung dann stufenweise und systematisch aus, so daß wenig Platz für Politik bleibt. In innovativen Firmen wurde diese Aufgabenstellung vielfach noch um die laufende 'Bereinigung des Kundenstammes' erweitert. Das führte z.B. im Falle eines Textilkonzerns zu folgenden Zielsetzungen (vgl. 6.34) mit Auswahlkriterien: Breite, internationale Streuung hinsichtlich Produkt-, Kunden- und geografischer Umsatzstruktur, d.h.

- Produkt: Ausgewogenes Sortiment. Einzelne Produkte müssen jedoch mindesttens 5% des Gesamtumsatzes einer Division ausmachen, es sei denn, es handle sich um Innovativprodukte in der Anlaufphase. Keine Produkte aufnehmen, die nur im Inland gehen.

- Kunden: Großkunden forcieren, so daß 100% des Gesamtumsatzes in 3 Jahren mit 20% des heutigen Kundenstammes erzielt werden.

- Umsatz: Export ausweiten, so daß der Exportanteil des einzelnen Produktes — je nach Renditelage — bis auf 50% erhöht wird.

Koordinationsgruppen tragen auch im Sinne der Qualitätsverbesserung (8.4) Sorge dafür, daß z.B. in der software-Produktion von Anlagenbauern das Lehrgeld aus Erfahrungskurven voll zur Kostensenkung und zur Fähigkeitssteigerung der gesamten Organisation genutzt wird. Die Hinweise liefern Pannenbücher auf den Baustellen und Abweichungen von den geschätzten Kostenverläufen.

Das Gruppenkoordinierungs-Konzept darf bei umfassenden Innovationen keinesfalls außer Acht gelassen werden (z.B. Einführung eines MIS oder eines neuen Planungskonzeptes). Zu unterscheiden ist bei Einzel-Projekten zwischen einem während des gesamten Ablaufs bestehenden K o o r d i n i e r u n g s a u s s c h u ß, dem 'steering-committee' (autoritär hoch abgesichert, in der Zusammensetzung nicht unbedingt konstant und auch für Externe offen) und den A r b e i t s g r u p p e n, welche, aus Vertretern verschiedener Ebenen und Bereiche bestehend, vom Koordinierungsausschuß phasenweise eingesetzt oder ad hoc gebildet werden. In den Arbeitsgruppen werden auch Entscheidungen getroffen.

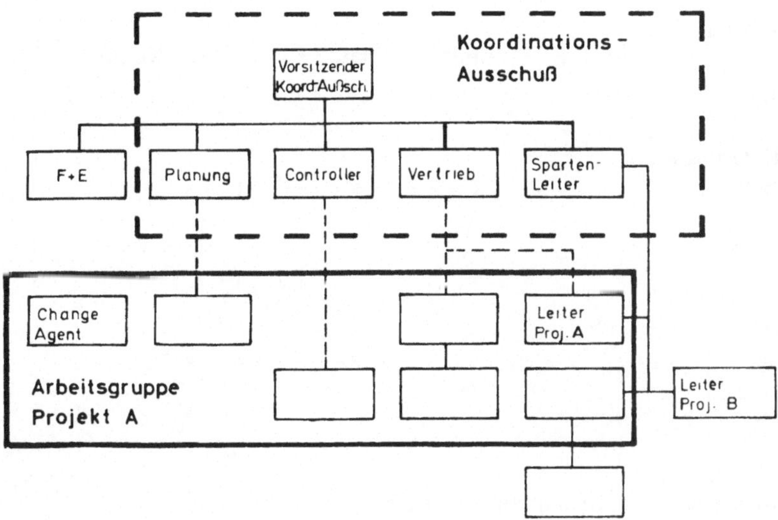

Abb. 18: Koordinierungsausschuß

Aufgabe des Koordinierungs-Ausschusses ist es:

— Direktiven für Feasibility-Studie auszugeben
— Feasibility-Studie überwachen und daran teilnehmen.
— Entscheiden, ob Projekt beginnen soll.
— Quantitative und qualitative Ziele erstellen.
— Investitionen genehmigen.
— Personal auswählen, frei stellen, Schulung arrangieren.
— Ad-hoc-teams durch Projekt-Leitung genehmigen.
— Innovation in die restliche Organisation hineintragen und dort fördern.
— Informations-Netz einrichten.
— Planung und Kontrollverfahren einrichten.
— Zeitplan authorisieren und unterstützen.
— Budgets prüfen und genehmigen.
— Prioritäten setzen und auswerten.
— Kalkulation und Risikoerfassung genehmigen.
— Leitbilder und strategische Zielsetzung mit Unternehmenszweck
    abstimmen und genehmigen.
— Planungsprozeß überwachen, Schwächen ausgleichen, operationelle Ziele
    genehmigen.
— Laufende Kontrolle des Fortschritts und des Erreichens der Meilensteine.
— Manöverkritik.

Der prinzipielle Aktivitätsplan, der sich im konkreten Fall bis zum Arbeitspaket herunterbrechen läßt, sieht so aus:

Aktivitätsplan:

Anstoß   Feasibility   Phase —1—2—3   Kommerzialisierung

Vorstand   x   x   x

Koordinierungs-
Ausschuß   x————————x————————x——x

Feasibility
Team   x

Projekt-
Leitung   x————————x——x

Arbeits-
teams   x   x

Strukturierung einer Kostenschätzungs-Gruppe:

Das Modell eines integrierten Projektplanungs- und Projektkontrollsystems macht den Einsatz von Spezialisten ratsam. Diese werden in einer Gruppe 'Kostenschätzung' zusammengefaßt. Ihre Hauptaufgabe besteht darin, dafür zu sorgen, daß einmal gemachte innovative Projekt-Erfahrungen in die tägliche Routine des Projektablaufes zurückfließen.

Die Gruppe 'Kostenschätzung' ist im Falle eines amerikanischen Anlagenbauers unterteilt in:

1)   Angebotsbearbeitung mit Angebotskalkulation
2)   Interne Aufträge, Projektkosten-Statusberichte,
     Zentrale Datenbank.

zu 1: Die Gruppe unterstützt den Projektleiter in der Angebots-Phase bei der Festlegung: der Projekt-Struktur, des Leistungs- und Lieferumfanges der Arbeitspakete, bei der Erarbeitung der Annahmen und Voraussetzungen für die Angebotserstellung und bei der Definition der Projekt-Risiken. Der Projektleiter stimmt mit der Linie diese Punkte ab und legt mit ihr die Mengen pro Arbeitspaket fest. (Tagewerke für Software-Arbeiten, DM-Werte für Hardware-Lieferung).

zu 2: Diese Gruppe ermittelt nach der Auftragserteilung in Abstimmung mit der Linie die endgültigen Vorgaben pro Arbeitspaket und erstellt die Internen Aufträge unterschriftsreif für den Projektleiter. Die Erstellung der Projektkosten-Statusberichte erfolgt unter Anleitung des Projektleiters durch diese Gruppe. Projektkosten-Statusberichte weisen aus:

   a) Entwicklung des Vertragspreises
   b) Soll-Ist-Vergleiche
   c) Übersicht über kritische Projekt-Punkte.

Daten zu a) liefert der kaufmännische Projektleiter. Monatliche Soll-Ist-Vergleiche liefert das Controlling. Kritische Projektpunkte werden nach Absprache mit der

Projektleitung und den Fachbereichen beschrieben und bewertet.
Die Berichterstattung pro Projekt erfolgt jeden 3. Monat.

Anfallende Ist-Werte abgelaufener Projekte werden von dieser Gruppe zu historischen Werten aufbereitet und in einer zentralen Datenbank gespeichert. Historische Werte werden eingesetzt bei Angebotsarbeiten und Plausibilitätsrechnungen laufender Projekte. Zugriff zur zentralen Datenbank haben alle Fachbereiche, die Projektleitung und das Controlling.

Beispiele:

Kostenschätzung bei Boeing

Kostenschätzungen und Angebotsarbeiten werden bei der Firma Boeing ausschließlich von Kostenschätzern des Bereichs Wirtschaft durchgeführt. Die Linienorganisation wird zwar auch für Angebotsarbeiten eingeschaltet, jedoch lediglich zur Kontrolle der o.a. Kostenschätzungen. Auch das Zusammenstellen der Angebote und die Vertragsverhandlungen werden von Kostenschätzern des Bereichs Wirtschaft durchgeführt.

Das Erstellen von EDV-Programmen zur Unterstützung der Kostenschätzer und die Ausbildung von Kostenschätzern obliegen dem Zentralbereich Wirtschaft der einzelnen Unternehmensbereiche. Der Zentralbereich Wirtschaft wartet und unterhält laufend mit 10 bis 15 Mitarbeitern eine Zentrale Datenbank, zu der alle Mitarbeiter aus den Kostenschätzungs- und Linienorganisationen der Unternehmensbereiche Zugriff haben.

Kostenschätzung bei North American Rockwell

Die Kostenschätzungen werden in den Linienorganisationen durchgeführt, diese aber von Kostenschätzern des Bereiches 'Contracts an Pricing' analysiert und überprüft.

Alle anderen Funktionen, wie Entwicklung von unterstützenden EDV-Programmen für Kostenschätzungen, Ausbildung von Kostenschätzern sowie laufende Unterhaltung der Datenbanken, liegen in der Verantwortung der 'Contracts and Pricing-Organisation' der einzelnen Unternehmensbereiche.

Die Lotsengruppe:

Die Lotsengruppe setzt sich aus Innovations-Promotoren und Meinungsführern aller hierarchischer Ebenen zusammen (Abb. umseitig). Die Lotsengruppe leitet den Fähigkeitszuwachs durch 'Zellteilung' (S. 60) im Unternehmenskörper ein. Ihre Ausstrahlungskraft muß spätestens verfügbar sein, sobald 'kognitive Dissonanzen' (vgl. 4.52) ein prozeßgefährdendes, destruktives Spannungsniveau annehmen können, also im allgemeinen zwischen der 2. und 3. Phase.

Die Lotsengruppe wird gerne von externen Innovations-Katalysatoren ins Leben gerufen, die sich für die Realisierung ihrer Beratung bzw. den Fortschritt des Innovationsprozesses mitverantwortlich fühlen. Es ist eine Vorsorge dafür, selbstkontrolliert und zieltreu in die Beherrschung der veränderten Anforderungen hineinzuwachsen. Unabdingbare Voraussetzung für diese Maßnahme ist ein gutes, vertrauensvolles Einvernehmen zwischen Klient und Berater, sie bilden zeitweilig ein gemeinsames System.

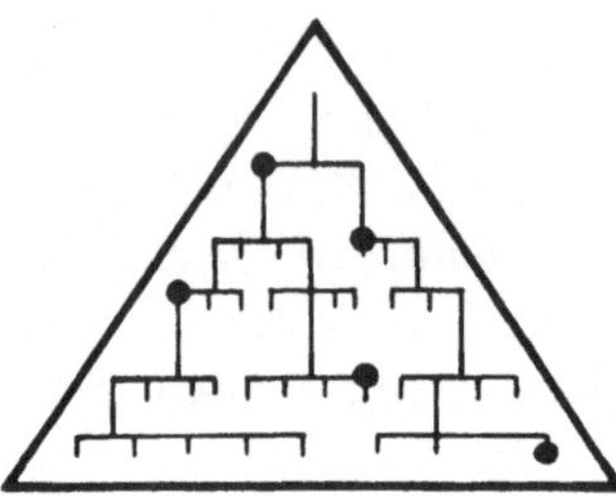

Abb. 19: Lotsengruppe

Die Lotsengruppe bildet keine Hierarchie neben der vorhandenen. Sie weist nicht
an, sondern regt Initiativen an, sie signalisiert, 'timt' und verfolgt den Fortschritt
des Prozesses mit Hilfe vorher gemeinsam festgelegter Kriterien. Die Lotsengruppe
arbeitet nur nach Spielregeln, die von den Unternehmensmitarbeitern vorgeschlagen
und akzeptiert sind.

Das 'Signalisieren' ihrer Botschaften erfolgt vornehmlich durch Fragestellung. Die
Frage hat bei der Führung von Innovationsprozessen eine vergleichbare Wirkung wie
der Auftrag im Management der Produktion. Durch Fragen weist man auf Probleme
hin, zwingt zum selbständigen Nachdenken und holt 'Such- und Entscheidungs-Produkte' heraus. Die Fragen müssen allerdings stützend gestellt werden, nicht suggestiv, ungeduldig oder geschlossen (nur Ja/Nein möglich).

6.22 Joint venture als innovative Struktur

Unter 'joint venture' wird jede Art des zwischenbetrieblichen Zusammengehens verstanden, die den Zweck verfolgt, durch Kombination der Stärken von zwei oder
mehr Partnern Aufgaben lösbar zu machen, welche im Alleingang nicht zu bewältigen wären. Joint ventures können den Charakter von Arbeitsgemeinschaften, Konsortien, Kooperationen oder Tochtergesellschaften annehmen, also projektgebun

den oder dauerhafter Natur sein. Solches Zusammengehen kann unterschiedliche Zwecke verfolgen. So hat die EG eine Liste der zwischenbetrieblichen Kooperationen erstellt, die Unternehmen in die Lage versetzen, rationeller zu arbeiten und ihre Leistungsfähigkeit auf einen größeren Markt einzustellen, ohne gegen die Wettbewerbsordnung zu verstoßen (s. Kooperationsfibel, Benisch).

Joint ventures können auch darauf ausgerichtet sein, Innovationsstärken zu integrieren und die Risiken einer gemeinsamen Innovation durch Erfahrungs-Kumulation tragbar zu machen. Im Auslandsgeschäft wird das besonders deutlich. Manche Märkte schreiben z.B. nationale Partnerschaften vor. In anderen wiederum sorgt die Filzokratie bzw. 'Amigowirtschaft' auch ohne gesetzliche Vorschriften dafür, daß nur jemand mit den richtigen lokalen Beziehungen den Auftrag bekommt. Zunehmend an Bedeutung gewinnen gerade bei Großprojekten Partner, die die Finanzierung beizustellen vermögen. Es geht also keineswegs nur um die klassische Kombination des Fertigungs- mit dem Verkaufs-know-how; auch Behördenbeziehungen, Finanzierung, Fachpersonal, Ausrüstung, Prozeßführungsfähigkeiten und alle anderen für den innovativen Erfolg kritischen, aber nicht ohne weiteres verfügbaren Faktoren können von joint-venture-Partnern eingebracht werden.

Umgekehrt wird leicht übersehen, daß einsatzbereite innovative Ergebnisse im eigenen Hause brachliegen bzw. verschwendet werden. Sie passen nicht mehr ins Konzept oder fielen gleichsam als Nebenprodukt anders gelagerter Bemühungen an.

Je stärker sich eine Firma mit innovativen Entwicklungen beschäftigt, um so wahrscheinlicher ist ein Innovationsüberschuß. In vielen Firmen würde es sich lohnen, dessen Verwertung systematisch zu betreiben und einem allein darauf angesetzten Manager mit profit-center-Verantwortung zu übertragen. Beispiele sind eine italienische Bankengruppe, die Datenverarbeitungs-know-how vertreibt, eine Brauerei, die mit Berlin Consulting Brau-Anlagen baut, Oetker mit einer Tochter-Gesellschaft für Weiterbildung und Projekt-Management.

Überall, dort, wo Problemlösungen brachliegen, läßt sich der innovative Vorsprung zur Stärkung der eigenen Kontinuität unmittelbar durch joint ventures, mittelbar aber auch durch Verkauf nutzen.

So handelt es sich denn auch bei der Mehrzahl der erfolgreichen joint-ventures im Inland mehr um das Ergebnis einer nüchternen Analyse technisch-kommerzieller Multiplikator-Chancen als um die Antwort auf Markt- bzw. Konkurrenzdruck. Doch hinter solchen Töchtern stehen 'Ehepartner' und die müssen auch zusammenpassen. Wenn die Erwartungen von der gemeinsamen Tochter zu stark differieren, sind Scheidung und Tod der Tochter bereits vorprogrammiert. Erhebliche Schwierigkeiten sind auch dann zu erwarten, wenn die Größe der Partner zu unterschiedlich ist. Was für den technischen Partner vielleicht 30% seines künftigen Umsatzes bedeutet, mag für den Vertriebspartner nur eine Bedeutung von 5% haben; der größere Partner wird im allgemeinen auch größere finanzielle Reserven haben; formalisierte und arbeitsteilige Verhaltensweisen der größeren Organisation stoßen sich vielleicht mit der Pioniereinstellung des kleineren Partners. Detaillierte Abmachungen können dem kleineren Partner zwar einen gewissen Schutz geben, dessen Wirksamkeit und Bestand sollte aber nicht überschätzt werden.

Eine Standortwahl in der Nähe eines Partners wirkt wie eine Schwiegermutter im Haushalt der Jungehe. Die gemeinsame Tochter wird es noch schwerer haben, ihre eigene Identität zu finden, weil nur die eine Seite des Personals zur gesellschaftlichen und beruflichen 'Neuorientierung' gezwungen ist, was die Integration und Heranbildung zu einer eigenständigen Organisation fast unmöglich macht.

Die Bildung eines joint ventures hat kognitive und emotionelle Problemfelder. Sachbetont und analytisch, also vorwiegend kognitiv, werden im allgemeinen behandelt:

— Kapitalausstattung
— Beiträge der Partner
— Kompensation der Partnerleistungen
— Umsatz- und Gewinn-Projektion
— Rechnungswesen

'Verhandlungssache' mit viel Politik und Emotionen sind Problemfelder wie:

— Firmensitz und -name
— Positionsverteilung
— Formeller Einfluß der Partner und Verfahrensweisen
— Managerauswahl

Ähnlich wie in der Gruppendynamik bremst (kombinierte) Größe den Verhandlungsfluß und beeinträchtigt die Entscheidungsgüte.

6.23 Innovations-Spezialisten von außen

In Anlehnung an den vorausgegangenen Abschnitt läßt sich das Zusammengehen mit einem Innovations-Berater als joint-venture mit einem Partner auffassen, der vor allem das Potential eines Katalysators für innovative Prozesse der angestrebten Art einbringt und Kraft seines speziellen Erfahrungspotentials Lehrgeld sparen hilft.

144

Zu unterscheiden ist zwischen den 'engineers' und den 'clinicians'. Der 'engineer' beschränkt sich auf Analyse, Ratschlag und Vorstellung von Strukturen und Instrumenten. Die Realisierung, insbesondere der Abbau von Widerständen und die soziale Fähigkeitskumulation sind nicht seine Sache; er geht davon aus, daß das Klientensystem schon 'vernünftig' reagieren werde und alleine verantwortlich sei. Er schließt eine gemeinsame Verantwortung für Fortschritt und Verwirklichung aus. Der 'Engineer' ist Berater im traditionellen Sinne. Berater und Klientenorganisation werden als getrennte Systeme betrachtet.

Der 'Clinician' fühlt sich auch für die Therapie mit-verantwortlich (6.49), zumal er Fähigkeiten einbringt, die nicht lehrbar, sondern nur erfahrbar sind. Aber sein Potential wird nur dort wirklich genutzt, wo es gewollt wird, man ihm vertraut und sich selbst mit ins Zeug legt. Doch wie bei der ärztlichen Vorsorge ist der Weg zum Arzt mit psychologischen Hemmern aller Art verbaut und wird oft erst gefunden, wenn es bereits 'praxisnah' weh tut. Dann ist es allerdings für den Innovations-Agenten in der Regel zu spät, der Operateur bzw. der Krisen-Manager hat das Wort.

Nicht selten trifft man die Auffassung an, Innovieren sei eine höchst personengebundene Angelegenheit; wer sich dabei helfen lasse, gestehe eigenes innovatives Unvermögen ein. Wäre das so schlimm? Schließlich kann nicht jeder Innovator sein. Und stimmt es überhaupt? Eines der wenigen Privilegien, die unntrennbar mit unternehmerischer Verantwortung verbunden sind, ist die Auswahl der Mitarbeiter und eine Aufgabenzuteilung, die die gesteckten Ziele optimal zu erreichen gestattet. Dazu zählen auch Wahl und Einsatz der Innovatoren. Mit Außen-Beratern lassen sich eine ganze Reihe von Innovationen wirtschaftlicher gestalten, qualitativ hochwertiger machen oder überhaupt erst ermöglichen. Um die Aufgabe, geeignete Innovations-Promotoren überhaupt zu finden und den geeignetsten auszuwählen, ist allerdings niemand zu beneiden.

Als 'Prozeß-Katalysator' sind für den 'Clinician' Personenbeurteilungen tabu, er läßt sich nicht für längst gefällte Entscheidungen als Alibi mißbrauchen und prüft sorgfältig, ob es sich nicht um die Aufgabe für einen Krisen-Manager handelt und die Geschäftsführung zuverlässig hinter ihm und seiner Arbeitsweise steht.

Persönliches Vertrauen ist ebenso wichtig wie beim Arzt, Rechtsanwalt und anderen Dienstleistungen. Deshalb muß das Verhältnis zwischen Klient und 'Clinician' beidseitig gekennzeichnet sein durch:

— Ehrlichkeit und Offenheit
— Gegenseitiges Bewußtmachen der Motive.
— Genaue Definition der anstehenden Probleme.
— Gemeinsame Zielfindung und -formulierung.
— Übereinstimmung über die Vorgehensweise und Verfahren der
  Entscheidungsfindung.

- Einsicht in die Verantwortlichkeit der Einzelnen.
- Wirksame Methoden und Sicherung, das Innovationspotential einzusetzen.
- Die vom Berater angewandten Konzepte und Techniken müssen für den
  Klienten transparent sein.
- Der Katalysator ist bereit, nicht nur seine Ergebnisse, sondern auch sein
  Rollenverhalten vom Klienten auswerten zu lassen.

Der Einsatz eines Clinician setzt eine höhere soziale Reife des Klienten voraus als
der eines 'engineers'.

Die Innovations-Agentur des Verfassers war seines Wissens die erste ihrer Art in
Deutschland. Sie wird tätig:

- als gelegentliche Partner
- periodisch beratend
- in klar definierte Projekte vorübergehend integriert
- als Prozeß-Katalysator
- als Trainer

Ihr Dienstleistungs-Angebot umfaßt:

1) Beratung (Erfassen des Innovativen Geländes)

- Innovationsbedarf analysieren (z. B. technologische Lücke)
- Innovationsdefizit transparent machen
- Problemlösungsalternativen erstellen
- Konzeptvorschläge
- Durchführbarkeit prüfen
- Ressourcenvermittlung

2) Realisierungs-Beistand

- Den Innovations-Verlauf steuer- und kontrollfähig machen, planen
- Abstimmung der Führungsinstrumente auf den Projektfortgang
  (organisatorisch, technisch, personenbezogen)
- Aufbrechen von betriebsblinder Routine, Distanz einbringen
- Organisatorische Reife des Systems den Anforderungen anpassen helfen
- Akzeptanz bei Mitarbeitern und Bezugwelt erreichen, Veränderungs-
  widerstand minimieren, Zielkonflikte erkennen und lösen
- Steuerung des Innovationsprozesses in der Realisierungsverantwortung
  eines Katalysators, Entscheidungshilfen geben
- Innovative Reserven erschließen
- Pilot-Projekt leiten
- Veränderungserfolg laufend messen
- Gezielte Weiterbildung

3) Spezialgebiete

— Übertragung von eigenem Erfahrungsvorsprung mit bestimmten Aufgaben-
  gebieten und Situationen (vgl. Fallstudien).

Vielfältiges Fachwissen bei hohen Anforderungen an Effizienz und Qualifikation
verlangen von einem Innovationsagenten, daß er seine Erfahrung in begrenzten sich
ergänzenden Tätigkeitsfeldern (Branche, Märkte, Zielgruppen etc.) kumuliert.

6.24 Planungs- und Informations-Strukturen

Unerläßliche Voraussetzung für erfolgreiches Innovieren ist die Kumulation von Erfahrung. Es genügt nicht, Fehler und Möglichkeiten zu erkennen und daraus persönliche oder einmalige Schlußfolgerungen zu ziehen. Wettbewerbsvorsprung baut
sich aus festgehaltener, ausgewerteter, zugänglicher und systemweit kombinierter
Erfahrung über der Zeit auf. Erstklassige Unternehmen zeichnen sich deshalb durch
entsprechende Kommunikation und geeignete Informationssysteme aus. 'Erfahrung'
darf nicht exklusiv bleiben und womöglich mit dem so erzielten Wissenvorsprung
Machtmißbrauch und Ressortpolitik betrieben werden. Je dynamischer und komplexer es zugeht, um so geringer ist im übrigen auch die Gefahr, daß Geheimnisver-
rat nach außen großen Schaden anrichten kann. Harte Information muß gesammelt
werden (z.B. in Pannenbüchern) und zugriffsfähig sein (z.B. in wohl strukturierten
Datenbänken).

Noch wichtiger ist die 'weiche' Information wegen ihrer Sensibilität für Labilitäten,
Zusammenhänge und Tendenzen. Die Hauptschwierigkeit sie zu nutzen, besteht
darin, daß sie viele qualitative Elemente enthält und gerne in den Köpfen einzelner
gespeichert wird, d.h. wegen Zeitmangel, Machtstreben, hierarchischer Hürden (jede
hierarchische Ebene bringt etwa 25% Informationsverlust) der Organisation nicht
über die unmittelbare Tätigkeit des Betreffenden hinaus zur Verfügung steht. Ein
guter Index dafür, wie eine Firma mit 'weichen' Eindrücken, Erkenntnissen und Erfahrungen umzugehen weiß, ist die Art und Weise wie Führungsverantwortliche Rei-
sen und Tagungsbesuche festhalten und der Organisation vermitteln. Ziel der infor-
mativen Struktur muß es sein, daß alle benötigten Informationen ohne Kompetenz-
probleme zur richtigen Zeit am rechten Ort zur Verfügung stehen. Gerade die
Führungsverantwortlichen müssen sich vorsehen, nicht der Versuchung der plausiblen Oberflächlichkeit aufzusitzen. Im Drang der Tagesereignisse besteht die Gefahr, auf ähnlich Scheinendes in gleicher Weise zu reagieren und sich erst gar nicht
der Mühe zu unterziehen, aus den Mosaiksteinen der Einzelinformationen ein sinn-
volles Gesamtbild zu formen. Oft ist es dazu notwendig, von der Einzelinforma-
tion zu abstrahieren, zu reflektieren, zusätzliche Information zu suchen und zu

analysieren. Weiche Information sollte unmittelbar nach dem Eindruck festgehalten, später strukturiert und weitergegeben werden, z.B. in regelmäßigen Informations- und Planungs-Sitzungen.

6.241 Corporate planning

Besonderes Gewicht liegt beim Innovieren auf der Querinformation und der Planung der Zukunft, also der 'Mit- und Vorkopplung'. Dies führt zur Methode des 'corporate planings', die im folgenden am Beispiel zweier Firmen illustriert wird.

Dow Corning beschreibt das Planungs-Zusammenspiel ihrer multidimensionalen Organisation wie folgt:

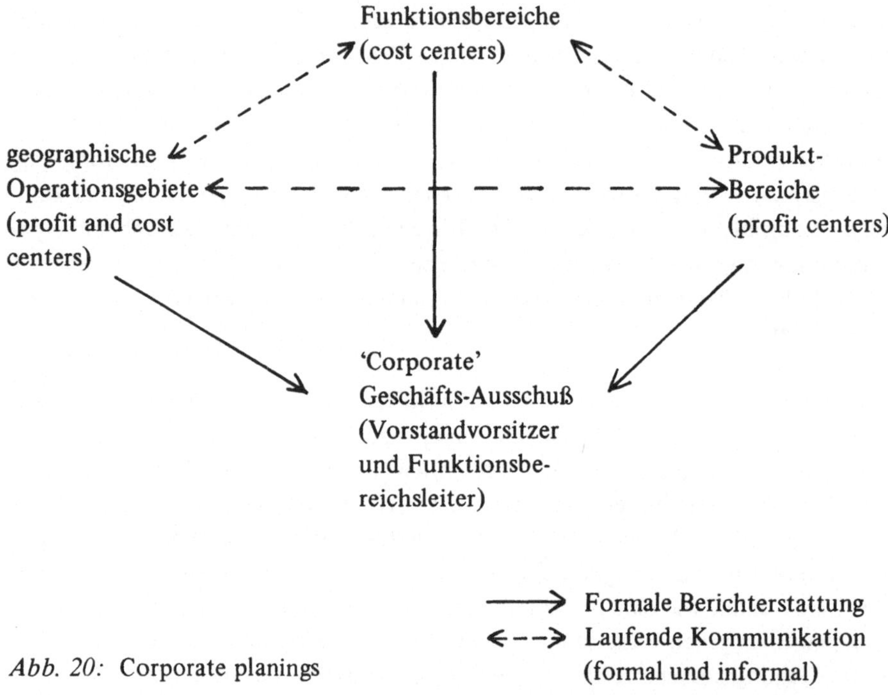

Abb. 20: Corporate planings

Der 'Corporate Business Board' trifft sich mindestens einmal monatlich, um die Entwicklung der Aufträge, Umsätze und Erträge der Profitcenters der Planung gegenüberzustellen, die geographischen Gebiete werden vierteljährlich kontrolliert. Außerdem trifft sich der Ausschuß, um gesamthafte Innovationsvorhaben einzuleiten oder ihren Fortgang zu prüfen ; das verhindert Zersplitterung durch halbautonome Bereiche. Als besondere Stärke dieser Struktur werden der Machtausgleich zwischen vertikaler, horizontaler und geographischen Regionen bei der Integration von Kurz- mit Langfristzielplanung sowie eine verbesserte Transparenz und Bewältigbarkeit der Umweltturbulenz angegeben.

Beispiel:
Der Planungszyklus des 'corporate planings' hat bei I TT folgende Eckdaten:

Januar·   *Grobplanung (Schlüsselstrategien, Grobzuteilung Mittel, neue Vorhaben).*
Formulierung Oberziele in Geschäftsbereichen.

März: *Abstimmung mit Zentrale,*
Festlegung der endgültigen Oberziele.

Juli: *Entwurf 5-Jahres-business-Plan*

September: *Abstimmung business-Plan mit Zentrale*

Dezember: *Operative Feinplanung und endgültiges Budget für*
kommendes Jahr fertig.

Monatlich: *'Latest forecasts' zur Korrektur der mittelfristigen*
Planungsdaten.

Führungsseitig muß stets im Auge behalten werden, daß Vor- oder Mitkopplung jede für sich gesehen schon hinreichend frustrierend wirken können. Deshalb sollte zunächst die Fähigkeit zur Zusammenarbeit gehoben (mit Kopplung) und zur Planung (Vorkopplung) lediglich Beiträge gefordert werden, die im Rahmen der vorhandenen Einstellungstoleranz liegen. Verbesserte Mitkopplung stärkt auch den Umgang mit der Ungewissheit, während Unsicherheiten in der Vorkopplung den sozialen Reifungsprozeß belasten. Mitkopplung hat also im Zweifel Vorrang.

Zwei Führungsfehler lassen sich bei der Installation von Planungs-Systemen immer wieder beobachten: Menschen sollen zu Fragen Stellung beziehen, zu denen ihnen die Qualifikation fehlt und/oder es wird sofort in einen Detaillierungsgrad gegangen, der verwirrt und abschreckt. Das erste Problem tritt in diesem Buch immer wieder als Abgleich zwischen Anforderungen und Systemreife auf, das zweite ist eine Frage der pädagogischen Bewältigung kognitiver Dissonanz durch verträgliche Schrittgröße, Timing und gesteuerten Erfahrungszuwachs.

Besonders deutlich wird die Bedeutung einer effizienten Informations-Struktur bei der Planung von komplexen Anlagen, in der software-Fertigung oder der Kostenschätzung von Innovationen. Im folgenden wird ein Informations- und Kostenplanungs-System geschildert, das mit unwesentlichen Modifikationen von mehreren Investitionsgüterproduzenten fortgeschrittener Technologien in USA, Japan und Europa angewandt wird.

Der Praktiker weiß, daß die Komplexität der erforderlichen Organisation und die Laufzeit derartiger Projekte dazu führen, daß das Rad immer wieder neu erfunden wird. Deshalb müssen Methoden angewandt werden, die personenunabhängig und systematisch 'Lehrgeld' aufbereiten, die kumulierte Erfahrung zugriffsfähig machen sowie die Risiken schrittweise einkreisen und wirtschaftlich bewältigen.

6.242 Kostenplanungs- und Kontrollsystem

Die Problematik wird durch eine Zangenbewegung gelöst. Von der einen Seite werden vergleichbare Projekte herangezogen und analog übertragen, von der anderen Seite wird das Projekt bis in seine elementare Struktur hineingegliedert und bewertet. Die Verfahren beider Vorgehensweisen variieren in Abhängigkeit von der Komplexität des Projektes und der Phase des Projektfortschrittes. Die Kostenschätzung kann als Integrationsklammer einer Projektorganisation aufgefaßt werden. Ohne diese würde industrielle Innovation zum industriellen Happening.

Das System kann nur funktionieren, wenn Informationsfluß und Projektstruktur aufeinander abgestimmt sind und die einmal gewählte Projektgliederung konsequent eingehalten wird. Es muß also sichergestellt sein, daß die festgelegten Arbeitspakete bei der Kostenschätzung, bei der Budget-Festlegung, bei den Ist-Werten und bei den historischen Daten identisch sind.
Am reibungslosen Ablauf sind alle Funktionen eines Unternehmens beteiligt. Vereinfacht sieht dieser Ablauf wie folgt aus:

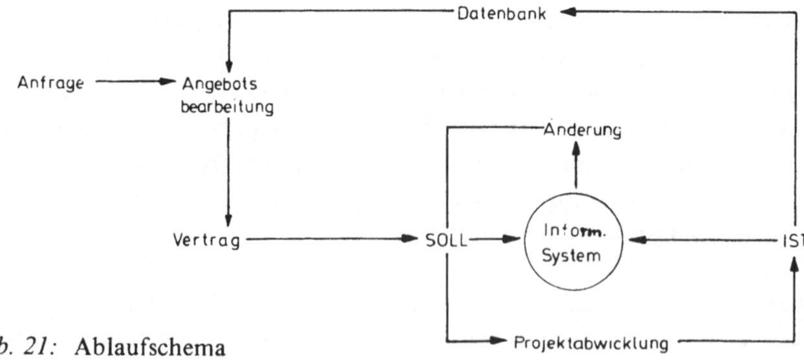

Abb. 21: Ablaufschema

150

Daten- und Informationsstruktur:

Der Informationsfluß kennt mindestens 4 Kategorien an Daten:

— technische
— betriebswirtschaftliche
— hierarchische
— zeitliche Struktur.

Projekt-Kostenberichte oder Soll-Vergleiche müssen unter den Gesichtspunkten dieser vier Kategorien aussagefähig sein. Außerdem muß die Aussage der jeweiligen Informationsebene zuzuordnen sein.

Eine projektorientierte Informationsstruktur ist also mehr-dimensional. Sie wird im Falle fortgeschrittener Technologie aus der technischen Hierarchie abgeleitet. Dann ergibt sich folgendes Bild:

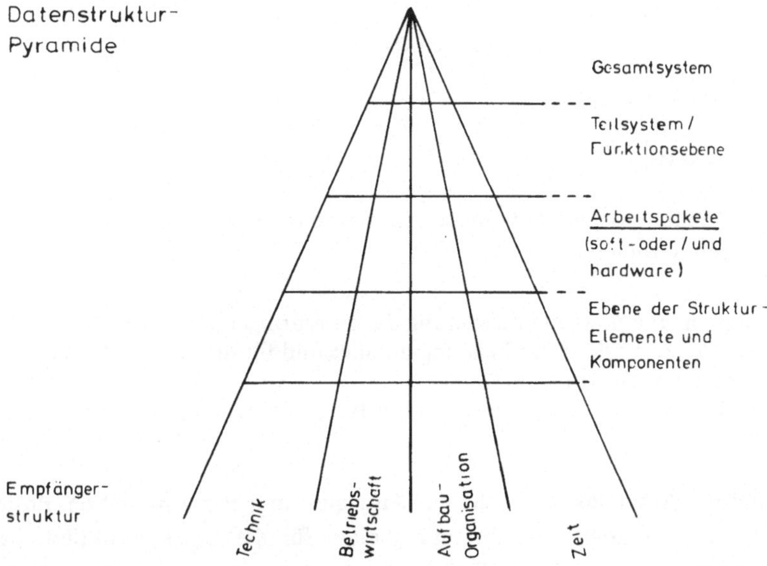

Abb. 22: Datenstrukturpyramide

Die Auswertung der Daten hilft die Ziel- und Risiko-Bestimmung verbessern sowie ihre Kontrolle erleichtern. Im Vordergrund des Interesses stehen seitens der Empfängerstruktur.

Technik:

— Kumulation von Erfahrung systematisieren durch Bildung von Arbeitspaketen,
— Einschnüren der Risiken,

— Wert- und qualitätsmäßige Abstimmung der Subsysteme und Komponenten
  aufeinander.

Betriebswirtschaft:

— laufendes Prognostizieren von Kostenentwicklungen,
— Frühzeitige Korrektur von Fehlschätzungen,
— Gesamtoptimierung statt Teiloptimierungen,
— Geschäftsplanung und Budgetierung.

Hierarchie: (Aufbau-Organisation)

— Entscheidungshilfe bei Festsetzung von Prioritäten,
— Abstimmung der Qualifikation mit Anforderungen,
— Abstimmung von Verantwortung und Zuständigkeit,

Zeit:

— Zwischentermine (Milestones)
— Kapazitätsplanung
— Abstimmung der Qualitäts- mit den terminlichen
  Anforderungen.
— Höhere Datenflexibilität

Das Arbeitspaket:

Ausgangsebene für Kostenschätzungsarbeiten ist das Arbeitspaket.
Es ist die Bezugsgröße für:

— die Abgrenzung und Quantifizierung der zu erbringenden Leistung,
— den zeitlichen Verlauf des Leistungsanfalles und für die Durchführung
  von Leistungsbewertungen,
— die Zuordnung der zu erbringenden Leistung zu einer einzigen verantwortlichen
  Stelle.

Damit sind die Arbeitspakete nicht nur Ausgangs- und Bezugspunkt der Projektabwicklung, sondern auch Ausführungseinheiten für die Einzel-Funktion. Bei der
Projektabwicklung legt z.B. die Projektorganisation gemeinsam mit der Unterneh-
mensorganisation die Soll-Vorgaben für die Arbeitspakete fest. Zu unterscheiden ist
je nach Fragestellung beim Soll/Ist-Vergleich zwischen dem 'ursprünglichen Soll'
(z.B. Auftragserhalt) und den veränderten Soll-Werten. Jede Änderung läuft im
Prinzip wie ein Projekt ab, d.h. der technische Umfang wird definiert, Zeit und
Kosten ermittelt und die Auswirkungen auf das Arbeitspaket bzw. das Gesamtpro-
jekt übertragen. Die Entscheidung zur Durchführung der Änderung wird in einigen
Firmen durch einen hierfür installierten Änderungs-Ausschuß gefällt, in dem alle
Funktionen vertreten sind. Die mit den Soll/Ist-Vergleichen zugänglichen Informationen werden auf die Empfängerstruktur zugeschnitten. Die so erhaltene Informa-
tion soll:

152

- Die Kommunikation versachlichen,
- Integrieren,
- Lerneffekte allgemein zugänglich machen,
- Rechtzeitig zur Verfügung stehen,
- Richtungsweisend und verständlich sein,
- Die Transparenz erhöhen, d.h. Risiken abbauen helfen.

Fall-Beispiel:

Ein Projekt der geschilderten Art, z.B. die Entwicklung und der Bau eines speziellen Satelliten aus der Sicht der Kostenschätzung und -Kontrolle läuft in folgenden Grobstufen ab:

1. *Entscheidungs-Vorbereitung*
2. *Entscheidung*
3. *Auftragsabwicklung*
4. *Dokumentation*

zu 1.   *Entscheidungs-Vorbereitung*
     11) Leistungsbeschreibung:
- *Projekt-Gliederung,*
- *Arbeitsumfang für soft- und hardware mit Hilfe definierter Arbeitspakete,*
- *Annahmen und Voraussetzungen zur Erstellung des Angebotes*
- *Einkreisen der Risiken.*

     12) Kostenschätzung:
- *Ermittlung der Mengenansätze und Kosten für die definierten Strukturplan-Elemente,*
  a) in den Fachbereichen
  b) fachbereichsunabhängige Schätzung.

     13) Preisfindung:
- *Stundensätze und Zuschläge,*
- *Ermittlung der Herstellkosten und des Angebotspreises.*

     14) Strategische Preisfindung
- *Marktuntersuchung*
- *Politische Einflüsse*
- *Risiko-Analyse*
- *Überprüfung der Voraussetzungen und Annahmen der Leistungsbeschreibung und Vergleich mit ermitteltem Preis!*

zu 2. **Entscheidung mit Revision und Erstellung des Angebotes:**
– *Neufestlegung der Annahmen und Voraussetzungen*
– *Festlegung des Angebotspreises*
– *Angebotsverabschiedung*

zu 3. **Auftragsabwicklung**
31) *Auftragsvergabe:*
  – *Ausschreiben und Vergabe der internen Aufträge,*
  – *Budgetkontrolle*

31) *Mitlaufende Kalkulation:*
  – *Soll-Ist-Vergleich pro Strukturplan-Element für*
    Mengenansätze und Kosten
  – *Schreiben der Projekt-Legende (historische Werte*
    plus Änderungsbegründung);
  – *Kostenberichterstattung mit fortlaufender Kosten-*
    Prognose für das Gesamtprojekt.

zu 4. **Erstellen der Datenbank**
  – *Sammeln von Ist Werten,*
  – *Aufbereiten von Ist-Werten zu Plankennziffern*
    und Parametern,
  – *Speichern von Planungskennziffern und Parametern,*
  – *Trendermittlungen und Statistik,*
  – *Wartung der Datenbank.*

Das Hauptplanungsformular verknüpft in einer Matrix die Arbeitspakete mit den Funktionsstellen der Aufbau-Organisation. Die einzelnen Funktionsstellen sind nach Kostenarten gegliedert. Somit werden für jedes Arbeitspaket die Kostenarten pro Funktionsstelle als Soll- und Ist-Wert erfaßt (vgl. Bild). Zur Vertiefung dieser Matrix gibt es maßgeschneiderte weitere Formulare.

	Strukturplan-Elemente	Projekt* Mgmt.	Struktur	Versuche*	Antrieb*	usw.
Kostenkategorien *Kostenartengruppen*						
Entwicklung (Engineering)						
Personaleinsatz in Std. *Personaleinsatz in DM* *Entwicklungsgemeinkosten in DM* *Materialkosten in DM* *Materialgemeink. in DM* *Sondereinzelkosten in DM* *Leistungen Dritter in DM* *Beschaffungsgemeink. in DM*						
Zwischensumme						
Produktsicherung						
Personaleinsatz in Std. *Personaleinsatz in DM*						
....						
Vorrichtungen v. Werkzeuge						
Fertigung						

Herstellkosen:

**Projekt-Struktur für die Entwicklung und Fertigung von Satelliten (Strukturplan-Ebene Nr. 1)*

6.243 Wettbewerbs-Transparenz

Wie sich ein Konkurrent verhalten würde, wenn seine Entscheidungen rein rational fielen, das läßt sich mit Instrumenten wie der Kosten/Erfahrungs- und Lebenslauf-Kurve im Vorhinein transparent machen. Aber sein Verhalten wird auch von unbekannten, inkonsequenten und affektiven Momenten geformt, denen der Praktiker mit rationalen Ansätzen - wie der Spieltheorie - nicht beikommt. Er gebraucht seine Intuition und schärft sie durch entsprechende Information. Vor allem braucht er weiche Informationen, denn diese sind aktuell, erfassen Labilitäten und Neigungswinkel und spüren so die Dynamik des innovativen Geschehens besser auf als die überwiegend statisch ausgerichteten Methoden und harten Fakten der Ressourcen-Verwaltung. Systematisch gesammelt und aufbereitet läßt dieser Informationsstrom durchaus einen tiefen Blick in die Karten der Konkurrenz zu. Als Informationsquellen bieten sich an:

— Eigene Veröffentlichungen der Konkurrenz, meist zweckgefärbt, aber deshalb und im Quercheck von Details zu anderen Quellen dennoch brauchbar (Geschäftsberichte, Fachzeitungen, Messekataloge usw.),

— Werbung der Konkurrenz, Betonung einzelner Produktgruppen, Wahl der Werbeträger und Zielgruppen, Beschickung von Messen, Argumentation und Art der Aufmachung geben wichtige Hinweise für die eigene Taktik.

— Aus Stellenangeboten der Konkurrenz, insbesondere der lokalen Presse lassen sich zahlreiche Schlußfolgerungen von Beschäftigungslage bis zu Geschäftsvorhaben ziehen.

— Berichte des Außendienstes über Angebote, Verkaufsverhalten, Kundenmeinung, Konditionen usw.

— Gespräche mit Bewerbern aus dem Konkurrenzlager,

— Kontakte auf Verbandssitzungen, Fachtagungen etc.

Dieser Erfahrungsstrom muß strukturiert, regelmäßig ausgewertet, kumuliert und zugänglich gemacht werden. Es ist wichtig genug, um verantwortungsgemäß verankert zu werden. Bewährt hat sich ein gestaffeltes System, bestehend aus:

— einem zentralen Archiv, in das alles Wissenswerte eingespeist, periodisch ausgewertet und in eine dem Archiv angeschlossene Übersichtskartei übertragen wird,

— einem Datenblatt für jeden Konkurrenten, das laufend auf dem letzten Stand gehalten und ausgabefähig ist,

— Zusammenfassenden Präsentationen, z.B. in bestimmten Planungssitzungen.

156

6.3 Instrumentelle Ansätze

6.31 Gewohnte Instrumente — andere Handhabung

Die vorhandenen Methoden und Techniken instrumenteller Natur vermögen naturgemäß innovatives Bemühen um so eher zu stützen, je stärker sie sich mit Mit- und Vorkopplung, System- und Prozeß-Transparenz beschäftigen.

Aber sie lassen sich nicht einfach übernehmen und ansetzen, wie sie fürs 'Managen' entwickelt wurden. Wie dies zu verstehen ist, soll hier am Beispiel des Netzplanes erläutert werden. Beim Innovieren kommt es weniger darauf an, ob PERT oder CPM eingesetzt werden, sondern auf das, was wir 'N e t z p l a n d e n k e n' nennen, und im Grunde Ausdruck einer relevanten Einstellung und der Fähigkeit, in Zusammenhängen zu denken, ist. Im Routine- und Anpassungsbereich hat demgegenüber das Checklisten-Denken Vorrang.

Checklisten, bewährt als Kontroll- und Gedächnishilfe, erweisen sich beim Innovieren als einäugig. Ihre Spannweite reicht von der bloßen Aufzählung bis zur zwingenden Reihenfolge. Beispiel Terminplan— Man listet die vorgemerkten Termine, fügt die erforderlichen eigenen Tätigkeiten hinzu (einschließlich einer ungestörten Stunde), wichtet nach Prioritäten, ermittelt den voraussichtlichen Zeitaufwand, delegiert (was delegierbar ist), und zwingt — (was verbleibt) — ins Korsett der verfügbaren Zeit, indem man die genannten Schritte korrigiert, Leerzeiten durch Einrütteln minimiert (ohne einen Puffer für Unvorhergesehenes zu vergessen), Sondermaßnahmen ergreift oder vor sich herschiebt. Das Ergebnis solcher Systematik ist eine Steigerung des Arbeitsdurchsatzes von 25 Prozent und mehr. Nun regiert die Checkliste. Rücksichtslos wie ein Metronom gibt sie ihren Takt vor. Als Tribut fordert sie Einbußen an Flexibilität, Kontakt- und Entfaltungsfähigkeit.

Abhilfe bietet der Netzplan, nicht als Planungsinstrument, sondern als Denkkategorie. Sie ist zweiäugig, denn Netzplandenken bietet zusätzliche und laufende Orientierungs-, Ordnungs- und Ausweichmöglichkeiten, stellt dafür allerdings auch höhere Ansprüche an Intellekt und Verhalten. Der Checklistendenker wird von der Frage beherrscht, wann man mit was fertig ist. Der Netzplandenker fragt, ob die nächste Tätigkeit wirklich die beste Alternative zur Erreichung des Endzieles ist, welche Voraussetzungen erfüllt sein müssen und welche mittel- und unmittelbaren Auswirkungen eintreten, wo sich Pufferzeiten ergeben, was terminlich kritisch und wer zuständig ist.

Anscheinend erschließt sich diese Denkkategorie nur dem, der sich einmal so lange mit einem Netzplan herumschlagen mußte, bis er von Verknüpfungen zu träumen begann. Anders läßt es sich kaum erklären, daß selbst regelmäßige Benutzer von

Netzplänen diese bisweilen noch wie Checklisten handhaben. Wer in der Vorstellungswelt der Checkliste lebt, liest aus einem Netzplan immer nur einen kritischen Weg heraus, und das ist der eigene, Pufferzeiten werden zu Wartezeiten, die Tätigkeitsfolge scheint unausweichlich. Dann ist der Netzplan an allem schuld und wird mit Verachtung gestraft.

Verlangt man vom Checklistendenker Einblick in die Zusammenhänge, dann plätschern viele, oft eindrucksvolle Einzelheiten, aber weil er immer wieder an der Oberfläche Luft holen muß, kommt er nicht auf den Grund, ja, er wird sich deshalb gegen dessen Transparenz vielleicht sogar sträuben. Als Ausweg bleibt ihm, die Zusammenhänge zu simplifizieren, die Feinfühligkeit seines Daumens, Mißtrauen statt Kontrolle, möglichst viel selbst zu machen und zu improvisieren.

Im Routinebereich vermag man sich damit noch über Wasser zu halten, je komplexer, dynamischer und neuartiger jedoch die Aufgabenstellung wird, um so mehr entgleitet dem Checklistendenker die Entwicklung. Immer weniger Termine werden gehalten, der Zeitdruck wächst, es mehren sich Kommunikationsprobleme. Wenn er sich jetzt noch mit dem Kurieren von Symptomen begnügt, kommt es zur Dauerkrise und zum selbstgemachten Kollaps.

Das Werkzeug muß der Aufgabe angemessen sein, mit eindimensionalen Ansätzen lassen sich zweidimensionale Probleme eben nur unvollkommen lösen. Netzplandenken ist zwar nicht so übersichtlich und schmeckt auch bitterer als Kochrezepte oder 'Kriegen-wir-schon-hin-Parolen' , es mag dem Checklistendenker übertrieben kompliziert, theoretisch, mühsam oder bedrohlich vorkommen. Die Qualitäten des Netzplandenkens sind ein wenig versteckt: Versachlichung der Diskussionsbasis, Objektivierung der gegenseitigen Abhängigkeiten, gesamthafte Erfassung des Wirkgefüges, Transparenz jenseits des Primäreffektes, höhere Freiheitsgrade im Disponieren.

Netzplandenken hilft trotz unvorhergesehener Schwierigkeiten, die Zielereignisse termingerecht zu erreichen, lockert dennoch das Zeitkorsett, fördert damit Bearbeitungskontinuität und Aufwand/Nutzen-Optimierung, es stärkt das Verstehenkönnen anderer Standpunkte und leitet damit positive Multiplikatoreffekte ein, es erhöht Planungssicherheit und Kontrolltransparenz, diszipliniert das Denken. Als Führungsinstrument ist es dosierbar, zuschnittsfähig, meßbar. Konsequent angewandt und verfolgt, besitzt es tiefgreifende rationalisierende und pädagogische Auswirkungen.

Freilich sollte man auch die Grenzen sehen, die das Netzplandenken sich selbst setzt. Es vermag Prioritätsprobleme nach Dringlichkeiten zu lösen, nicht nach Wertigkeiten, es weist frühzeitig auf Engpässe, aber es treibt keine Risikovorsorge, Rückkopplungen lassen sich nur ungenügend erfassen, es ordnet logisch, aber nicht

158

kreativ, es findet Zuständigkeiten ohne damit Handlungsbereitschaft zu wecken, es macht Interessenkonflikte transparent, aber es löst sie nicht.

Deshalb muß Netzplandenken durch angemessene Bewertungsmethoden, Orientierungspunkte und Führungsimpulse gestützt werden. Mit starren Zuordnungen oder einem engmaschigen Reglementieren in seitenlangen Stellenbeschreibungen käme man nicht über ein organisatorisches Checklistenniveau hinaus. Wo Netzplandenken angezeigt ist, dort läßt sich unzulässige innere Reibung nur vermeiden, wenn Überschneidungen bewußt in Kauf genommen und deshalb entsprechend flexibler geordnet werden, wie etwa beim Übergang von der Hand- zur Vorfahrtsregelung. Checklistendenker bestehen auf ihrer Vorfahrt.

Es sei noch angedeutet, daß Netzplandenken seinerseits wieder Vorstufe für die nächsthöhere Problemlösungskategorie darstellt, die noch weitergehende organisatorische Freiheitsgrade verlangt. Dies gilt für ein Innovieren, das nicht 'Sache des Vorstandes' ist, sondern die Fähigkeiten der gesamten Organisation zu bündeln versteht.

Eine betriebsweite Umstellung auf Netzplandenken setzt ein hochentwickeltes Organisations- und Führungsverständnis voraus. Die Saat wird nur bei systematischer Schulung, tätigem Vorbild und konsequentem Nachfassen aufgehen. Gruppen, die sich geistig in der Pionier- oder einer frühen Organisationsphase befinden, dürfen nicht mit raschen Erfolgen rechnen.

Eine Methode oder Technik ist eben nichts weiter als ein Werkzeug. Erst die Hand, die es führt, bringt etwas zustande. Mit einem Skalpell vermag sie zu zerstümmeln, zu töten oder Leben zu retten. Auf die Motivation und die Fähigkeit kommt es an, die zu der Hand gehören.

L.D. Miles, der Schöpfer der Wertanalyse, hat einmal 13 Grundregeln dafür aufgestellt, wie dieses Rationalisierungs-Instrument nicht mechanistisch, sondern innovativ einzusetzen ist:

1. Verallgemeinerung vermeiden
2. Alle verfügbaren Kosten feststellen und überprüfen
3. Informationen aus besten Quellen besorgen
4. Zerlegen, Erfinden, Verfeinern
5. Schöpferische Phantasie entwickeln
6. Hindernisse sichtbar machen und überwinden
7. Spezialisten oder Berater fragen
8. Kosten für Toleranzen ermitteln
9. Funktionale Produkte von Zulieferanten verwenden
10. Lieferantenerfahrungen nutzen
11. Spezielle Produktionsverfahren auf Anwendbarkeit prüfen
12. Anwendbare Normen beachten
13. Geld wie das eigene ausgeben.

6.32 Das Innovationsfeld abstecken

Eine andere Möglichkeit, das Zusammenwirken des Management-Instrumentariums beim Innovieren zu verdeutlichen besteht darin, aufzuzeigen, wie die Geltungsbereiche dieser Techniken den Innovationsraum einkreisen, stützen und durchdringen:

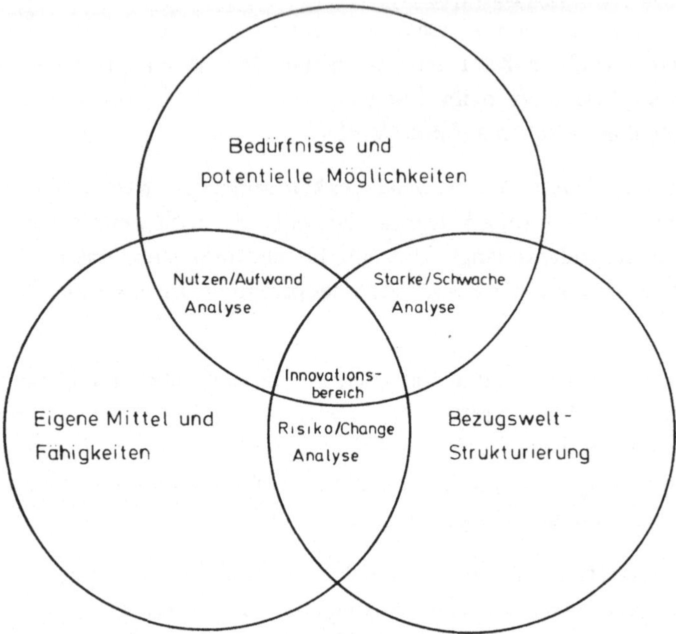

Abb. 23: Innovationsfeld

Danach gehört der Vergleich zwischen Anforderungen und motiviertem Fähigkeitspotential in die Kategorie der Risiko/Chancen-Analyse. Im Gegensatz zur Stärke/Schwäche-Analyse wird hier nicht mit Wettbewerbern oder Richtwerten verglichen, sondern nach eigenen Leistungen gesucht, die gerne getan werden, auf die man stolz ist, die vielleicht selbstverständlich erscheinen (und deshalb übersehen wurden) und die u.U. in der bisherigen Konzeption gar nicht zum Tragen kamen (vgl. 4.33). Die Schlüsselführungskräfte werden zunehmend davon abhängen und danach beurteilt werden, wie erfolgreich sie als Katalysatoren sind im Finden, Bündeln und Nutzen von Fähigkeitspotential sowie in dessen Weiterentwicklung.

Die Auswirkung einer unzulänglichen Einkreisung mag das Zusammenwirken des Gesamtinstrumentariums am besten zu beschreiben. Beispiel ist die mißlungene Markt-Innovation eines Familienbetriebs. Die nachträgliche Analyse ergab:

Falsche Einschätzung dessen, was der Markt zu honorieren gewillt war; Unterschätzung des Wettbewerbs bzw. des gesicherten eigenen Vorsprungs; nur eine Verbrauchergruppe angesprochen; Außendienst weder interessiert noch geschult (kein finanzieller Anreiz; ungeeignete Präsentation). Alle Fehler waren vermeidbar, die Wirkung voraussehbar. Solche Art von Zielungenauigkeit läßt sich durch Einsatz des geeigneten Instrumentariums vermeiden.

Hier einige Fragen zum Abgrenzen des Innovationsfeldes:

— Was ist eigentlich unser Geschäft und wie sehen uns unsere Partner?
— Was sind unsere Stärken und Schwächen im Vergleich zur Konkurrenz?
— Welche Schwächen müssen ausgeglichen werden und wie?
— Vorübergehende oder grunssätzliche Veränderung?
— Wird das eigene Unternehmen davon härter betroffen als die Konkurrenten?
— Läßt sich durch rechtzeitiges Innovieren Vorsprung erzielen, liegen bereits eigene Versäumnisse vor?
— Wie läßt sich das künftig vermeiden?
— Welche unserer Produkte/Dienstleistungen befriedigen die erkannten Bedürfnisse am besten ohne Konflikte mit Stärken unserer Wettbewerber zu provozieren, die diese bei konsequenter Weiterentwicklung ihrer Aktivitäten entwickeln müßten?
— Haben wir für ein Schlüsselproblem des Marktes eine sinnvolle, akzeptable und tragfähige Lösung beizusteuern?
— Ist der Markt groß genug (Welt?), expansiv und so dauerhaft, daß die Vorinvestitionen wieder hereinzuholen sind?
— Ist unsere Zukunftseinschätzung optimistisch, pessimistisch oder ein reales Mittelding hoher Wahrscheinlichkeit unter Berücksichtigung 'erkannter Risiken und nicht erkennbarer Ungewißheiten?'
— Ist kein Schlüsselfaktor übersehen oder als 'selbstverständlich' abgetan worden wie Absatzmenge, Marktpreis, Personalkosten, Inflation, Kapazitätsauslastung, Motivationseinflüsse, Erfahrungskostenpotential usw.?
— Welche Ziele haben wir und wie werden diese von unseren Mitteln und Fähigkeiten begrenzt?
— Welche Ideen versprechen attraktive Chancen bei vertretbaren Risiken? Sehen wir dabei auch wirklich die dritte und vierte Konsequenz oder nur die ersten beiden eigenen Züge?
— Wie steht es mit der Kurz/Lang-Frist-Balance unserer Aktivitäten, wie sicher ist die Cash-Balance zwischen den morgigen und heutigen Produkten?
— Inwieweit füllt unsere Tätigkeit noch den Unternehmenszweck aus?
— Hat der Unternehmenszweck Stoßkraft eingebüßt?
— Prämissen und Entscheidungskriterien erarbeitet und festgehalten?
— In welchen Phasen des Strategiezyklusses befinden sich die einzelnen Teilsysteme?
— Sind die Teilsysteme überhaupt hinreichend nach ihren Lebensverläufen abgegrenzt?
— Sind die Ziele hoch, aber plausibel und realistisch?
— Welche Grenzen setzt uns das Fähigkeitspotential unseres Personals und unsere gesellschaftliche Verantwortung?
— Auf welche unserer Stärken ist Verlaß und welche Schwächen müssen ausgeglichen werden?
— Wo liegen die Ungewißheiten und Risiken? Sind alle nötigen Kräfte darauf ausgerichtet?

— Wie läßt sich das Chancen/Risiko-Verhältnis verbessern?
  Alternativen!
— Welche Möglichkeiten sollten wir nicht aus den Augen verlieren und welchen
  Gefahren dürfen wir uns keinesfalls aussetzen?
— Welche Mittel sind wann erforderlich und woher nehmen wir sie?
— Welche Chance sollten wir also nutzen und welche Gefahren meiden?
— Welches sind die wesentlichen Entscheidungen, Meilensteine und Abhängig-
  keiten? Was bedeutet das für die Realisierung?
— Stimmt unser Timing?
— Strebt das Innovationsvorhaben eine dauerhafte Profilierung gegenüber dem
  Wettbewerb an? Wird diese von der Bezugswelt angemessen honoriert werden?

6.33 Ausgewählte Instrumente

6.331 Marketing-Mix

Auch die Markt-Innovation ist ein Erfahrungsprozeß. Üblich ist die Unterteilung der
'Adoption' nach folgenden Phasen: Wahrnehmung, Interesse, Bewertung, Versuch,
Kauf und Nutzung.

Beschreibt man die Ausbreitung einer Produkt-Innovation innerhalb eines Markt-
segments über gleichen Zeitabschnitten, dann ergibt sich eine Glockenkurve.
Wenigen Kunden-Innovatoren folgen mehrere Frühadoptoren, es schließt sich die
frühe und späte Mehrheit sowie eine kleine Anzahl von Nachzüglern an. Dieses
Diffusionsverhalten verleiht den Produkt-Lebenskurven ihren charakteristischen
Verlauf.

Diese Systematik gestattet bereits einige grundsätzliche Anmerkungen: Die Marktdurchdringung ist offenbar ein Lern- und Erfahrungsprozeß auf der Basis sozialer
Interaktion. Auswahl und Einsatz der Marketing-Instrumente hängen vor allem von
der Prozeßphase und dem Bewertungsverhalten der Zielgruppe ab. Die soziale Interaktion zeigt gewisse Eigenheiten in Abhängigkeit von Betriebsgröße und Branche;
während es in konsumnahen Bereichen im wesentlichen auf Interaktion anonymer
Art und mit Zwischenträgern ankommt, ist sie im Investitionsgütersektor persönlicher und hinzu tritt die innerbetriebliche Willensbildung der Kunden-Organisa-
tionen. Die Wahrnehmungsphase wird bei industrieller Adoption meist unterneh-
mensintern ausgelöst, im Privatbereich sehr viel stärker von außen. In jedem Falle
zeichnet sich ein geeigneter Kunden-Innovator durch hohe Informiertheit, Experi-
mentierfreudigkeit, Risikobereitschaft und Einfluß als Bahnbrecher aus. Gelänge es
in der Einführungsphase eines Produktes, die potentiellen Innovatoren und Meinungsführer bzw. Branchenführer selektiert zu interessieren, könnte man mit wenig
Aufwand eine Marktdurchdringung beschleunigen. Deshalb sucht man im modernen
Marketing Marktsegmente gleichen Bewertungsverhaltens zu finden, die Botschaften
darauf einzustimmen und den Marketingaufwand nach ihnen zu gewichten.

Die Vergabepraktiken im industriellen Bereich sind ohne Zweifel rationaler als im Konsumbereich, geben sich aber vorurteilsfreier und emotionsloser als sie in Wirklichkeit gehandhabt werden. In Zeiten der Bedrängung ist die Wahrnehmungswilligkeit für Innovationen ohne Zweifel höher als in Expansionszeiten; dies sollte Einfluß auf das Timing einer Markteinführung haben.

Eine Markt-Innovation wird produzentenseitig durch folgende Planungsschritte vorbereitet:

—   Marktanalyse (Produktmärkte und Marktsegmente definieren; Wettbewerb analysieren — Managment, Finanzkraft, Marktanteile etc; Marktanteil/Marktwachstum-Matrix usw.)

—   Konzeption und Zielvorgabe, Einzel-Strategien für Produkt, Distribution (Verkaufs und Vertriebs-Substrategien), Kommunikation (Werbung, Verkaufsförderung, PR-Substrategien).

—   Integration der Einzelstrategie zu alternativen Teilstrategien (je Produktmarkt).

Ein vielfältiges instrumentelles Arsenal steht zum Einsatz bereit. Das richtige 'Marketing-Mix' zu finden, ist eine innovative Aufgabe, die ebenso bedeutungsvoll wie schwierig ist. Zahlreiche Zielkonflikte liegen am Weg, der Erfolgsanteil der Einzelinstrumente am Gesamtergebnis ist nicht meßbar, die Qualität der Einzelstrategie bestimmt aber den Gesamterfolg. Zur Beurteilung der Einzelstrategien gibt es mehrere Methoden. Grundsätzlich ist zwischen Testverfahren und dem Anlegen von Erfahrungswerten zu unterscheiden. Das voraussichtliche Erreichen der aus den Oberzielen abgeleiteten Ressortziele nach Durchlaufen des Planungsprozesses ist selbstverständlich ebenfalls immer ein Kriterium, das allerdings in Gruppenarbeit angelegt werden sollte. Im nächsten Schritt ist die Frage zu stellen, ob nach dem Zusammenfügen der so ausgewählten Teilstrategien das ursprüngliche Marketing- und Unternehmensziel noch realistisch ist:

Integrationsfähigkeit der Teilstrategien zwischen Produktmärkten herstellen
Teilstrategien zu alternativen Gesamtstrategien kombinieren
Prämissen und Rückwirkung auf Stakeholder prüfen
Einnahmen/Ausgaben-Rechnung für jede Gesamtstrategie
Finanzierungspotential und Gesamtstrategien vergleichen
Gesamtstrategie wählen, die Unternehmenszweck und -ziele am besten erfüllt
Risiko/Chancen-Verhältnis prüfen, Kurz/Langfrist-Balance etc.
Aktionsprogramm

Die folgende Matrix sucht die integrierte Bewertung zu systematisieren. Sie wurde von GE (USA) entwickelt und wird 'Portofolio-Management' genannt von der Auffassung ausgehend, daß sich ein Unternehmen als Portefeuille verschiedener Ressourcen auffassen läßt, die entsprechend den Unternehmenszielen optimal aufzuteilen sind. Dabei wird die 'Markt-Attraktivität' (Größe, Wachstumspotential, Dynamik, Zugänglichkeit, Konkurrenz, Preis/Leistungs-Verhältnis, know-how-Niveau) den eigenen Fähigkeiten, Stärken und Interessen gegenübergestellt, um die verfügbaren Unternehmensressourcen weltweit optimal einzusetzen.

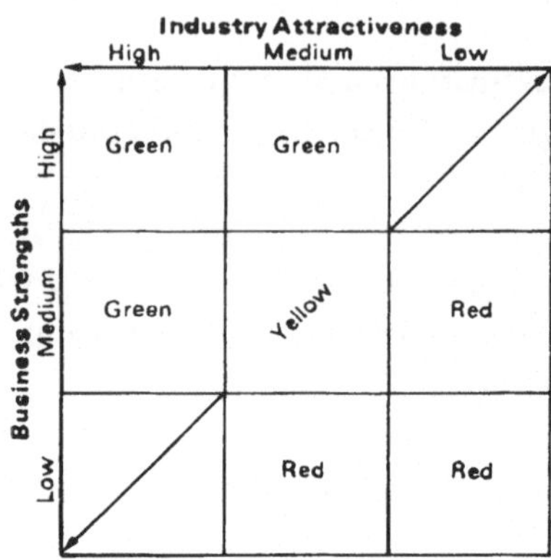

Abb. 24: Matrix „Portfolio Management"

Grün = Höchste Priorität, d.h.

— Hohe Marktanteile oder Aussicht auf dominierende Marktanteile in wachsenden Märkten,

— Aktivitäten, die das Unternehmen als gegenwärtige oder künftige bevorzugt,

— Innovationen, die kurzfristig hohe Rentabilität oder raschen Kapitalrückfluß versprechen.

Gelb = Es wird nur ausnahmsweise investiert, das Geschäft stagniert oder ist rückläufig.

Rot = Schrott, Investitionen zurücknehmen, möglichst abstoßen (niedrige Rentabilität, zu hohe Risiken, verwundbar gegenüber Wettbewerb etc.)

Die Matrix dient als Diskussionsgrundlage der Geschäftsbereichsleitungen mit der zentralen Planung und anschließend dem Vorstand. Bereichsplanung und weltweites Konzept werden aufeinander eingespielt.

Außerdem wird die jüngste Rentabilitätsentwicklung und -schätzung herangezogen, also auch ein Ausgleich zwischen kurz- und langfristigen Zielen hergestellt.

6.332 Prognose-Methoden

Ehe der Innovator die Zukunft zu gestalten beginnt, braucht er eine Prognose des wahrscheinlichen Verlaufs ohne seine eigene Einwirkung. Es gibt quantitative, qualitative und gemischte Prognose-Methoden (eine andere Unterteilung spricht von Trendanalysen, intuitiven Voraussagen und Strukturstudien). Es wäre schlimm um die Innovation bestellt, wenn es keine Fragen gäbe, auf die es keine eindeutigen (oder nur 'letzte') Antworten gäbe.

Verläßlichkeit und Aussagefähigkeit der zahlreichen Methoden stehen in keinem Verhältnis zum erforderlichen Aufwand.
Eine Havard-Studie teilt die Brauchbarkeit gebräuchlicher Prognose-Methoden wie folgt ein.

Zeithorizont			
Methode	0 - 3 Monate	3 - 24 Monate	mehr als 2 Jahre
Konsensus	mangelhaft	mangelhaft	ungenügend
Marktanalyse	ausgezeichnet	gut	befriedigend
Zeitreihen — Trend-Projektion mit exponential smouthing	sehr gut	gut	ausreichend
— Box Jenkings	ausgezeichnet bis sehr gut	ausreichend bis gut	ungenügend
— Census II	ausgezeichnet bis sehr gut	gut	ungenügend

Zeithorizont			
Methode	0 - 3 Monate	3 - 24 Monate	mehr als 2 Jahre
Lebenskurven	ausgezeichnet	sehr gut bis gut	befriedigend bis ausreichend
Regression	sehr gut bis gut	sehr gut bis gut	mangelhaft
Ökonometrische Modelle	sehr gut bis gut	ausgezeichnet bis sehr gut	gut
Input-Output -Analysen	nicht anwendbar	gut bis sehr gut	gut bis sehr gut

6.333 Fragebogen

Fragebogen an die Siemens-Unternehmensbereiche zur Vorbereitung des jährlichen
Geschäftsberichtes.

1. Auftragseingang:

a) Wie entwickelte sich der Auftragseingang (Zuwachsrate und absolute Zahl
    weltweit?)
b) Bemerkenswerte Unterschiede in der Entwicklung im Hinblick auf Inland, Ex-
    port, Ausland?
c) War der Auftragseingang nach Geschäftsbereichen bzw. Produktgruppen sehr
    unterschiedlich?
    Welche Bereiche entwickeln sich besonders günstig oder ungünstig? Warum?
d) Was waren die wesentlichen Ursachen für die Veränderung der Geschäftsent-
    wicklung gegenüber dem Vorjahr?
e) Wie haben sich im In- und Ausland die für Sie relevanten Märkte entwickelt
    (Haben wir in den einzelnen Bereichen an Marktanteil gewonnen oder ver-
    loren?)?
f) Gab es im Hinblick auf Ihre Wettbewerber bemerkenswerte Veränderungen?
    Sind einzelne Nationen (z.B. USA, Japan) stärker in den Vordergrund getreten?
g) Wie haben sich die Preise entwickelt? Inwieweit konnten Kostensteigerungen in
    den Preisen weitergegeben werden?

2. Wie veränderte sich der Auftragsbestand?

3. Welchen Verlauf nahm der Umsatz (Zuwachsrate und absolute Zahl weltweit)?

a) Unterschiedliche Entwicklung im Inland, Export und Ausland? Warum?
b) Unterschiedliche Entwicklung nach Geschäftsbereichen und Produktgruppen?
    Warum? Wo lief das Geschäft besonders gut?
c) Inwieweit ist die Umsatzsteigerung durch Preiserhöhung bedingt?
d) Haben Sie in den einzelnen Bereichen an Marktanteil gewonnen, verloren?

4. Wie verlief die Produktion?

a) Auslastung gegenüber Vorjahr?
b) Eventuelle Schwierigkeiten (Materialbeschaffung, Arbeitskräfte, Gastarbeiter,
    Anlaufkosten neuer Fabriken)?
c) Veränderung der Auslastungssituation Anfang des Geschäftsjahres gegenüber
    Ende des Geschäftsjahres?
d) Wichtige technologische Veränderungen (Umstellung auf neue Fertigungsver-

fahren, Umstellung auf neue Produkte, Ablösung von Mechanik durch Elektronik etc.)?

e) Verhältnis von Auslands- und Inlandsproduktion? Ergaben sich Veränderungen gegenüber Vorjahr? Grenzüberschreitende Verbundlieferungen?

5. Wieviel wurde gegenüber Vorjahr investiert (Zuwachsrate und absolute Zahl weltweit)?

a) Wichtigste Investitionsvorhaben?
b) Akzentverschiebung zwischen Ersatz, Erweiterung und Rationalisierung?
c) Wie hat sich die Aufteilung Inland – Ausland verändert?
d) Welche bedeutenden Vorhaben wurden fertiggestellt, welche Produkte wurden neu in Angriff genommen?
e) Was hat die Kostenentwicklung in den Fabriken günstig und ungünstig beeinflußt?

6. Wie hat sich ihr Produktspektrum (Spektrum der angebotenen Anlagen und Systeme) verändert?

a) Welche Neuentwicklungen wurden angekündigt oder auf den Markt gebracht (welche echten Vorteile bietet die Neuentwicklung)?
b) Wichtige Produktverbesserungen (in welcher Richtung? Schneller, kleiner, wartungsfreundlicher etc.)?
c) Welche Erzeugnisse haben Sie aufgegeben? (Typenbereinigung, Vereinbarungen über gegenseitige Belieferungen)?

7. Veränderungen Ihrer Einkaufspolitik?

a) Haben Sie mehr aus dem Ausland bezogen?
b) Hat sich die Fertigungstiefe verringert?
c) Wie haben sich die Materialkosten entwickelt?
d) Fortschritte in der Wertanalyse?

8. Wichtigere Vorgänge im sozialen Bereich?

a) Wie entwickelte sich die Belegschaftsziffer weltweit? Warum?
b) Arbeitskräftemangel (geographisch, bei welchen Berufen)?
c) Ausbildungsfragen?
d) Mitarbeiterzahl im Ausland?

9. Gab es in Ihrem Bereich schwerwiegende Konflikte irgentwelcher Art (Arbeitsniederlegung, Konflikte mit Kommunen, Patentauseinandersetzungen, Kartellverfahren, politische Angriffe)?

10. Was waren die Hauptschwierigkeiten und Sorgen für den Unternehmensbereichsleiter als Unternehmer im letzten Geschäftsjahr? Welche Sorgen haben Sie im Hinblick auf die Zukunft?

11. Was hat Sie andererseits besonders gefreut, worauf sind Sie besonders stolz?

12. Wie würden Sie in einem Satz oder in wenigen Stichworten das Geschäftsjahr charakterisieren?

13. Welcher Gedanke, welche Entwicklung sollte nach Ihrer Ansicht eventuell im Konzernbereich diesmal besonders betont werden?

Bei allen Äußerungen und Antworten sollte nach Möglichkeit bedacht werden, daß es weniger auf eine breite deskriptive Darstellung des Ist-Zustandes, sondern auf die Herausarbeitung der zukunftsrelevanten wesentlichen Veränderungen ankommt.

6.334 S-Kurven

Es gibt zahlreiche Entwicklungen, die sich S-förmig nach der Summenprozentlinie einer Gauß'schen Normalverteilung entwickeln. Halblogarithmisch aufgetragen gestatten sie gradlinige Extrapolationen. Erwähnt wurde bereits die Marktdurchdringung (6.331 und 6.335). Auch Projektkosten entwickeln sich über die Zeit nach 'S-Kurven'.

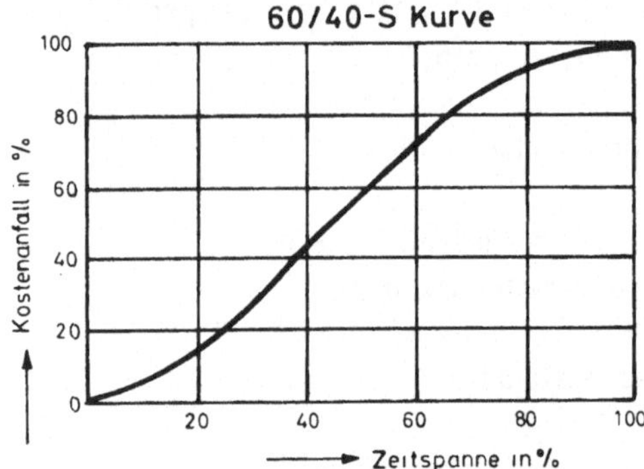

Abb. 25: S-Kurve

Der häufigste Projektkostenfall folgt der dargestellten 60/40-S-Kurve, d. h. 60% der Leistung sind in der ersten Zeithälfte zu erbringen. Die Verteilung der Kostenarten (wie Personal, Material etc.) kann jedes andere Verhältnis zwischen 80/20 und 20/80 annehmen, was Einfluß auf die Gesamtkosten bei Verlängerung der Projektdauer durch Ereignisse hat, die unvorhergesehen während des Projektablaufes auftreten (z.B. vorenthaltene Teilbaugenehmigungen oder zusätzliche Auflagen bei Kernkraft-Werken). Aus den spezifischen S-Kurven lassen sich außerdem Erkenntnisse über den monatlichen/vierteljährlichen usw. erforderlichen Personal- und Kapital-Einsatz ableiten.

6.335 Die Produkt-Lebenskurve

Darunter versteht man die Marktdurchdringung und -behauptung eines Gerätetyps. Diese läßt sich im Prinzip wie Abbildung 26 zeigt darstellen.

Strategische, personelle und finanzielle Konsequenzen dieser Kurve wurden bereits unter 4.21, 5.1 und 6.331 gestreift. Zu ergänzen ist die Verwendung der Produk-Lebenskurve als Instrument der dynamischen Absatzplanung.

Zunächst sei mit einer anderen Darstellung der bereits aufgezeigte Zusammenhang zwischen Geräteart und Ablösetypen bzw. -modellen erneut verdeutlicht (vgl. Abb. 27).

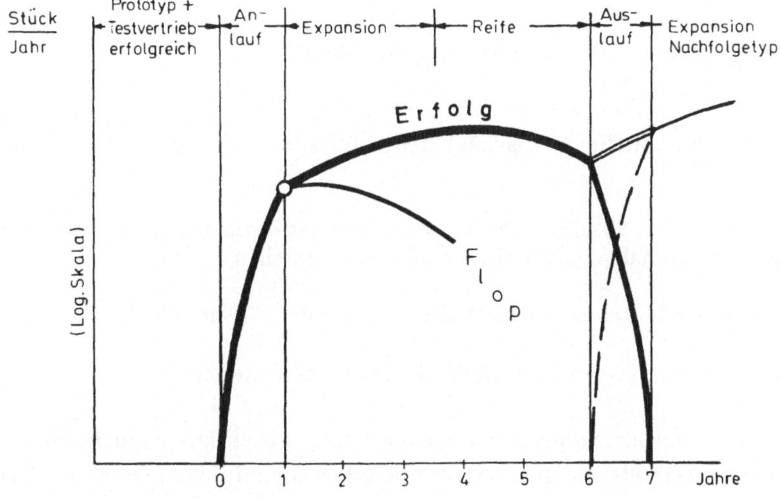

Abb. 26: Marktdurchdringung

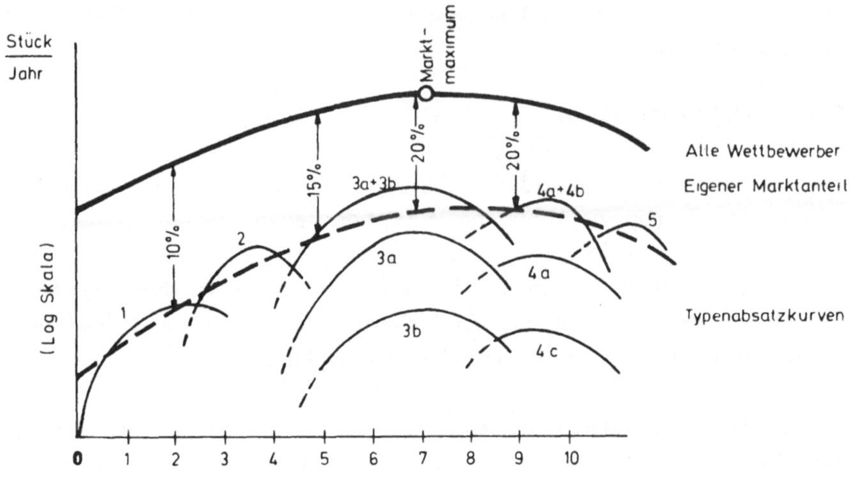

Abb. 27: Lebenslauf und Marktanteilsentwicklung

Um die Zukunft griffig zu machen, stehen folgende 'Gesetzmäßigkeiten' zur Verfügung:

— Der Trend der Absatzkurven verläuft nach der Gauß'schen Normalverteilung, läßt sich also halblogarithmisch als Gerade darstellen.

— Der abfallende Ast nach dem Anlauf spiegelt den Anstieg (Substitution).

— Typenfamilien zeigen ähnliche Verlaufs-Charakteristiken.

Mit diesen Erkenntnissen lassen sich unvollständige Lebenskurven nicht nur in Richtung Zukunft vervollständigen, sondern bereits während des Anlaufs sind Aussagen über Wachstum, Menge und Lebensdauer möglich. Absatzstörungen lassen sich früher als solche erkennen und rasch in den Griff bekommen. Die Genauigkeit der Aussagen ist um so höher, je feiner die Stückelung ist, je freier sich der Wettbewerb entfalten kann und je besser die Vertriebsorganisation den Markt durchdringt.

Mit dieser Methode läßt sich auch die Antwort auf die Frage objektivieren, ob eine Andersartigkeit überhaupt einen Vorsprung bedeutet und welchen: Ablösetyp, Anschlußart oder ein neues Bein?

Die dynamische Absatzplanung geht vom einzelnen Gerätetyp aus. Diese werden zu Produktgruppen und gebietsweise zusammengefaßt. Damit lassen sich frühzeitig Absatzerwartungen versachlichen (z.B. Erst-, Austausch-, Ersatzbedarf), Kräftever-

170

schiebungen erkennen, das Timing für Entwicklung und Markteinführung optimal gestalten. Die Vergangenheit eines Gerätetyps steht als wohl aufbereitete Erfahrung zur Verfügung, die 'Truppenbewegungen' des Wettbewerbs gewinnen an Transparenz.

Bei sich wiederholender Aufgabenstellung lassen sich mit Hilfe von speziellen Kurvenblättern und/oder Meßstreifen erstaunliche Erfolge erzielen. Ein gutes Beispiel ist die Senkung von Lagervorhaltung trotz höherer Lieferbereitschaft bei modischen Artikeln:

Aufgetragen werden Anlaufparabeln mit den branchenüblichen Steigungswinkeln und die Auftragseingänge (möglichst zwischenlagerbereinigte, um den echten Abfluß in den Markt zu erfassen und je nach Umständen in gleichmäßigen Zeitintervallen). Der geübte Disponent weiß rasch die wahrscheinlichste Anlaufparabel zu erkennen und trägt die von ihm bestellten Serien als Treppenkurve zu den von der Fertigung bestätigten Terminen ein. Über solche Hilfe bei Anpassungsproblemen hinaus liefert die Lebenskurve auch zahlreiche innovative Anregungen und Richtmarken.

Um die Zukunftssicherung des Gesamtsortiments mit dem Cash-Rückfluß abzustimmen, kann man die L e b e n s k u r v e s t a n d a r d i s i e r e n z. B. in Nachwuchs — ein bis drei Abschnitte Expansion — ein bis zwei Abschnitte Cashkuh — Schrott (5.1) und die Artikel diesen Lebensabschnitten zuteilen. Halblogarithmisch aufgetragen zeigt die Kurvenform auf den ersten Blick, wie ausgewogen und dynamisch das Sortiment ist, und der Jahresvergleich läßt Veränderungstendenzen deutlich erkennen. Damit können auch operative Zielsetzungen quantifiziert und verfolgt werden wie „60 % des Sortiments sollen Cash-Bringer, 15 % Nachwuchs sein".

Die S u b s t i t u t i o n s k u r v e ist ebenfalls eine Lebenskurve, wenn auch besonderer Art. Die von ihr erfaßten Gesetzmäßigkeiten sind für die strategische Planung von ebenso fundamentaler Bedeutung wie die Erfahrungskurve (6.33–6). Während sich die Lebenskurven mit Modellvarianten derselben Technologie beschäftigen, beschreiben Substitutionskurven den Erfolgsverlauf der verschiedenen Problemlösungsebenen also z. B. die Absatzentwicklung für Holzkohlenfrischeisen, Puddeleisen, luft- oder flammengefrischten Flußstahl bis zu den Sauerstoffstählen. Ein anderes Beispiel wäre die Technologiefolge zur Befriedigung des originären Bedürfnisses an Beleuchtung von der Kerze zum Gas, Glühstrumpf, der Bogenlampe, Glühlampe bis zur Leuchtstoffröhre. Trägt man über einer linearen Zeitabszisse den prozentualen Versorgungsanteil der ablösenden Technologie logarithmisch auf, dann ergibt sich eine Gerade. Diese verläuft um so flacher, je schwieriger die psychologische Umstellung ist, was sogar bei Gebrauchsgütern Zeitkonstanten (4.42) in der Größenordnung eines Generationswechsels annehmen kann. Die von der Substitutionskurve erfaßten Gesetzmäßigkeiten vermitteln Einsichten, die sich bislang nicht quantifizieren ließen. Dies setzt allerdings eine präzise Erfassung des Kundenproblems, der Produktfamilie und geografischen Regionen voraus. Dabei kann sich z. B. zeigen, daß trotz Expansion des eigenen Umsatzes und u. U. sogar des Marktanteils eine substituierende Fremdlösung bereits an Boden gewinnt. Dies ist eine echte Frühwarnung, denn wenn eine Substitution erst einmal 35—40 % eines klar abgegrenzten Bedarfs einnimmt, dann ist der damit gewonnene Erfahrungs- und Einführungsvorsprung mit wirtschaftlichen Mitteln praktisch nicht mehr aufzuholen. Die Substitutionskurve gestattet ebenso den Zeitpunkt der Uneinholbarkeit wie die Fälligkeit des nächsten innovativen Durchbruchs im voraus zu bestimmen. Die Betrachtung läßt sich noch verfeinern, wenn man berücksichtigt, daß Innovationen um so tragfähiger und risikoärmer sind je dichter sie in der „Zuliefererkette" am originären Bedürfnis stehen. Glücklicherweise sind die Zeitkonstanten für die Korrektur ungünstiger strategischer Weichenstellungen durchweg kürzer als der Aufbau eines Wettbewerbsvorsprungs bzw. des relevanten Fähigkeitspotentials. Reicht die Zeit nicht mehr, bleibt meist nichts weiter übrig als eine engere Abgrenzung des Tätigkeitsgebiets für die verbliebenen Stärken zu suchen.

Es ist wichtig, sich über die Rolle solcher Instrumente wie es die Substitutionskurve darstellt, klar zu werden. Wir hatten festgestellt, daß die Notwendigkeit zu innovieren im wesentlichen aus der Dynamik des Geschehens rührt (4.o). Die Veränderungsgeschwindigkeit hat (angetrieben durch den Vervielfältigungseffekt wachsender Komplexität und Interdependenz) Werte angenommen, die die psychologischen Zeitkonstanten zunehmend überfordern (und durch weitere Spezialisierung nicht mehr abzufangen sind), überdies hat der Übergang in Turbulenz Risiken, die zuvor von der expansiven Entwicklung verdeckt und kompensiert wurden, voll zum Tragen gebracht. Dem läßt sich grundsätzlich auf zweierlei Weise begegnen: Früher mit dem Innovieren beginnen und den Umorientierungsprozeß psychisch effizienter machen. Früher beginnen setzt mehr und verläßlichere Transparenz voraus, dem dienen instrumentelle und konzeptionelle Ansätze, der effizienteren Prozeßführung personenbezogene Ansätze. Das klingt harmlos, bedeutet aber in letzter Konsequenz, daß das gängige Berufsbild um eine Dimension erweitert wird (vgl. 4.42).

Dieses beruht im wesentlichen auf finanzwirtschaftlichem Steuern und ertragswirtschaftlichem Regeln. Die Wechselwirkung zwischen beiden Denkkategorien wurde unter 5.1 behandelt. Historisch gewann das ertragswirtschaftliche Denken in dem Maße an Boden, wie Ertrag und Einnahmen bzw. Aufwand und Ausgaben zeitlich auseinander klafften (Investitionsdauer, Lebenslauf, Kreditwirtschaft). Es mußte abgegrenzt werden (doppelte Buchführung), doch die beiden „Dimensionen" ergänzen sich wie Gaspedal und Bremse, d. h. ihren Eigenheiten ist Rechnung zu tragen und zwar ohne daß sie sich gegenseitig behindern oder das gemeinsame Ganze gefährden. Dabei bildet Cash-Überschuß die Voraussetzung für die Liquidität, d. h. das ertragswirtschaftliche Ziel ist im Normalfall vorgeordnet.

Die wachsende Dynamik und Turbulenz verlangt nun eine weitere Führungsdimension sozusagen einen zusätzlichen Freiheitsgrad. Nur am Rande sei vermerkt, daß sich liberale Ordnungen eben gerade durch ihre hohen Innovationsraten auszeichnen und schon der resignierende Verzicht ihrer Wirtschaftssubjekte auf mögliches Innovieren zwangsläufig Positionsverluste, Abhängigkeiten und Dirigismus durch Funktionäre und Staat nach sich zieht.

Diese zusätzliche Bewußtseins-Dimension hat einen weiteren, zukunftsgerichteten Zeithorizont, eigene Gesetzmäßigkeiten, von den anderen Dimensionen unabhängige Führungsgrößen und adäquate Führungsmethoden. Dies kann eigentlich nicht überraschen, wenn man der grundlegenden Verschiedenheit zwischen ertrags- und finanzwirtschaftlichem Denken eine analoge Wiederholung gewährt. Hier ist es die Innovationsfähigkeit, die ihrerseits die Voraussetzung für die nachhaltige Sicherung von Cash bzw. Ertrag schafft. In einer Sitzung über strategische und innovative Planung hat das Wort Ergebnis so wenig verloren wie in einer Budgetbesprechung das Wort Liquidität. Selbst Indikatoren wie Umsatz, Marktanteil oder Produktalter, die besten Hinweise die ertragswirtschaftliches Extrapolationsdenken überhaupt auf die Zukunft zu liefern vermag, sind im Grunde bereits geronnene Vergangenheit. Sie können nur unzuverlässig die Fähigkeit beschreiben mit höherqualifizierten Problemfeldern als bisher fertig zu werden, aber eben darauf beruht die Zukunftssicherung. Es bedarf also der Kenntnis zukunftsweisender Gesetzmäßigkeiten in den Wirkzusammenhängen, die über die Fortschreibung augenblicklicher Ergebniskonstellationen hinausgehen und überdies mit ihnen teilweise im Zielkonflikt stehen, denn Zukunftsergebnisse verzehren heutigen Cash. Außerdem bedarf es der Analyse des heutigen Fähigkeitspotentials, was sich heute mit derselben Zuverlässigkeit durchführen läßt wie etwa ein Schulfähigkeitstest. Aus dem Vergleich von Anforderungen und Fähigkeiten ergibt sich evtl. ein Fähigkeitsdefizit. Und nun kann man sein Fähigkeitspotential abstimmen mit dem, was auf einen zukommt und sich so für die Zukunft wappnen ohne deshalb Detailkenntnisse besitzen zu müssen, die bestenfalls von einem Hellseher zu erwarten wären.

Die Substitutionskurve ist eine jener Instrumente mit denen sich frühzeitig generelle Führungsgrößen ableiten lassen. Außenstehende können sie leichter erkennen als branchen- oder firmenspezifische Richtgrößen. Grundsatzfehler der Konkurrenz z. B. in der Preispolitik lassen sich deshalb unmittelbar zum eigenen Vorteil ausnutzen und umgekehrt. Dagegen wird instrumenteller Wettbewerbsvorsprung immer mehr in der Transparenz der spezifischen Führungsgrößen zu suchen sein wie z. B. den Relationen von Quantität/Qualität oder Lieferbereitschaft/Marktanteil. Im übrigen erspart eine richtige, grundlegende Weichenstellung naturgemäß später viele Daten und Korrekturen wobei wie bei einem Raketenstart die Feinregelung lediglich die einmal eingenommene Umlaufbahn betreffen kann.

Es sei bereits darauf verwiesen, daß der Engpaß beim Aufbau eines angemessenen Fähigkeitspotentials in aller Regel in der menschlichen Psyche, selten bei den Mitteln oder Instrumenten und fast nie bei der Technik liegt. Deshalb besitzt die Aufgabe, den Innovationsprozeß effizient zu führen, eine zentrale Bedeutung. Wenn es nur gelingt, daß 6 % statt bisher 3 % der innovativen Anläufe zu einem unternehmerischen Erfolg werden oder bereits 60 % statt bisher 20 % der erfolglosen Versuche in den Anfangs- statt in fortgeschrittenen Phasen ausgeschieden werden, wäre das schon unter ertragswirtschaftlichen Gesichtspunkten eine enorme Verbesserung. Die Auswirkung auf die Wettbewerbsfähigkeit ist noch höher zu veranschlagen. Diese Effizienzsteigerung erfolgt im wesentlichen über den Abbau von Widerständen im Menschen, Beseitigung von Entfaltungshindernissen, Einleitung konstruktiver Multiplikatoreffekte und das Vermeiden von Irrwegen durch Übertragung von einschlägiger Erfahrung (6.42).

6.336 Die Kosten/Erfahrungs-Kurve

Sie besagt, daß sich mit kumulierter Produktionsmenge die gesamte Struktur des Produktionsprozesses in vorhersehbarer Weise verbessert, und zwar sinkt der Produktionsaufwand pro Produktionseinheit (das kann ein Gerät, aber auch ein Arbeitspaket – vgl. 6.242 sein) bei Verdopplung der insgesamt produzierten Menge unabhängig vom Zeitraum in dem dies stattfindet (inflationsbereinigt) um 20% bis 30%. Allerdings tritt dies nicht von selbst ein. Vielmehr handelt es sich um ein Kostensenkungspotential. Die Nutzung dieses Effektes, der also nicht etwa nur die Fertigung, sondern alle anderen Kostenstellen wie Vertrieb, Verwaltung etc. betrifft, ist eine Frage der Qualifikation des Managements, sowohl des technokratischen wie des innovativen, denn 'kumulierte' Erfahrung beinhaltet nicht nur Größendegression (Fixkostenumlage auf größere Stückzahlen) und individuelle Übungskurven (vgl. 4.54), sondern laufende Rationalisierung, kollektives Einschwingen (6.44, 6.46) und innovatives Fortschreiten, z. B. bei den Verfahren, der Produktenentwicklung, der Lieferantentechnologie, der Öffentlichkeitseinstellung, den Anwendungsmöglichkeiten usw.

Nach Entdeckung dieser 'Gesetzmäßigkeit', nach ihren Entdeckern der Boston-Consulting-Group auch gelegentlich 'Boston-Kurve' genannt, konnten eine Reihe strategischer und operativer Fragen zuverlässig beantwortet werden, die zuvor auf das Fingerspitzengefühl der Verantwortlichen angewiesen waren. Dazu zählen:

— Das relative Kosten- und Ertragspotential zwischen den Wettbewerbern;
— Potentialfelder für Verfahrensinnovation
— Die langfristige Entwicklung von Kosten und Preisen;
— Rückwirkungen von Wachstum auf Entwicklungs-, Investitions- und Personalpolitik;

— Selbermachen oder Zukaufen?
— Welche Markt- und Verdrängungs-Strategie?

Die strategischen Schlüsselfaktoren dabei sind Marktwachstum, Marktanteil und Ertragspotential in der Ausgangssituation.

Bezüglich des augenblicklich viel diskutierten Nullwachstums sagt die 'Boston-Kurve' aus, daß bei gleichbleibenden Jahresmengen die potentiellen Kosten mit jeder Verdopplung der kumulierten Menge um 10 - 15% zurückgehen.

Von der Industrie werden vor allem zwei Kurvenverläufe verwendet, die Wright- und die Crawford-Kurve; letztere ist auch unter der Bezeichnung Deutsche oder Europäische Kurve bekannt. Die folgende Tabelle stellt die beiden Kurven wertmäßig gegenüber:

Stückzahl des Produktes	Wright-Kurve		Crawford-Kurve	
	Stück-wert:	Kumulativer 0 Wert:	Stück-wert:	Kumulativer 0 Wert:
1	1.000	1.000	1.000	1.000
2	0.600	0.800	0.800	0.900
3	0.506	0.702	0.702	0.834
4	0.454	0.640	0.640	0.786
5	0.418	0.596	0.596	0.748
7	0.371	0.534	0.534	0.691
10	0.329	0.477	0.477	0.632
20	0.261	0.381	0.381	0.524
30	0.228	0.335	0.335	0.467
50	0.193	0.284	0.284	0.402
100	0.154	0.227	0.227	0.327
500	0.092	0.135	0.135	0.198
1000	0.073	0.108	0.108	0.159

Verlaufsmäßig unterscheiden sich beide Kurven dadurch, daß in der doppel-logarithmischen Darstellung bei Wright die Summenkurve und bei Crawford die Stückkurve gradlinig verlaufen. Welche der beiden Kurvenverläufe man wählt, das ist im wesentlichen eine Frage der Risikobehandlung.

Eine 85%-ige Degressions-Stück-Kurve nach Crawford bedeutet, daß bei Verdopplung der Produktanzahl bzw. 'Erfahrungsmenge' ein 15%-iger Stückkostenrückgang eintritt.

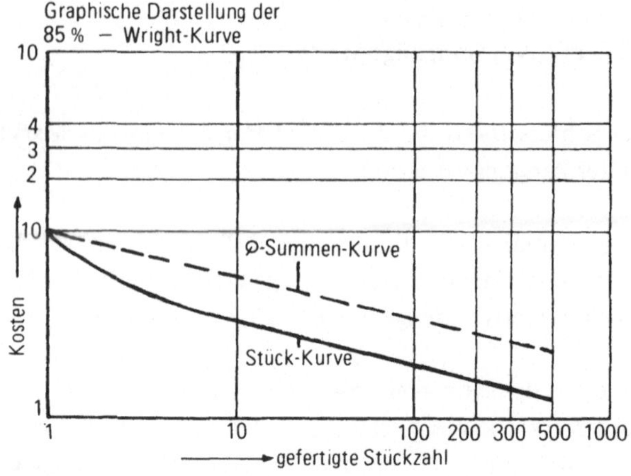

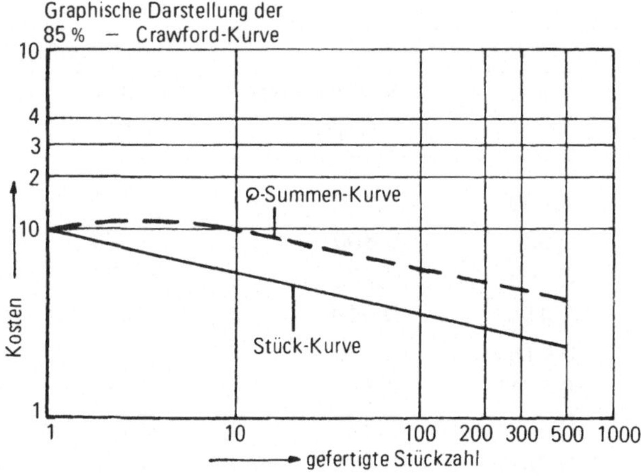

Abb. 28: Kosten/Erfahrungs- (Boston-) Kurve

Die Kosten/Erfahrungs-Kurve ist ein leistungsfähiges Instrument zur langfristigen Ausschöpfung vorhandener Rationalisierungsreserven, Marktkonzipierung und Konkurrenzanalyse. Zur Kontrolle des laufenden Geschäftes ist sie weniger geeignet, da sie das Zusammenspiel zahlreicher Faktoren in normativer Form erfaßt. Quantitative Aussagen leiden unter der Abgrenzungsproblematik bei Produkten und Kosten sowie der Schwierigkeit, kumulierte Erfahrung zu quantifizieren. Verfälschungen durch inflatorische Einflüsse lassen sich hingegen im allgemeinen rechnerisch korrigieren.
Bei der Kostenschätzung (vgl. 6.337) wird diese 'Gesetzmäßigkeit' bis in die Arbeitspakete getragen. Im Flugzeugbau wäre es z.B. nicht möglich, einen wirtschaftlich vertretbaren break-even-point anzusteuern, ohne die Kosten/Erfahrungskurve von vornherein einzuplanen (S. 24 und 141).

6.337 Methoden der Kostenschätzung

Bei der **e m p i r i s c h e n   K o s t e n s c h ä t z u n g** werden alle am Projekt beteiligten Organisationseinheiten über ihren voraussichtlichen Arbeitsaufwand abgefragt, wobei zur Objektivierung Techniken wie 'optimistische und pessimistische Abgrenzung' eingesetzt werden. Die Vorgehensweise basiert auf der Erfahrung und den Einblicken der jeweiligen Gruppen und Personen. Koordination sowie Überprüfung und sinnvolle Korrektur erfolgt durch eine projektzentrale Kostenschätzungsstelle.

Korrektur nach unten ist oft bei kleineren Projekten erforderlich, weil die einzelnen Ressorts unabgestimmt Reservepolster einbauen, die kumuliert dazu führen können, daß man sich selbst aus dem Markt katapultiert. Dahinter steckt letztlich persönliches Sicherheitsstreben infolge ungenügenden Abbaus der 'innovativen Bedrohung' und magelhafte Integration seitens der Unternehmensführung. Nicht einmal eine so nüchterne Aufgabenstellung wie die Kostenschätzung läßt sich heute noch effizient rein technokratisch lösen. Die Kombination ausgefeilter Techniken mit einer innovationsgerechten Führung der 'menschlichen Ressourcen' entscheidet gerade hier, ob man nur mitläuft oder sich Wettbewerbsvorsprung verschafft.

Bei großen Projekten ist dagegen oft eine Korrektur nach oben erforderlich; die Komplexität verlangt Gruppenarbeit und diese verwässert (durch Zergliederung in Vorentscheidungs- und Durchführungs-Verantwortung, Lastaufteilung auf mehrere Schultern und Verwischung der Spuren durch Zeit und Instanzen) die persönliche Verantwortung in 'Zuständigkeit', falls die gewohnten Führungstechniken nicht durch Ausbau angemessener Strukturen gestützt und erweitert werden. Typische Konsequenz unzulänglicher innovativer Führungsstrukturen ist das, was Technokraten im Nachhinein als 'Überschätzung des eigenen know-hows' oder als 'unvorhersehbares Naturereignis' apostrophieren und mangels besserer Führungsmethoden durch Erfahrungszuschläge berücksichtigen.

So hat es sich bei multinationalen Programmen bei verschiedenen Weltfirmen eingebürgert, beim Übergang eines Entwicklungsprogrammes von einer auf zwei Nationen von vornherein die Gesamtkosten mit 150% statt 100% einzuschätzen.

Ein südamerikanischer Großkunde versieht bei Ausschreibungen die Preise der Anbieter mit Zuschlägen bis zu 15%, um damit die zusätzlichen Abwicklungsaufwendungen aus vertraglich nicht abgedeckten Risiken zu berücksichtigen, die ihm bei den verschiedenen Anbietern, also aus den unterschiedlichen innovativen Führungsfähigkeiten der betreffenden Firmen, erfahrungsgemäß erwachsen.

Die A n a l o g i e - S c h ä t z u n g
wendet insbesondere drei Methoden an:

a)   Parameter, z.B. spezifische Kopf-, Stunden- oder Gewichtsangaben

b)   Übertragen von Werten und Informationen aus vergleichbaren Projekten

c)   Richtwerte aus Zeit- und Bewegungsstudien

Plankennziffern wie Leistung pro Gewichtseinheit oder Kosten pro m^3 umbauten
Raumes oder Fertigungsstunden pro kg Fertigungsgewicht, die aus der Vergangen-
heit abgeleitet sind, bedürfen einer genauen Definition, wenn eine einheitliche
Sprachregelung unter Kostenschätzern erreicht werden soll.

Zu Beginn eines Projektes dominieren analoge Schätzungen, während am Ende des
Projektablaufes die Richtwertkalkulation überwiegt. Je ungewisser sich in den Anfangsphasen ein Arbeitspaket darstellt, um so stärker wird die empirische Methode
herangezogen.

Phasen	Kostenschätzungs-Methoden	Erwartete Genauigkeit
Vergleichsstudie	a	30%
Systemdefinition	a und b	20%
Entwicklung mit		
Prototyp	emp., a, b	15%
Fertigung	b, emp., c	10%

Der fortschreitenden Detaillierung der Planung mit ihren trennenden Effekten muß
führungsseitig durch integrierende Maßnahmen aller, insbesondere personenbezogener Art entgegengewirkt werden.

6.34 Innovationsprozesse operativ planen

Aus der Sicht des Innovators ist die operative Planung vor allem ein Instrument zum
Motivieren, Integrieren und Disziplinieren. Sie arbeitet auf 'Sichtweite', die Zielplanung legt die Aufstiegsroute der nächsten Etappe fest, die Ausführungsplanung erklärt in Einzelplänen wie sie dorthin kommen will. Dies ist keine Prognose, sondern
die Verpflichtung, das Etappenziel auch unter veränderten Bedingungen zu errei-

chen. Da man frühzeitig aufgebrochen ist, gibt es Gelegenheit, die Entwicklung im eigenen Sinne zu beeinflußen, und Zeit, sich auf veränderte Prämissen einzustellen. Die Wiederholung der Planungsschritte durch die rollende Planung führt zu höherer Genauigkeit, wachsender Erfahrung und neuen Gelegenheiten bzw. Konsequenzen, d.h. Aktionsraum ist ein wesentlicher Aspekt eines innovationsfreundlichen, integrierten Planungs- und Kontroll-Systems. Denn Kontrolle muß auch sein, sachbezogen versteht sich. Es wäre ebenso sinnlos, Ziele ohne Kontrolle zu setzen, wie ohne klare Ziele kontrollieren zu wollen. Dennoch nimmt mit der Güte der Planung der Entscheidungs- und Handlungs-Freiraum zu und nicht etwa die Zahl der Plane. Wäre das nicht der Fall, dann würde — wie beim Apparatschick — der Zufall lediglich durch den persönlichen Irrtum ersetzt, die Innovation fände keinen Nährboden.

Wir sind also Wandlungsprozessen, Krisen und unseren eigenen Irrtümern nicht wie Naturereignissen ausgeliefert, sondern beeinflussen deren Vorgeschichte durch Vorentscheidungen und unser Verhalten. An uns liegt es, ob dies ungewollt, mit der Verfälschung mechanistischer Modellvorstellungen geschieht oder in der schrittweisen Annäherung einer wirklichkeitsnahen Planung.

Hierzu ein Zitat von Tacke (ehem. Vorstandsvorsitzender von Siemens): 'Unternehmerisches Wollen und Umweltbedingungen sind zu verzahnen. Wir sind keine Marionetten der Zeitumstände und das Übliche ist nicht für uns verbindlich, sondern das Mögliche.'

Zielplanung	
kurzfristig (1 Jahr)	mittelfristig (3 bis 5 Jahre)
Kenntnis von Geschäft und Reaktionen auf veränderte Prämissen.	Kenntnis des Unternehmens und seiner Einbindung in die Umwelt.
	Finde Produkt/Markt-Chancen, mit denen sich die strategische Lücke schließen läßt.
Stelle Verlauf ohne Management-Maßnahmen fest und setze ein finanzielles Gesamtziel an.	Erarbeite innovative Alternativen und wähle aus.
Stelle wahrscheinliche und mögliche Zielabweichung fest, wirke dem entgegen.	Binde Eckdaten in geeignete Oberziele ein.

Bei der operativen Planung wird ein strategisches Entwicklungsmodell mit der System- und Situationsanalyse polarisiert.

Durch Zieldifferenzierung werden Oberziele auf die Teilsysteme und unterschiedlichen Zeiträume heruntergebrochen. Dort treffen sie auf Ziele der Ressorts und Individuen, ein Prozeß des Abstimmens und Rückspiegelns beginnt, und zwar vertikal bezüglich der Zielhierarchie und horizontal bezüglich der Zielkonflikte. Dieser Prozeß wird wegen seines großen Einflusses auf die Motivation des Innovationspotentials und den Abbau von internen Veränderungswiderständen von den Japanern als 'Aktionsphase' (unsere Phase 2) bezeichnet. Operative Ziele müssen der betroffenen Stelle eine Entscheidungs- und Selbst-Kontrollhilfe vermitteln; sie müssen deshalb Fragen beantworten können wie:

— Was soll erreicht werden?
— W i e v i e l soll erreicht werden?
— Bis w a n n? (Zwischenziele!)
— Mit welchen M i t t e l n ?
— Warum?
— Erfolgs-Kriterien?
— Wer ist verantwortlich?

Ziele sind o p e r a t i v , wenn sie

— inhaltlich bestimmt sind,
— das Ergebnis meßbar ist,
— die Verhältnisse zwischen den Einzelzielen analysiert sind,
    (Komplementäre Ziele werden von denselben Maßnahmen erfüllt, z.B. Gewinn und Umsatz,
    konkurrierende Ziele beeinträchtigen einander gegenläufig, z.B. Rentabilität und Sicherheit in Abhängigkeit der Finanzierung,
    unabhängige Ziele haben keinerlei Verknüpfung.
— Zwischen- und Unterziele ableitbar sind,
— Planungs-Maßnahmen die Lösung potentieller Risiken und vorhandener Konflikte ermöglichen.

Neue Ziele lösen unmittelbar nach ihrer Formulierung einen Strom an Informationen aus, der die verkündeten Oberziele in die Verästelungen der Organisation und zeitliche Tiefe projeziert. Darauf läßt sich ein System aufbauen, das den informalen Strukturen und Kräften weit besser gerecht wird als ein vorfabriziertes und auferlegtes Schema. Man ist deshalb gut beraten, sich vor dem Aufbau eines Planungssystems nicht zu stark an ein voreilig installiertes Informationssystem zu binden.

Häufige Fehler beim Bilden innovativer Ziele sind:

— Es wird bei der Zielbildung nicht zwischen Routineaufgaben, schöpferischen und persönlichen Zielen unterschieden.
— Die Oberziele wirken unrealistisch, spornen nicht an oder werden nicht verstanden.
— Die schöpferischen Ziele erhalten eine Nebenrolle.

— Zielkonflikte oder unterschiedliche Einschätzung relevanter Ziele bleiben unerkannt.
— Mangelhafte Abstimmung mit anderen Zielen.
— Bisherige Resultate werden ignoriert.
— Möglichkeiten und Fähigkeiten werden überfordert.
— Das 'Wie' wird impliziert.
— Kompetenzkonflikte werden provoziert.
— Ziel und Verantwortlichkeit bzw. Befugnisse stimmen nicht überein.
— Nicht von unten nach oben gespiegelt, sondern 'durchgesetzt'.
— Keine Möglichkeit der Ziel- und Prioritäten-Korrektur während des Konkretisierungsprozesses.
— Umwelteinflüsse sind nicht sauber als Prämissen herausgearbeitet und festgehalten.
— Meinungen werden wie Tatsachen gewertet.
— Schlechte Gewohnheiten werden als (stillschweigende?) Prämissen aufgenommen.
— Mitarbeiter werden um ihren Beitrag befragt und dieser dann ignoriert.
— Es wird übersehen, automatische Warnungen einzubauen.
— Es fehlen Zwischenziele.
— Es wird nicht zwischen Muß-Zielen (moralisch, per Gesetz etc.) und Wunsch-Zielen mit Toleranzbereich (Richtlinien) unterschieden.
— Korrekturintervalle werden nicht auf wirtschaftlich mögliche Genauigkeit abgestimmt.
— Der Planungszeitraum wird nicht homogen behandelt, der Anfang meist gewissenhafter.
— Unterschiedliche Planungsauffassungen und -fähigkeiten werden unkorrigiert kombiniert.
— Planungsprozeß zu mechanisch und formalistisch.
— Kriterien der Gegenwart werden in die Zukunft fortgeschrieben.

In innovationsbewußten Unternehmen legt die Planung im Vergleich zu anpassenden Betrieben mehr Wert auf:

— Forschung und Entwicklung
— Einführen neuer Fertigungstechnologien
  (z.B. Elektronik statt Mechanik)
— Entwicklung der Finanzstruktur
— Fortbildungsaufwand
— Pflege der Mitarbeiterbeziehungen
— Qualitätsförderungs-Programme
— Zukunftsgerichtete Verschiebungen im Energie- und Materialeinsatz.

Da Ziele gegenseitig voneinander abhängen können, muß man jeweils die Zielbündelung sehen, um die Qualität und Innovationskraft einer Planung beurteilen zu können. Nehmen wir das nicht erfundene Unternehmensziel einer Firma:

1 — Selbständig bleiben   (ein Wunschziel, aus dem sich
                             operativ nichts ableiten läßt)

2 —   Jährliches Umsatzwachstum von 10% (geboren aus dem
                     Irrglauben, man könne sich gesund
                     wachsen, was bei den vorliegenden
                     Sortiments-Lebensalter, Marktwachs-
                     tums- und -anteilsverhältnissen un-
                     weigerlich zu Preisverfall führen
                     mußte)

3 —   Mindest-Eigenkapitalrendite entsprechend Sparzins.
                     (Dieser Wert verzichtet auf die
                     Prämie für das unternehmerische
                     Wagnis).

4 —   Alle Rationalisierungsmöglichkeiten ausschöpfen.
                     (Hier wird im Nebel herumgestochert,
                     die Möglichkeit einer Bestimmung
                     des Rationalisierungspotentials z.B.
                     mittels der Bostonkurve waren auch
                     nicht bekannt bzw. wurden nach
                     Kenntnisnahme als branchenfremd
                     verworfen).

Makabererweise war die Geschäftsleitung dieser Firma besonders stolz auf ihr
'hochentwickeltes Management durch Zielvorgabe'. Die Durchsetzung ging nach ein
wenig Planungs-Gymnastik direkt zu plausiblen Aktionen über. Nehmen wir einmal
an, daß solches Niveau ausreichte, so lag die eigentliche Gefahr in der verfehlten
Selbsteinschätzung, denn die macht blind für innovative Gelegenheiten und blok-
kiert sie gegebenenfalls durch Verunsicherung, die Dinge weiter im Griff haben zu
können. Dies ist eine Firma, der auch ein Innovations-Agent nicht zum Durchbruch
verhelfen kann.

*Im folgenden wird als Kontrastbeispiel das Planungskonzept einer dezentralisierten
Gruppe mit Familienleitung, aber kooperativen Führungsbemühen auszugsweise vorgestellt:*

— *Der Cash-Flow soll mindestens A% betragen.*
— *Erlangung von Marktführer-Positionen in bestimmten Bereichen (Anteil am
  Inlandsmarkt von mindestens B%).*
— *C% des Umsatzes sollen aus Produkten stammen, deren Markteinführung weniger
  als 5 Jahre zurückliegt.*
— *Konkurrierende Erweiterungsinvestitionen werden nach ROI und Rückflußzeit
  beurteilt (Mindestwert D% bzw. längstens E Jahre).*
— *Verwirklichung einer breiten und internationalen Risikostreuung hinsichtlich
  Produkt-, Kunden- und geografischer Umsatzstruktur.*
— *Förderung des gesellschaftspolitischen Engagements der leitenden Mitarbeiter.*

Hieraus werden in einem Prozeß fortschreitender Detaillierung die Ziele und Strategien einzelner Divisions sowie der Aktionspläne abgeleitet.

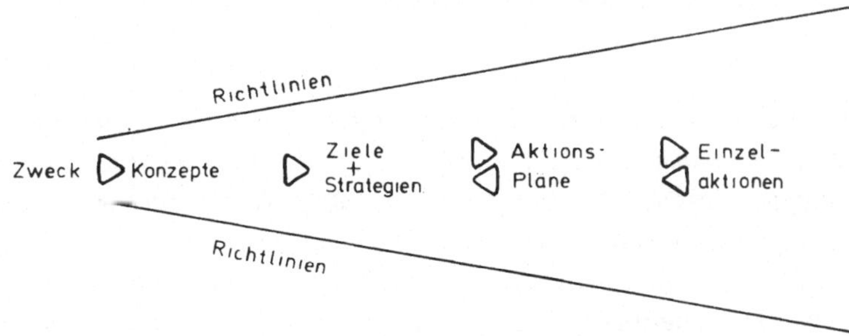

Abb. 29: Planungskonzept

Die Realisierung dieser sechs Globalziele dient gleichzeitig einem wichtigen, indirekten Ziel: der Verbesserung des Corporate Images nach außen und innen, d.h. der stärkeren Profilierung der Gruppe. Der Realisierung dieser Gruppenziele liegt folgende Konzeption zugrunde:

- *Massenproduktion*
- *Dezentralisierung*
- *Delegation von Aufgaben und Befugnissen*
- *gesellschaftspolitisches Engagement (in- und außerhalb des Unternehmens).*

Aufgabe der Division-Leitungen ist es, diese Konzepte mit konkretem Inhalt zu füllen, d.h. in Abstimmung mit der Unternehmensführung Richtlinien zu ihrer Verwirklichung zu entwickeln.

Die Richtlinien stellen Ausführungsbestimmungen mit Toleranzbereichen dar. Während die Grundgesetze langfristig das Planen und Handeln bestimmen, können die detaillierten Richtlinien mittelfristig modifiziert werden.

An einem Beispiel illustriert sieht dieser Detaillierungsprozeß folgendermaßen aus:

Konzept: *Prinzip der Massenproduktion*

Richtlinien: *Division führt regelmäßige Produkt-Erfolgskontrollen durch und schaltet ertragsschwache Produkte aus. Konzentration auf Großkunden.*

Aus den Gruppenzielen und Richtlinien leitet die D i v i s i o n s ihre spezifischen Z i e l e sowie ihre G e s c h ä f t s p o l i t i k ab.

Die Bestimmung der Ziele und Strategien erfolgt in einem wechselseitigen Prozeß zwischen Unternehmensleitung, Zentralbereichen und Divisions. Die Formulierung der Pläne der Divisions ist einer der wichtigsten Aspekte der Zusammenarbeit dieser drei Bereiche.

Die Zentralbereiche sollen dabei Anregungen geben, wie bestimmte Zielvorgaben von den Divisions realisiert werden können (z.B. neue Entwicklungen und Produktionstechnologien, zusätzliche Marktsegmente etc.). Ihrer Funktion als Informations-, Beratungs- und Kontrollzentren entsprechend, achten die Zentralbereiche darauf, daß eine gegenseitige Abstimmung der Pläne einzelner Divisions erfolgt. Dadurch soll eine Duplizierung von Aufgaben weitgehend vermieden und das Gesamtergebnis der Gruppe verbessert werden.

Aus den in diesem wechselseitigen Prozeß festgelegten Zielen und Strategien der Divisions leiten sich Maßnahmen der kurzfristigen Geschäftspolitik ab. Sie finden ihren Ausdruck in Budgetplanungen (einjährige Aufwandsplanungen), Aktions- bzw. Projektplänen.

Ein weiterer, wichtiger Aspekt der Zusammenarbeit zwischen Divisions und Zentralbereichen ergibt sich bei der Verfolgung des Tagesgeschäftes: Stellt sich heraus, daß die gesetzten Ziele nicht realisiert werden können, dann ist es Pflicht beider Bereiche, aktiv zu werden und Alternativvorschläge auszuarbeiten.

Die Einführung dieses Planungskonzeptes stellt eine Innovation dar. Die Realisierung wurde organisatorisch gestützt durch:

— *Monatliche Forumssitzungen. Dabei tragen Zentralbereiche und Divisions ihre Situation mit Hilfe standarisierter Kennzahlen und Soll/Ist-Vergleichen unter Zeitlimit vor dem gesamten Gremium vor, anschließend Gelegenheit zu Frage, Antwort und Kommentar. Querkommunikation, Erfahrungskumulation, rasches Reagieren auf gemeinsame Bedrohung und Pflege des Gruppenzusammenhaltes sind die wichtigsten Aspekte dieses Treffens.*
— *Schaffung eines zentralen Informationszentrums zur Verbesserung der Planungstransparenz (vgl. 6.242).*
— *Einrichtung eines weiterführenden Projektes 'Planung' mit einem Koordinationsausschuß.*
— *Vermittlung relevanter Kenntnisse und Fertigkeiten*
— *Aktualisierung der Gruppenstrategien*
— *Förderung der Zusammenarbeit zwischen Zentralstelle und Divisions*
— *Familiarisierung mit der operativen Planung.*

Die Durchführung begann mit je einer Planungskonferenz pro Division, wobei das Hauptgewicht auf der Transformation der Gruppenziele und den instrumentellen

*Fertigkeiten bei der Aktionsplanung lag. Es folgten Seminare, mit denen die Er-
gebnisse der Planungskonferenzen auf die mittleren und unteren Management-
Ebenen übertragen wurden. Alle Management-Bereiche wurden (bis zur Meisterebe-
ne) in jeweils modifizierten Versionen dieses Seminars angesprochen. Außerdem
wurden Vertreter verschiedener Fachbereiche und hierarchischer Ebene in gesonder-
ten Seminar-Veranstaltungen zusammengefaßt. Die Dauer des Seminars betrug je
nach Teilnehmerkreis zwischen zwei bis fünf Tagen.*

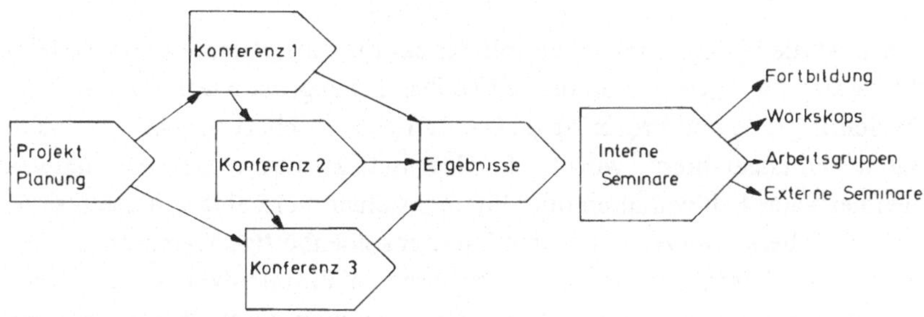

Abb. 30: Planungskonferenz

*Die Seminarthemen entsprachen der Praxis der Teilnehmer und führten so zu viel-
fältigen konkreten Anregungen für Verbesserungsmaßnahmen.*

*Darüber hinaus wurden weitere Seminare und Arbeitsgruppen auf konkrete Manage-
ment-Probleme angesetzt.*

6.35 Risikobehandlung

Aus der Sicht des Innovierens sind Risiken p o t e n t i e l l e P r o b l e m e und
diese ein Stimulus!

Die Technik der Behandlung potentieller Probleme kann bei Kepner-Tregoe nach-
gelesen werden. Wettbewerbsvorsprung im Umgang mit möglichen Problemen ergibt
sich dadurch, daß man ihr Auftreten überhaupt verhindert oder ihre Auswirkung
auf ein Mindestmaß beschränkt. Die eigentliche Gefahr besteht in der Neigung des
Spezialisten und Routiniers, aufgrund erster Eindrücke zu glauben, er habe die Zusammenhänge bereits erkannt und könne handeln. Kepner-Tregoe nennen 6 Ge-
fahrenarten, bei deren Auftreten 'etwas schief gehen könnte':

— Wo etwas Neues, Verwickeltes oder Ungewohntes ausprobiert wird.
— Wo Termindruck herrscht.
— Wo eine Ablauffolge entscheidend ist oder auf andere stark einwirkt.
— Wo eine Alternative fehlt.

— Wo die Angelegenheiten sich auf mehr als eine Person, Funktion oder
  Abteilung beziehen.
— Wo es schwierig ist, Verantwortung klar zuzuordnen oder diese nicht
  im Aufgabenbereich des Managers liegt.

Nachfolgend (Seite 187 und 188) zwei Matrizen (Notplanung, Risiken), die als Impuls zur innovativen Beschäftigung mit potentiellen Problemen bestimmter Exportsituationen entwickelt wurden.

R i s i k o ist die Wahrscheinlichkeit mit der ein Ereignis, Parameter oder Ziel nicht erreicht werden kann, wenn man die gültige Planung zugrunde legt. Risiken wachsen mit der Schrittgröße und Prozeßlänge. Die Betriebswirtschaft spricht von 'nicht vermeidbaren Verlustgefahren', worin — im Gegensatz zu unserer Betrachtungsweise — unternehmerisches Fehlverhalten oder Führungsfehler nicht eingeschlossen sind. Wir meinen, daß beim Innovieren hier mindestens ebenbürtige Gefahren zu den im Grunde berechenbaren und deshalb versicherbaren Einzelrisiken sowie dem allgemeinen, umwelt-, aber insbesondere markt-verursachten unternehmerischen Wagnis lauern. Risiken pflegen einzutreten, sie selektieren und motivieren zugleich. Mit sinkender Risikoprämie, dem Äquivalent für übernommene Risiken, sinkt auch die Innovationsrate. Wo Verantwortung ohne Sanktionen für Fehler bleibt, müssen alle leiden, statt durch Mehrleistung profiliert man sich auf Kosten anderer. Je hochkarätiger die innovative Substanz eines betrieblichen Systems ist, um so besser versteht es, ·die unternehmerischen Wagnisse zu bewältigen bzw. zu nutzen und Führungsfehler in innovatives Erfahrungspotential umzumünzen.

Potentielle Probleme (Notplanung eines Anlagenexporteurs)

	Aus-wirkung, falls keine Maßn. ergr. werden	Abwehr-Strate-gie	Ablauf-pläne	Wann über-prüft?	Aus-lösen-des Sig-nal für Gegen-maßn.	Wer wird infor-miert? Ent-scheidet? Verant-wortet?
Regierungssturz						
Ab/Aufwertung						
Krieg						
Ausfall lokaler Zulieferung						
zwei Wettbewerber schließen sich zusammen						
Konkurs Konsortialpartner						
Eigenfabrik streikt						
Transportarbeiter streiken						
Ausländerboykott						
Beschlagnahme Rohstoffe						
Energieverknappung						
Erdbeben						
Kälte/Hitzeeinbruch						
Epidemien (z.B. Grippe)						
Proj.Führer, Montage-leiter etc. fällt aus						
Einfuhrerschwerungen						
Statusprobleme						
Persönliche Verstöße gegen lokale Gesetze						
Schwere Unfälle						
Völlig neuartiges Produkt des Wettbewerbs						
Gerichtsverfahren (Patent-verletzungen, nicht erfüllte Verträge, Kartellverstoß)						

Risiken, die bekannt sind oder mit denen Erfahrungsgemäß gerechnet werden muß

Art des auslösenden Risikos: / Auswirkung auf:	Termin	Leistung	Kosten	Wirkungsgrad	Kapazität	Techn. Konzept	Genehmigungsverfahren	Lfd. Bestellungen	Versicherung	Konsortialverhältnis	Finanzierung	Vorbeugende Absicherung Phase 1 Phase 2 usw.
Lieferabgrenzung												
Versand												
Standortüberraschungen												
Rechtsunsicherheit												
Kurschwankungen												
ungünstige Witterung												
Ausschuß												
Lieferverzug												
Transport-Verluste und Schäden												
Kommunikationsprobleme mit Baustelle												
Mangel an Fachkräften												
Vergessene Teile												
EDV-Spionage												
Inflation												
Abnahme der Arbeitsproduktivität												
Unterschiedliche Ursachen In- und Ausland												
Unterlassene Proben												
Genehmigungen verzögert (Behörde, Cons.)												
design												
change												
Preiskampf												
Abwerbung												

6.36 Sozialbilanz

Im gleichen Maße, in dem die Kontinuität des Unternehmens nicht mehr überwiegend von der Erreichung ökonomisch-technischer Ziele, sondern ebenbürtig von gesellschaftlichen Zielen abhängt, müssen geeignete Meß- und Kontrollinstrumente für diese Zielerweiterung geschaffen werden. Technisch ist inzwischen machbar, was auch immer gebraucht wird; der Cash begrenzt zwar die Wünsche, aber auch das nicht immer (siehe IBM oder Ölländer); das soziale und menschliche Fähigkeitspotential bildet den ausschlaggebenden Engpaß einer Firma (oder Nation).

Diese Erkenntnis liegt dem 'human resoruce accounting' zugrunde, das die Universität von Michigan in Zusammenarbeit mit der R.G. Barry Corp. (Columbus, Ohio) entwickelt hat:

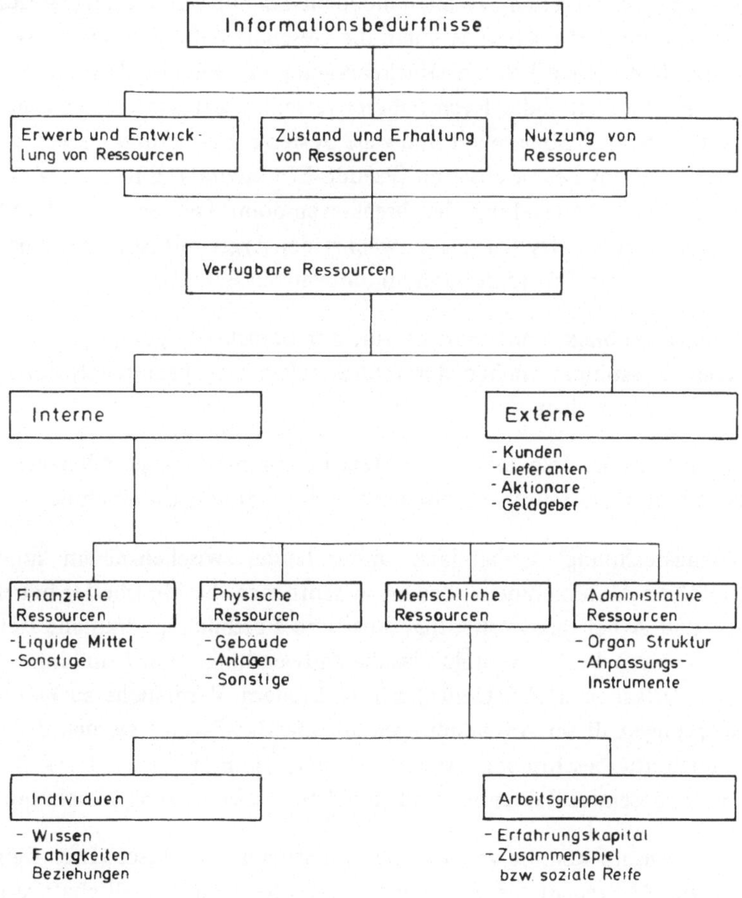

Abb. 31: Ressourcen des Unternehmens

Für die physischen und finanziellen Ressourcen gibt es ein ausgereiftes Instrumentarium, das allerdings nicht immer konsequent eingesetzt wird wie etwa bei der Erfassung inflationären Substanzverzehrs. Es ist nicht schwer zu erkennen, daß das Instrumentarium im Bereich der menschlichen und administrativen Ressourcen noch nicht den Anforderungen entspricht und mit der Schwierigkeit behaftet ist, daß man um qualitative Maßstäbe nicht 'herumkommt'. Barry geht allerdings den Weg, auch diese Ressourcen zu quantifizieren; Barry bewertet sie wie Investitionen, d.h. das Mitarbeiterpotential wird wie das Sachanlagenkapital in der Bilanz aktiviert.

Interessant ist die so möglich werdende Schlußfolgerung, daß z.B. der Erfolg einer falsch geführten Produktivitätssteigerung langfristig gesehen auf einen Substanzverzehr von 'human capital' hinausläuft. So kann die Erhöhung eines Pro-Kopf-Ausstoßes, bei dem ein hartes Ziel nach gutem Brauch nochmals um 10% angezogen wurde, weil die Leute 'erst richtig motiviert sind, wenn sie mit einem schlechten Gewissen auf die Toilette gehen', zu allen möglichen Schutz- und Trotzreaktionen führen, die Innovationsbereitschaft lähmen, die Geschäftsleitung isolieren usw. Wieviel Energie (und damit 'Geld') durch Drückebergerei, mangelhafte Aufrichtigkeit, Mißtrauen, Rückratlosigkeit oder Rechthaberei verschleudert wird, ist in keiner Buchhaltung aufgezeichnet. So gesehen sind viele Systeme 'krank' und werden nur durch laufenden 'Stress' am Leben erhalten (Pseudo-Effektivität). Ein anderes Beispiel ist die mechanistische Anwendung der break-even-point-Analyse, die Flucht in die Diversifikation von Randtypen. Dabei wächst der Ärger mit Anpassungsproblemen geometrisch und diese Zeit fehlt dann im innovativen Bereich.

In der Bundesrepublick zieht man es vor, zur Berücksichtigung der menschlichen und sozialen Ressourcen, neben der traditionellen eine gesellschaftsbezogene Erfolgsrechnung aufzuziehen.

Die Abbildung aus der Sozialbilanz der Steag beschreibt die zugrundeliegende Philosophie des Leistungsaustausches zwischen Gesellschaft und Unternehmen.

Die Aufwandsrechnung 'Sozialbilanz' unterscheidet zwischen einem 'inneren Beziehungsfeld' des Unternehmens, das im wesentlichen die Mitarbeiter betrifft (Einkommens- und Arbeitsplatzsicherung, Aus- und Fortbildung, ärztliche Betreuung) und einem äußeren Beziehungsfeld, das die Aufwendungen zur Erfüllung von gesellschaftlichen Aufgaben erfaßt (Umweltschutz, Steuern, Verbraucheraufklärung u.ä.). Die Auswirkungen dieser Aufwendungen auf die Gesellschaft werden dagegen verbal, d.h. qualitativ beschrieben. Andere Firmen, wie BASF oder Bertelsmann, ziehen es vor, ihr gesamtes Zahlenmaterial verbal zu interpretieren (Sozialreportage').

Ein weiterer Ansatz kommt von der Beratungsfirma Abt Assoc. Inc., Cambridge, Massachusetts. Abt macht die Rechnung aus der Sicht der Gesellschaft auf, gegliedert nach den 'Kostenträgern' Belegschaft, Gemeinden und weitere Öffentlichkeit. Dabei wird der soziale Nutzen dem sozialen Aufwand gegenübergestellt, im Beispiel: Die Öffentlichkeit ist Nutznießer von Steuerzahlungen und stellt dafür öffent-

liche Dienstleistungen und Infrastruktur zur Verfügung. Die Aufrechnung ergibt
eine 'soziale Wertschöpfung', wenn das Unternehmen mehr an die Öffentlichkeit ab-
führt als es von ihr erhält. Abt nennt diese Rechnung ein 'social statement'.

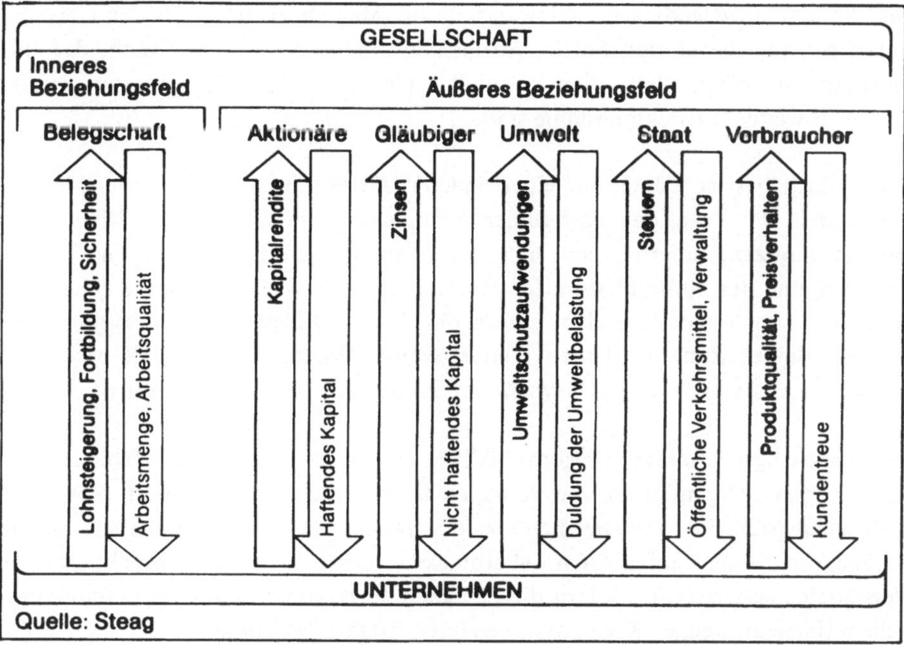

Abb. 32: Sozialbilanz

All dies mag noch unbefriedigend erscheinen, aber es sind anerkennenswerte Versuche, die wachsende Bedeutung der 'Human resources' und zunehmende gesellschaftliche Verflechtung in einem sich umstrukturierenden Lebensraum auch instrumentell zu erfassen. Unabhängig davon, wie gut dies gelingt, ist es wichtig, diese Zusammenhänge zu erkennen und sich darauf einzustellen. Da das innovative Potential
bislang nur sehr schlecht genutzt wird, müßten schon geringfügige Verbesserungen
bemerkenswerte Ergebnisse zeitigen können. Den Schlüssel dazu bieten die personenbezogenen Ansätze.

6.4 Personenbezogene Ansätze

Der Manager des Anpassungsbereichs verläßt sich auf strukturelle und instrumentelle Maßnahmen. Auch den 'Produktionsfaktor Mensch' behandelt er technokratisch; das Adjektiv 'social' oder 'human' (human relations, human engineering) ist
für ihn nichts weiter als eine Adresse wie 'financial' oder 'technological'. Doch die
Perfektionierung dieser im Anpassungsbereich durchaus bewährten und mit gewis-

sen Einschränkungen auch vertretbaren und somit berechtigten Führungsansätze ist den ständig schwieriger werdenden innovativen Anforderungen längst nicht mehr gewachsen.

Hier kommt unweigerlich der Einwand, ob der Mensch nicht bereits den Geistern unterlegen sei, die er rief. Solche Auffassung unterstellt stillschweigend, daß die individuellen und gesellschaftlich-kulturellen Fähigkeiten des Menschen ausgereizt, also nicht weiter entwicklungsfähig sind.

Dieses Buch basiert jedoch auf einer anderen Auffassung. Danach ist der Mensch durchaus in der Lage, der wachsenden Komplexität und Dynamik gleichwertiges entgegenzusetzen, sofern seine brachliegenden Fähigkeitsreserven zum Einsatz kommen, und der Multiplikatoreffekt sozialer Systeme systematisch und gezielt genutzt wird. Der Engpass ist also weniger die Natur des Menschen schlechthin, sondern die Beibehaltung überlebten Führungsverhaltens, das insbesondere personenbezogenen Ansätzen nicht das Gewicht einräumt, das es inzwischen verdient.

Personenbezogene Ansätze steigern, bildlich gesprochen, die Resonanzfähigkeit des 'Klangkörpers' Organisation und verhelfen ihr so zu mehr Effizienz und besserer Entwicklungsfähigkeit. Sie gleichen lokale Schwächen der sozialen Reife aus, helfen Veränderungswillen aufzubauen, überbrücken hierarchische und psychologische Verständigungsbarrieren, fördern die Fähigkeit zu bewußtem und eigenverantwortlichem Handeln, wecken Kreativität, verzinsen Erfahrungskapital.

Bei unzureichender Personenbezogenheit der Führung ergibt sich immer wieder folgende Selbstmordschaltung: Widerstand gegen Veränderungen hält sich bis der Anforderungswandel sich in negativen Zahlen niederschlägt. Jetzt wird auf Krise geschaltet, alle Fertigkeiten mobilisiert, Fähigkeiten eingespart oder nicht zu Wort gelassen. Gelingt die Operation, sehen die Zahlen vorübergehend freundlicher aus, aber das Innovationsdefizit hat sich inzwischen um die Sanierungszeitspanne und den Aderlass motivierter Fähigkeitspotentiale vergrößert. Der Absturz in Mittelmäßigkeit oder tiefer ist dann unvermeidlich geworden, von den Akteuren selbst vorprogrammiert, auch wenn sie dies kaum einsehen werden.

Hauptthema der personenbezogenen Ansätze ist das Fähigkeitspotential, also der ausschlaggebende Engpass für das Innovationsvermögen. Dies wirft Beurteilungsprobleme auf. Die übliche Personalbeurteilung hält sich an Fertigkeiten, während Fähigkeiten aus dem Berufsbild vorausgesetzt werden.

Solche Vorgehensweise gleicht einem 'blinde-Kuh-Spiel' und ist antiinnovativ. Ein guter Mann kann sich anpassen, aber nicht an seinen eigenen Haaren aus seiner Überforderung herausziehen. Dabei gibt es genügend brauchbare und praxisfreundliche Verfahren, um Fehler der Fähigkeitsbeurteilung einzuengen. Aber nicht einmal das einfachste und weithin geläufige davon, die Probearbeit oder Probezeit, wird ernsthaft eingesetzt. Dem Verfasser ist ein Experiment bekannt, das die Situation schlaglichtartig ausleuchtet: Auf einige Stellenanzeigen, die auf Fähigkeiten besonderen Wert legten, wurden je zwei fingierte Bewerbungen eingereicht. Die eine entsprach den Lebensdaten hervorragender Persönlichkeiten auf diesem Gebiet und möglichst aus dem ausschreibenden Hause selbst, die andere war völlig auf Wissen, Fertigkeiten und Anpassung ausgerichtet. Ergebnis? Die erste Art der Bewerbung brachte einen 100%igen Mißerfolg ein, auf die zweite kamen — sogar überdurchschnittlich viele — Aufforderungen zu einem Vorstellungsgespräch.

Zweifellos ist es schwierig, Fähigkeiten zu ermitteln, aber das ist in der Regel nur ein vorgeschobener Grund und darf keinerlei Rechtfertigung abgeben für die Beibehaltung von Fähigkeits-Raubbau, zufälligem Fähigkeitseinsatz und entgangenen Erfolgs-Chancen. Letztlich ist auch die Art und Weise, wie das Fähigkeitsproblem angepackt wird, Ausdruck der sozialen Reife und als solches richtungsweisend für die Zukunft einer Organisation. Bei manchem reicht es eben mal gerade dazu, Innovation zur geheimen Sache des Vorstandes zu erklären.

6.41 Führen und Manipulieren

Führungstechniken und -stile rechnen wir zu den strukturellen und instrumentellen, die Führungsgrundsätze dagegen zu den konzeptionellen Ansätzen. Das hat zwei Gründe:

Führungsgrundsätze haben transzendentalen Gehalt, Führungsstile sind dagegen erfolgs- und rollenorientiert. Transzendenz ist aber gerade beim Innovieren unerläßlich, es relativiert die nachgeordneten und insbesondere die sozialen Systeme und bewahrt den Führungsverantwortlichen so vor einer Absolutierung seines Standpunktes und seiner Ansprüche.

Zum zweiten ist das Instrumentarium der Führungstechniken und -stile in Einsatz und Wirkung variabel. Was etwa bei einem MbO herauskommt, hängt völlig von der Einstellung des Top-Managements (vgl. 8.6) bzw. der sozialen Reife des Systems (4.33) ab. Den immer richtigen Stil gibt es überhaupt nicht, jeder wechselt seinen Stil und seine Techniken nach bestem Vermögen ständig in Abhängigkeit der Erfolgsaussichten, die er sich von diesem oder jenem Verhalten verspricht und die Erwartungen werden beeinflußt von der Stressvorbelastung, der Macht des Partners, der Gruppenzusammensetzung, der Motivation, u.a.m. Führungstechniken sind Mittel zum Zweck.

Es liegt die Frage nahe, wo bei der Verhaltensbeeinflussung anderer das Führen aufhört und die Manipulation beginnt. Ohne ein gewisses Maß an Berufung, Selbstlosigkeit und die Bereitschaft unter Einhaltung ethischer Grundsätze zu dienen, gerät wohl jegliche Beeinflussung anderer zur Manipulation. Hier klingt etwas von der Haltung an, zu der sich R o t a r i e r bekennen, die sie als „Dienen" bezeichnen und der 4-Fragenprobe unterwerfen:

1. Ist es wahr?
2. Ist es für alle Beteiligten fair?
3. Wird es Freundschaft und guten Willen fördern?
4. Wird es dem Wohl aller Betroffenen dienen?

Manipulation ist „zweckgerichtete Beeinflussung des menschlichen Verhaltens ohne ausdrückliches Einverständnis oder gegen den Willen der Person" (I. Angst). Manipulation liegt auch vor, wenn Emotionen benutzt werden, um Grundsätze zu überspielen, also die Willensbildung auf diese oder jene Weise beeinträchtigt wird (10.), so daß der Manipulierte glaubt, freiwillig zu handeln. Diese Variante heißt üblicherweise „Verführen".

M a n i p u l a t i o n von innovativen Situationen führt unweigerlich zu einem Eigentor. Der Grund liegt auf der Hand, die Innovationsträger können dabei nämlich nicht in die neue Problemstellung hineinwachsen bzw. sich nicht den erforderlichen Qualifikationszuwachs aneignen. Vielleicht gibt es eine vorübergehende Entlastung, aber die sich zwangsläufig im Zuge der fortschreitenden Entwicklung weitende Kluft zwischen Manipulator und Manipulierten kann nur eine zusätzliche Verschärfung der an sich schon vorhandenen Problematik zur Folge haben.

Pädagogen und Ärzte stehen immer wieder vor der Aufgabe, jemanden ohne ausdrückliches Einverständnis und nicht selten gegen seinen Willen kraft tieferer Einsicht zu helfen. Ob solch eine Einflußnahme zur Manipulation wird oder nicht, hängt offenbar von den Zielen und der E t h i k des „Manipulanten" ab. Diese gilt es abzusichern, dann sind wir auch frei, die Führungsansätze anzuwenden, die es inzwischen zur Beeinflussung innovativer Einstellungs- und Verhaltensprobleme gibt (S. 207).

6.42 Welche Ansätze dienen welchen Zielen?

Die Stoßrichtung personenbezogener Ansätze ist fünffacher Natur:

1 — Abbau von Widerständen im Menschen
z.B. durch
Vermittlung von Einsichten (rechtzeitige und vollständige Information, Präsentation, Diskussion etc.)
Vermittlung des Gefühls gehört zu werden, mit-planen zu lassen,
Indirekte Gesprächsführung,
Verhaltenstraining, Stereotypen abbauen,
Einstellung des optimalen Spannungsniveaus,
Konsequentes Vorleben seitens der Vorgesetzten.

2 — Schulung von Wissen, Fertigkeiten und Fähigkeiten
z.B. durch:
Fortbildung;
Workshops, Arbeitsseminare;
Kreativitätstraining;
Urlaubsvertretung;
Aufgabenanreicherung (Aufgabenvergrößerung ist dagegen ein
struktureller Ansatz);
Bestimmte innovative Situationen wiederholen lassen;
Frustrationstoleranz schulen.

3 — Entfaltungs-Hindernisse abbauen
z.B. durch:
Positive Grundhaltung;
Rückhalt beim Management;
Klare Ziele und Verantwortung;
Pädagogisches Führen;
Konflikt-Management;
Selbstdarstellung ist erwünscht, Lernfehler sind erlaubt;
Strukturierung und deren Sanktionen aufgabengerecht gestalten;
Spielregeln klarstellen und einhalten;
Initiative ermutigen, Unterlassung beanstanden;
Ausbau betriebliches Vorschlagwesen
Kommunikations-Übungen;
Auffinden von gefühls- und gewohnheitsmäßigen Hindernissen;
Freimachen von ablenkenden Einflüssen.

4 — Multiplikatoreffekt einleiten
z.B. durch:
Gemeinsame Bildgestaltung;
Erwartungsniveau mit Wirklichkeit abstimmen;
Einstellungszwecke ansprechen;
Sensitivity-Training;
Prozeßbewußte Führungsimpulse;
Gruppenzusammensetzung;
Lotsengruppe;
Staffettenwechsel;
Erfahrung anderer anerkennen, heranziehen und integrieren;
Letzten Wissensstand nutzen;
Mut zur Intuition, freie Ideenentfaltung;
Nichts als gegeben hinnehmen, aus Antworten Fragen ableiten;

Ideen und Erfahrung sammeln und wiederauffindbar speichern.
Sensibilität für potentielle Probleme wecken;
'Naturschutzparks' im Betrieb auflösen;
Schuld gibt es nicht, nur Ursachen;
Selbstwertgefühl stärken.

5 — Soziale Reife anheben
z.B. durch:
System öffnen;
Wertgebäude 'veredeln', Denken in höheren Modellen fördern;
Entfaltungsraum weiten;
Selbstverpflichtung aufs Gesamte;
Vertrauensvorschuß, Achtung voreinander;
Selbstkorrektur möglich machen;
Einfluß und Macht Anonymität nehmen;
Basismotivation sättigen;
Soziales Entgeld auf Reifen einstellen;
Encounter-Training;
Konzeptionelle Spielregeln;
Aufgeschlossenheit und Kritikfähigkeit ausbauen.

In diesen fünf Kategorien von personenbezogenen Ansätzen steckt auch eine Rangordnung. Je komplexer und dynamischer die zu bewältigenden Anforderungen sind, um so stärker müssen die hochziffrigen Kategorien eingesetzt werden.

6.43 Exkurs über Konflikt-Management

Innovatoren reflektieren ihr Vorhaben an den Interessen aller Bezugssysteme, die möglicherweise betroffen sind, und wägen den Konfliktgehalt der Situation mit ihrer Vorgehensweise ab. Der Konflikt an sich ist für sie wertfrei und unvermeidbar, erst durch seine Handhabung erhalten die ihm innewohnenden Kräfte Richtung und Ausmaß.

Konflikt-Management sucht vor allem die Konflikt-Spannung auf ein konstruktives Niveau einzustellen (vgl. 4.51).
Konflikte verlaufen zyklisch-prozeßhaft: Erster Anlaß — Situation — Verhalten — Konsequenz — zweiter Anstoß — usw.

A n l a ß: Der erste Anstoß kann substanzieller Natur (verschiedene Ziele, Interessen oder Fakten) oder emotioneller Natur sein (z.B. Neid, unterschiedliche Werte, Mißtrauen). Die Dissonanz bleibt latent, solange es Hemmnisse gibt (z.B. Angst oder

Gruppennormen). Es gibt also eine Vorgeschichte, ehe der Zyklus in Bewegung kommt.

Ein Beispiel wäre die Reaktion auf einen Führungsstil, der ständig verfehlte Hoffnungen weckt. Enttäuschte Erwartungen laufen auf und können sich dann plötzlich — aus scheinbar nichtigem Anlaß — 'unmotiviert' Luft machend, alle rationalen Überlegungen zum Trotz.

E m o t i o n e l l e K o n f l i k t e fordern eine Umstrukturierung der Einstellung und Erwartungen, s u b s t a n z i e l l e K o n f l i k t e verlangen rationale Problemanalysen und Verhandeln. Wesentlich für ein erfolgreiches Innovieren ist es, schwelende Anlässe früh zu orten und ernst zu nehmen.

Verdeckte Agression äußert sich in mimischer Motorik (Verfärben, angehobene Schultern, 'Zähneknirschen', geballte Faust) oder verbal in Unterwürfigkeit, Relativieren, Perfektionismus u.ä. ('Die Sprache ist da, um Empfindungen zu vertuschen').

Erstes Gebot des Promotors ist es, solche Anzeichen zu erkennen, sich emotionell 'nicht anstecken zu lassen', einen kühlen Kopf bewahren. Vielleicht geht er soweit darauf ein (z.B. durch aufmerksames Zuhören), daß sich Agressionen abbauen oder die treibenden Beweggründe klar werden. Manchmal genügt schon ein Ablenkungsmanöver oder eine Pause, um die normale psychische Reaktionsfähigkeit des Frustrierten wieder herzustellen. Vor allem muß sich der Promotor fragen, ob er die Situation richtig erkannt hat und welches 'Reizwort' den Verhaltensmechanismus wohl ausgelöst haben mag.

Freilich darf nicht übersehen werden, daß gerade Machtpromotoren und Spezialisten durch Innovationsprozesse oft selbst verunsichert sind.

Zu unterscheiden sind e i g e n t l i c h e r A n l a ß und F o l g e - A n l ä s s e; letztere vervielfältigen den ursprünglichen Anlaß und laden den Gesamt-Konflikt emotional auf, aus einer Sachdifferenz kann z.B. Antipathie werden, Folgeanlässe verraten sich meist durch ihren Symptomcharakter, breiten sich neben dem eigentlichen Konfliktzyklus aus und verdecken ihn. Die Gründe für abgeleitete Anlässe sind vielfältig:

— Rechtfertigung eines emotionellen Konfliktes durch Einführung legitimer Gründe oder das Vorschieben von sachlichen, logischen Argumenten.

— Risikominderung durch Vorschieben eines gleichartigen, aber weniger explosiven Anlasses, z. B. vorgezogene Grundsatzgespräche, den Assistenten angreifen und den Chef meinen, Generalisieren u.a.

— Taktisches Verschleierungs- oder Ablenkungsmanöver.

— Aufrechterhaltung der grundlegenden Distanz und Differenzierung, die
  man gegenüber der anderen Seite empfindet und wahren möchte.

Es ist durchaus möglich, daß zwei Kontrahenten dadurch eine Annäherung finden,
daß sie mit dem Symptom-Teil beginnend Energie und Zeit zur Lösung des Basis-
konfliktes sparen. Sie müssen allerdings die gewonnene Teil-Übereinstimmung als
solche bewerten und sich bewußt bleiben, daß sie sich in der Randzone des Konfliktes bewegen. Also immer versuchen, Klarheit darüber zu gewinnen, was der Basiskonflikt ist. Oft hilft schon eine Rückblende.

S i t u a t i o n : Überläßt man den angestoßenen Konflikt sich selbst, dann hängt
seine Weiterentwicklung davon ab, welche b e g r e n z e n d e n H e m m n i s s e
(Barrieren) und a n h e i z e n d e n I m p u l s e (Stimuli) die Situation bereit hält,
wie Zwang, Gruppennormen, Richtlinien, Tradition,zeitliche und räumliche Grenzen, Distanz bzw. mittlere Dichte, Sitzordnung, usw.

Anheizende Impulse vergrößern entweder das Gewicht des Anlasses oder schwächen
die regulierenden Stellgrößen (z.B. Hemmungsschwelle).

Zusammengefaßt heißt dies:

1. Symptomatische Konflikte verraten sich meist durch ihren Affektgehalt und
    kreisen um den Basiskonflikt.

2. Suche den Basiskonflikt zu finden und wähle die situativen Komponenten einer
    Bewegung bewußt. Die Kenntnis der gültigen Barrieren und Stimuli ermög-
    licht die Steuerung des Ablaufes. Der bewußte Ansatz dämpfender Hemmnisse
    kann z.B. Zeit verschaffen, um virulente Stimuli zu immunisieren oder die Fre-
    quenz der Konfliktzyklen unter Kontrolle zu bringen.

3. Da die Kontrahenten normalerweise auf verschiedene Bündel von Konflikt-
    hemmenden und -beschleunigenden Maßnahmen ansprechen, kann der Ausgang
    einer Besprechung davon abhängen, das Teilebündel zu finden, auf das beide in
    einer überschaubaren Weise ansprechen. Insbesondere ist zwischen Impulsen zu
    unterscheiden, die zu bös- und solchen, die zu gutartigen Verstärkungen des
    Zyklus tendieren.

V e r h a l t e n : Die zweiseitige Lösung von Konflikten erfolgt durch stufenweise
Annäherung der Kontrahenten und zwar durch Abstimmung

— der Bildgestaltung
— der Erwartungen
— von Macht und Sicherheit
— Spielregeln, Werten

– Distanz, Rückkoppelung
– Timing (S. 73)
– Spannungsniveau bzw. Engagement, Motivation (S. 81, 89)

Diese Liste stellt eine gewisse Hierarchie, aber keine zwingende Folge dar.

Gemeinsame B i l d g e s t a l t u n g setzt Kommunikation voraus. Kommunikation übermittelt ein Gesamtbild. Zu unterscheiden ist zwischen digitaler K o m m u n i k a t i o n (eine logische, abstrakte, den Inhalt repräsentierende Information) und analoger Kommunikation (bezieht sich auf die Beziehungen); letztere drückt sich auch außer-sprachlich aus (Gesten, Umgangsformen, Kleidung, Tonfall, Wortwahl, usw.). Man muß als Teilnehmer und Empfänger von Kommunikation ständig zwischen beiden Übermittlungsarten hin- und her-übersetzen. Besonders die analoge Kommunikation bietet zahlreiche Fehlermöglichkeiten. Hier liegt der Anstoß für viele zwischenmenschliche Störungen. Das heißt:

– Erkennen, wenn Inhalts- und Beziehungsaspekte nicht übereinstimmen,
– Analog kommunizieren, was sich nicht – oder noch nicht – digital sagen läßt,
– Keine Interpretation, ohne daß mehrere sich unterstützende Hinweise vorliegen (Unsicherheit kann sich z.B. aggressiv oder defensiv äußern),
– Aus eingefahrenen Geleisen heraustreten und über die Art, miteinander zu reden, sprechen.

Selektierte Wahrnehmungsfähigkeit und Vordisposition vereitelt Konfliktlösungen oft schon im Ansatz. Umgekehrt empfängt der mehr, der sich besser verstanden und akzeptiert fühlt. Bei Störungen dieser Art hilft manchmal die Hm-Methode, die den anderen ermuntert, bestätigt und aussprechen läßt. Bei Dauerschwierigkeiten hat es sich als Übung bewährt, ein Gespräch zu führen und vor jeder Antwort wörtlich wiederholen zu lassen, was der andere gesagt hat. Finden solche Begegnungen im Rahmen der eigenen Arbeitsgruppen statt läßt sich die Kommunikationsfähigkeit so systematisch verbessern.

Das E r w a r t u n g s n i v e a u wird eingepegelt durch kommunikative Hinweise wie der Länge der Wartezeit, Ort des Treffens, Zusammensetzung der Beteiligten oder informative Fingerzeige wie der Tagesordnung oder vorausgehender Indiskretionen. Art und Höhe der Erwartungsdifferenz beeinflußen naturgemäß die Verhaltensweise. Wenn jemand z.B. den Eindruck hat, daß der andere sich mehr von einer Aufrechterhaltung als Beseitigung der Differenzen verspricht, würde ein Entgegenkommen seine Position nur einseitig verschlechtern; Konfliktlösungen setzen eben soviel Gemeinsamkeit voraus, daß beiden Seiten ein Abbau der Differenzen wünschenswert erscheint. Mit dem Wecken unrealistischer Erwartungen (und deren Emotionalisierung) können Vorgesetzte Konflikte vor sich herschieben, aber nicht lösen.

Angleichung des situativen Einflusses bzw. M a c h t a n p a s s u n g ist jeder Konfliktlösung förderlich. Wird der Stärkere seinen Vorteil einfach ausnutzen? Je größer die Differenz ist, umso zurückhaltender und mißtrauischer wird die Verhaltensweise des Schwächeren werden. Der Stärkere tendiert andererseits dazu, auch konstruktive Absichten der schwächeren Seite zu unterschätzen, vielleicht als Willfährigkeit oder Besserwissen abzutun. Die Neigung seine eigene Meinung zu überprüfen, wird jedenfalls geringer.

Gewisse S p i e l r e g e l n werden selbst zwischen Feinden beachtet, solange ein — auch unausgesprochenes — Interesse an einer Einigung vorhanden ist. Je geringer die Feindschaft, desto mehr Raum geben die Regeln und desto seltener wird ihre Verletzung. Ein Wechsel von Feindschaft zu Freundschaft wird von einem Wechsel der Verhaltensformen begleitet. Es gibt Regeln, deren Nichtbeachtung unweigerlich zur Konfliktescalation führt, z.B.: Persönliche Verunglimpfungen, Tadel oder Lächerlichmachung vor Dritten, offenkundiges Lügen, gemeinsames Einvernehmen absichtlich falsch auslegen, versprochene Termine mehrfach versäumen. Von einigen Regeln werden auch dann noch positive Auswirkungen erwartet, wenn sich nur eine Seite an sie hält: Tatsachen nicht verdrehen, Fragen beantworten, Statusproblemen vorbeugen (z.B. durch neutralen Konferenzort, rotierenden Vorsitz, alphabetischen Verteiler usw.), Gefühlsausbrüche vermeiden, stets höflich und respektvoll sein.

Der D i s t a n z a b g l e i c h kann räumlicher oder psychologischer und soziologischer Natur sein. Schon das Tier kennt Reviergrenzen. Nicht zufällig korreliert die Entwicklung vom Nomaden über den Bauern zum Industriestaat und zur Dienstleistungsgesellschaft mit relativ engen D i c h t e g r e n z e n . Der Dompteur nutzt bewußt die r ä u m l i c h e E n t f e r n u n g , die zwischen Aggressions- und Flucht-Reaktion der Großkatze liegt. Auch der Mensch bewegt sich in Abständen, die meßbar zunehmen, je nachdem er sich intim, vertraulich, freundschaftlich, privat, geschäftlich oder öffentlich begegnet. Gleiche räumliche Distanz läßt sich weiter profilieren durch die Richtung (gegenüber oder seitlich, sitzend und stehend), Bevorzugung eines Standortes (am Fenster oder Kopfende), Hindernisse (Schreibtisch oder Sitzecke) Verunsicherung des Bezugs (Verhörmethode des Umhergehens) u.a. P s y c h o l o g i s c h e D i s t a n z wird unterschritten, wenn sachliche Kritik in persönliche Verunglimpfung ausartet, sich jemand über das Intimleben eines Dritten ausläßt oder 'zu neugierig' ist. Eine strikte Trennung zwischen dem Verhalten im Privatleben und der Berufsphäre ist nicht möglich.

O f f e n h e i t ist im Grunde auch ein Phänomen der Distanzwahrung ('Aufrichtigkeit ohne Anstand ist Grobheit'). Wer einmal auf Anständigkeit und Gemeinsamkeit vertrauend auf einen machtlüsternen Intriganten traf, dürfte um eine einschneidende Erfahrung reicher geworden sein. Das Wissen um die moralische Überlegenheit nutzt der Lösung des anstehenden Konfliktes wenig.

Für den Innovationsprozeß ist Offenheit eine konstruktive anregende Vorleistung und eine R ü c k k o p p l u n g dafür, wie die Kommunikationsbemühungen des anderen bei uns ankommen. So einleuchtend das Konzept auch ist, so schwierig ist seine Realisierung. Offenheit setzt hohe soziale Reife voraus. Eine Rückkopplung, die als Anmaßung, Belästigung o.ä. aufgefaßt wird, verschärft den Konflikt. Deshalb ist es wichtig, relevante Spielregeln zu vereinbaren.

Im sozial reifen System ist Kritik durch Untergebene möglich und erwünscht. Keiner weiß besser über die Stärken und Schwächen des Vorgesetzten im Tagesgeschehen Bescheid. Allerdings sind Meinungsumfragen bei den Untergebenen über ihre Vorgesetzten, zumal in verklemmten Systemen, eine höchst zweifelhafte Vorgehensweise. M e i n u n g ist, nach dem Wörterbuch, ein Fürwahrhalten von etwas, das nicht begründet oder erwiesen ist. Obendrein muß bei Innovationsprozessen das Verhältnis zum Innovator oder Prozeß-Promotor zyklisch konfliktgeladen sein. Meinungsumfragen können bestenfalls ein Gradmesser für die momentane Stärke emotioneller Strömungen sein.

Rückkopplung (feed back)

soll sein	soll nicht
beschreibend	interpretieren, bewerten
erwünscht	aufgezwungen sein
rechtzeitig	inaktuell sein
konkret	generalisieren, simplifizieren
korrekt	zweifelhafte Analogien bringen
klar	theoretisieren, relativieren
brauchbar	Unzulänglichkeiten bringen, die der Empfänger nicht beeinflußen kann
angemessen	sich auf andere Situationen oder fremde Bedürfnisse beziehen.

Wer Rückkopplung empfängt, sollte sich nicht verteidigen, rechtfertigen, zurückziehen oder angreifen und auch nicht intellektualisieren oder argumentieren. Er sollte zuhören (nicht hinhören bzw. schweigen), aufnehmen, verarbeiten, klären, sich also öffnen und innerlich entkrampfen, sich austauschen, fragen, ein Gespräch führen und sich zu sich selbst bekennen. Jeder hat allerdings gegenüber willkürlichen manipulierenden Maßstäben und Werten ein Recht darauf, sein eigener Richter zu sein und in fortschrittlichen Systemen die Pflicht dies gebührend wahrzunehmen.

Im Wertkonflikt zwischen Individuum und System sind folgende Positionen möglich:

Trennung:	Suche nach einer besser harmonierenden Bindung
Kokon:	Der einzelne isoliert sich durch system-dissonantes Verhalten.
Frustration:	Der einzelne handelt Systemkonform, aber gegen seine eigene Wertordnung
Nische:	Der einzelne findet ein Subsystem, das mit seinen Einstellungen und Verhaltensweisen harmoniert.
Anpassung:	Der einzelne gibt seine Wertordnung auf und identifiziert sich mit der des Systems
Innovation:	Die Grundwerte stimmen überein. Auf dieser Basis wird gesamthafter Fortschritt gesucht.
Reform:	Das System paßt sich der Wertordnung eines einzelnen an.

Konfliktfördernde Verhaltensweisen sind:

Aggressivität:	Abfällige Bemerkungen, unsachliche Kritik, Herabsetzung, vorschnelles Urteilen.
Blockieren:	Angebot unpassender persönlicher Erfahrung, Ausweichung auf Randprobleme. Hartnäckiges Herumreiten auf einem Punkt. Problematisieren oder Intellektualisieren, Randprobleme breittreten. Sich zu bestimmt äußern.
Rivalisieren:	Vordrängen, ausstechen, letztes Wort.
Beachtung suchen:	Lautes Pathos, auffallendes Verhalten, ausgefallene Ideen, ausgiebig reden.
Symphatiesanten suchen:	Cliquen bilden
Sich zurückziehen:	Indifferentes, formales Verhalten. Mit anderen flüstern. Vom Thema abweichen.

Konfliktlösende Verhaltensweisen bzw. integrierend sind:

Auge-in-Auge-Kontakt,
Beharrlich bleiben, nicht auf Seitenwege ablenken
oder emotionell herausfordern lassen;
Zuhören, Übereinstimmungen herausfinden;
Ermutigen, Grenzen wahren;

Spielregeln festlegen, Zielabsprache;
Analyse der Haupthindernisse;
Feed back (z.B. gegenüber Zielen, Regeln);
Vermitteln (z.B. Standpunkte entemotionalisieren
und versöhnen, Kompromisse vorschlagen;
Grenzen respektieren (z.B. Sprechzeit, nicht unterbrechen);
Stereotypen abbauen;
Spannung vermindern (ein Scherz, ablenken, in
größeren Zusammenhang stellen);
Übereinstimmung prüfen (z.B. durch Versuchsballon);
Freiwillige Enthüllung konfliktfördernder eigener Gefühle.

Die K o n s e q u e n z e n als der vierten Phase des Konflikt-Zyklus brauchen wir
nicht zu beschreiben. Wir geben Ihnen aber mehrere Hilfsmittel an die Hand, um
Konflikt-Situationen besser diagnostizieren zu können. Wie jemand den Konflikt
überhaupt und seine Konsequenzen bewertet, das schlägt sich in seinem Führungsstil nieder. Viele Hilfsmittel laufen deshalb auf ein Erkennen des Führungsstiles
hinaus.

6.44 Wie setzt man Gruppen zusammen?

Spontane oder informale G r u p p e n b i l d u n g bedeutet einen sozialen Konflikt, bei dem es vor allem um Abstimmung der Werte, des Status und der Macht
geht; es müssen zuwiderlaufende Interessen integriert, neutralisiert oder ausgeschal-
tet werden. Wie jeder Konflikt kann auch dieser durchaus wünschenswerte Konsequenzen haben. Deshalb müssen innovative Bereiche den Konflikt nicht nur tole-
rieren, sondern institutionalisieren (Leitbild, Spielregeln etc.). Hier eine Verhaltens-
Skala zunehmender sozialer Gruppenreife in der Verarbeitung von Konflikten:

Ausweichen:	Konflikte kommen gar nicht an die Oberfläche, werden vertuscht und verdrängt. 'Oberflächlichkeit'!
Eliminierung:	Kaltstellen, Diffamieren, Abschießen — andersdenkender Mitglieder.
Unterdrückung:	Unbequeme werden in Angst oder Abhängigkeit gehalten und so zu Gehorsam gezwungen. (Psychoterror und manipulierte Selbstunterdrückung gehören ebenfalls hierher)
Cliquen:	Legen sich im voraus fest oder bilden z.B. während der Verhandlung spontane Zusammenschlüsse; Gruppenzusammenhalt und Vertrauen leiden.
Mehrheitsbeschluß:	Es herrscht eine Mehrheit, die Minderheit fühlt sich nicht gefordert oder bleibt voreingenommen, stimmt aber zu.

Allianz:	Die Parteien beharren auf ihren Standpunkten, schließen aber ein Bündnis, um bestimmte Interessen durchzusetzen. Konflikt ist auf Eis gelegt, bis dieses Ziel erreicht ist.
Kompromiß:	Parteien sind gleich stark, jeder macht Zugeständnisse; die Notwendigkeit dazu läßt sich einsehen, trotzdem erwächst daraus keine Befriedigung.
Kooperation:	Minderheiten werden vor allem in Fragen sekundärer Bedeutung toleriert, man trifft sich nicht grundsätzlich in der Mitte, sondern gibt und nimmt in der Hoffnung, daß daraus letztlich für alle größere Vorteile herausspringen.
Integration:	Gesamthafte Lösungen, die alle befriedigen.

Die innovativen Eigenschaften der Gruppe hängen von zahlreichen Faktoren ab. Hervorzuheben sind: Zielvorgabe, Größe, Zusammensetzung, situative Komponenten, Spielregeln, Strukturierung und Autonomie.

Z i e l v o r g a b e : Je sauberer das anstehende Problem definiert wird, je besser dabei die Bedürfnisse der einzelnen Mitglieder Berücksichtigung finden und je genauer diese den Erfolg ihrer Anstrengungen vor Augen haben, um so mehr Mitglieder werden sich innovativ engagieren.

G r ö ß e : Die Abstimmungsprobleme zwischen den Mitgliedern wachsen exponentiell mit ihrer Anzahl, d.h. Motivation und Willensbildung gehen zurück. Es gibt allerdings ein verträgliches Optimum, das je nach Persönlichkeiten und Aufgabenstellung zwischen 5 und 8 liegt. Darunter wächst die Gefahr der Parteienbildung; das paritätische Dreierkollegium ist gruppendynamisch gesehen eine Selbstmordschaltung (böse Zungen sagen es funktioniere nur, wenn 2 verreist seien).

Z u s a m m e n s e t z u n g : Es hat sich besonders bei innovativen Aufgaben bewährt, das weibliche Element wegen seiner andersartigen Sensibilität und Einstellungen mit aufzunehmen. Die hierarchische Zusammensetzung hängt von der Aufgabenstellung ab. Die Ausstrahlung von hierarchisch heterogenen Gruppen ist größer (Lotsengruppe!), setzt aber voraus, daß Autoritätsunterschiede durch Gruppendynamik intern nivelliert werden. Achtung! Gibt es unterschiedliche Bindungen informaler Art?

S i t u a t i v e   K o m p o n e n t e n : Hier gilt sinngemäß das, was schon zur Konfliktbehandlung gesagt wurde. Innovative Gruppen sollten in einer angenehmen, störungsarmen Umgebung arbeiten.

S p i e l r e g e l n: Möglichst früh sollte eine Gruppe brauchbare Vorgehensweisen der Ideenfindung, der Kommunikation, der Entscheidungsfindung und des laufenden feed-back der Arbeitsweise und des Fortschritts finden. Zusammen mit der Zielvorgabe haben die Spielregeln im Entstehungsstadium den größten Einfluß auf die Kohäsion, d.h. die Anziehungskraft der Gruppe.

S t r u k t u r i e r u n g: Hierbei geht es vor allem um Rolle und Einfluß. Welches sind die Bedingungen der Gruppenzugehörigkeit, wo liegen die Grenzen akzeptablen Verhaltens (z.B. Offenheit) und wie werden Überschreitungen sanktioniert, gibt es eine Hackordnung und wie sieht sie aus, welcher Führungsstil setzt sich durch und wie paßt er zur Motivationsstruktur?

A u t o n o m i e: Innovative Gruppen brauchen ein hohes Maß an Autonomie. Die folgende Einteilung weist wachsende Gruppen-Autonomie aus (vgl. auch S. 55):

```
 1  —    Monotone Routineausführung
 2  —    Selbstkontrolle und -korrektur in vorgegebenen Grenzen
 3  —    Einfluß auf die Maß- und Meldekriterien
 4  —    Wahl der Ausführungsweise
 5  —    Entscheidung über die Reihenfolge der Arbeit
 6  —    Entscheidung über die interne Aufgabenverteilung
 7  —    Einfluß auf die quantitative Belastung
 8  —    Einfluß auf die Bewertungskriterien
 9  —    Investitions-Freiraum
10  —    Personelle Entscheidungsfreiheit
11  —    Planungsautonomie zur Erreichung verabredeter Eckziele
12  —    Eigene Zielfindung
```

Die Häufigkeit des persönlichen Kontaktes ist ein Maß für den Grad von Übereinstimmung. Eine Strichliste, wer aus Ihrer unmittelbaren Bezugswelt wie häufig sich an Sie wendet (im Aufzug, bei Tisch, per Telefon, zu Ihrem Arbeitsplatz kommt), gibt schon einen guten Anhalt dafür, bei wem Sie 'ankommen'.

Sich selbst kann man soziometrische Fragen der folgenden Art stellen:

— Wer würde mit beistehen, wenn die Gruppe mich angreift?
— Mit wem würde ich eine Bergtour machen?
— Fühle ich mich von der Gruppe aufgenommen?
— Welche Mitwirkung ist mir möglich?
— Wem würde ich die größte Freiheit beim Durchsetzen seiner
  persönlichen Interessen zubilligen?
— Wer führt die Gruppe?
— Sind verschiedene Mitglieder darauf aus, ihren Einfluß
  auszudehnen?
— Ist die Gruppe erfolgreich in der Diagnose ihrer Probleme,
  ist genügend feed-back und Offenheit vorhanden?

— Sind die Gruppenziele klar?
— Sind die Diskussionen sachbezogen?
— Werden abweichende Auffassungen respektiert,
    was trage ich dazu bei?
— Wie läuft die Entscheidungsfindung ab?

K o n t a k t o g r a m m e

Idealtypische Strukturen sind:

Vorgesetzten Struktur (Rad)

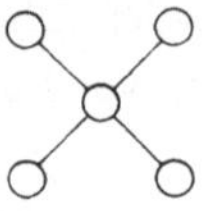

Hierarchische Struktur

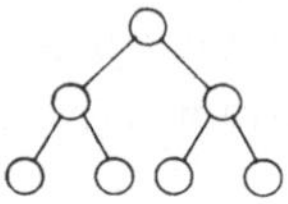

Dreiecksverhältnis

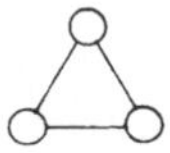

Kette

Vollstruktur

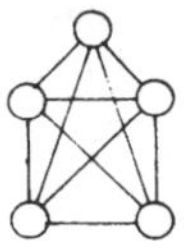

Abb. 33: Kontaktogramme

Mir derartigen Fragestellungen können auch Gruppen analysiert werden:

Testfrage: a)   Mit wem möchten Sie am liebsten eine schwierige Aufgabe
                    lösen, eine Bergtour machen, in einem Zimmer sitzen o.ä. ?

               b)   Mit wem möchten Sie dies, wenn es sich irgendwie einrichten
                    läßt, nicht?

Es können mehrere Namen — auch außerhalb der Gruppe — genannt werden. Nun addieren Sie getrennt die a- und b-Punkte für jeden und ziehen die kleinere von der größeren Ziffer ab. Das Ergebnis ist ein relatives Maß dafür, wie gut oder schlecht der Betreffende in der Gruppe verankert ist.

Die grafische Darstellung beginnen Sie mit dem beliebtesten oder am meisten unerwünschten, die Antworten stellen Sie durch Pfeile dar, ausgezogen und strichliert. Wenn außer der Richtung auch noch die Frequenz (mehrmals pro Tag; 1 — 2 mal pro Woche, gelegentlich) und das Medium (schriftlich, telefonisch, persönlich) festgehalten wird, läßt sich dies durch die Fläche des die Person darstellenden Kreises sowie unterschiedliche Farbgebung berücksichtigen.

Die folgeschwersten und gleichzeitig die am schwierigsten zu handhabenden K o n - f l i k t e werden innerhalb der F ü h r u n g s s p i t z e ausgetragen. Sie besitzen destruktive Multiplikatoreffekte und schwächen den gesamten Systemkörper.

Die Distanz ist eng, die Vergleichbarkeit bezüglich Erfolgssymbolen, Macht und Einfluß groß. Andererseits ist ein Leistungsvergleich nur schwer objektivierbar. Gemeinsame Verantwortung verwischt die Reviergrenzen, führt zu entsprechenden Positionskämpfen. Das Kräfteverhältnis in den Führungsgruppen der oberen Etagen ändert sich ständig, da Einfluß und Macht des Einzelnen im wesentlichen auf der Anerkennung seitens der anderen Führungskräfte beruht, also durch das Beziehungs- und Kommunikationsfeld, d.h. zahlreiche rational nicht faßbare Komponenten, bestimmt werden. Das Organisationsschema gibt nur einen ersten Anhalt, die informale Organisation spielt dann die tatsächlichen Verhältnisse ein, die ihrer Natur nach instabil, d.h. konfliktträchtig sind. Zwischen Gleichwertigen geben dann Wohlwollen, Skepsis, Geschicklichkeit, Image oder Rücksichtslosigkeit den Ausschlag. 'Freundschaften' entstehen und vergehen nach jeweiliger Interessenlage, es bilden sich Paarungen und Cliquen.

Manager der oberen Etagen müssen so sein, es sind vorzugsweise Macht-Promotoren, die sich zur Innovation anderer bedienen. Wenn ein Unternehmen Glück hat, befinden sich ein oder zwei Innovatoren darunter, die an den Machtkämpfen unbeteiligt sind und dennoch engagiert dazugehören, oder der Mächtigste ist selbst ein Pionier. Aber es steht zuviel auf dem Spiel, als daß die gesamte Spitze aus Selbstverwirklichung bestehen dürfte.

Das eigentliche Problem besteht darin, trotz enger Distanz, instabiler Beziehungen und rivalisierender Interessenlage die Führungsgruppe dazu zu bringen, daß sie ihr Verhalten an den übergeordneten, gemeinsamen Zielen ausrichtet. Der Zusammenprall persönlicher Ambitionen und Verdrängungssituationen in Vorstandsetagen stellt eine Machtauslese, aber keine Problemlösungs-Optimierung dar. Wo persönliche Interessen den Ausschlag geben, muß der gemeinsame Führungsauftrag Not leiden.

Die gängigen Führungsmethoden, aus anderen Situationen entwickelt, sind hierauf nur sehr bedingt anwendbar. Führungsspitzen halten sich nicht an Reglements, für eine Teambildung ist der Überhang gegensätzlicher Interessen oft zu groß, materielle Entgelte haben kaum Einfluß.

Es gibt drei prinzipielle Ansatzpunkte zur Bewältigung: Eingriffe in die Struktur, Konflikt-Management und ethische Auswahlkriterien,

Da betriebliche Innovation nur auf dem Wege der Evolution und nicht der Revolution denkbar ist, wird die Entwicklungsbereitschaft und -fähigkeit der Führungsspitze aber auch zum Schlüsselproblem der betrieblichen Entwicklungsfähigkeit überhaupt. Das informale Zusammenspiel zwischen den Menschen eines Systems kann nur das Niveau erreichen, das seine Führungsspitze vorlebt. Von dort durchdringt es stufenweise die Hierarchien. Verständlich, daß aber gerade an der Quelle die Widerstände gegen Verhaltenswandel besonders groß sind. Schließlich bestätigt die Position die Richtigkeit des bisherigen Verhaltens, manches mag zum Symbol geworden sein und gruppendynamische Ansätze werden nicht zugelassen. Personenbezogene Ansätze verkaufen sich in diesen Etagen besonders schlecht, sobald die persönlichen Konsequenzen sichtbar werden.

Eine Konsequenz dieser Verhältnisse ist das 'hire/fire' von Führungskräften in Umbruchzeiten. In den USA gilt es nicht als Makel gefeuert worden zu sein; man ist sich wohl bewußt, daß ein Mann nur so erfolgreich sein kann wie Situation und Bezugsgruppe dies zulassen und gesteht jedem zu, daß er aus seinen Erfahrungen Lehren zu ziehen vermag. Wenn bei uns ein Manager arbeitslos geworden ist, dann wird er praktisch zum sozialen Abstieg verurteilt. Dahinter steckt eine Risikohaltung des ' man kann nie wissen', also eigene Unsicherheit. Innovatoren denken anders. Sie suchen zunächst einmal intensiv in den eigenen Reihen, vielleicht lassen sich die in diese Kraft gemachten Investitionen an anderen Aufgaben mit anderen Kollegen doch voll nutzen. Findet sich für die entstandene Lücke niemand geeigneter in den eigenen Reihen, dann bietet der arbeitslose Manager in ihren Augen durchaus Chancen, die die Risiken einer Einstellung zu rechtfertigen vermögen. Er steht rasch zur Verfügung, hat erfahren, was auf dem Spiel steht, mußte sich mit seinen Stärken und Schwächen auseinandersetzen, besitzt einen Fundus überbetrieblicher Fachkenntnisse und Beziehungen und warum sollte er im Prinzip mit dem eigenen System schlechter harmonieren als jemand, der abzuengagieren ist und mit einem viel höheren Erwartungsniveau antritt?

6.45 Verhandeln

Verhandeln und Gesprächsleitung stellen aus unserer Sicht Sonderfälle der Konfliktbewältigung dar.

Mensch und Tier besitzen gegenüber Bedrohung gemeinsam drei neurophysiologische Überlebensmechanismen: Zorn/Aggression, Angst/Flucht und Depression/In-sich-zurückziehen. Nur der Mensch alleine besitzt noch die Fähigkeit der sprachlichen Konfliktbewältigung. Mit fortschreitender Zivilisation und höherer Bildung treten in den normalen zwischenmenschlichen Beziehungen sowohl Bedrohungen als die Reaktion darauf versteckter, indirekter, mehr psychisch auf. Der Grund liegt darin,

daß Emotionen einfach zu handhabende und wirksame Ansätze bilden, um andere
zu kontrollieren und zu manipulieren. Der Mensch büßt im Laufe seiner 'Heranbildung' zu einem nützlichen Glied von Familie und Gesellschaft die Fähigkeit der
verbalen Problem- und Konfliktbewältigung weitgehend ein. Er muß sie gleichsam
wieder entdecken, da die anderen Reaktionsweisen bestenfalls Scheinsiege ermöglichen.

Gemeinsame Interessen Subjektives Wertniveau (materiell, ideell)	unzureichend		überwiegen	
	Einigung		Einigung	
	nicht nötig	nötig	nicht nötig	nötig
HOCH	Vollendete Tatsachen	Kampf	Zweck-bündnis	Integra-tion
MITTEL	Blockieren Diffamieren	Schieds-richter	Kuh-handel	Kompro-miß
NIEDRIG	Vogel zeigen	Würfeln	Status quo	Koexistenz

Ohne Interessen-Konflikt gäbe es nichts, worüber man verhandeln könnte, und ohne
Gemeinsamkeiten — übereinstimmende oder sich ergänzende — nichts, wofür es
sich zu verhandeln lohnte. Wenn die Gemeinsamkeit dominiert, ist die höchste
Form der kommunikativen Begegnung möglich, das Gespräch.

Während das Gespräch von Zielgleichheit ausgeht, sind beim Verhandeln unterschiedliche, je gegensätzliche Ziele vorhanden. Dies ist solange möglich, wie beide
Parteien noch über eine hinreichende Basis an Gemeinsamkeiten verfügen. Jeder
zeichnet also beim Verhandeln bewußt seine Version, manipuliert Informationen,
benutzt eigene Kriterien. Es werden Vorschläge vorgebracht mit dem Ziel, zu einem
Übereinkommen zu gelangen, sei es durch Kompensation gegensätzlicher Austausch
-Interessen oder die Verwirklichung eines gemeinsamen Interesses. Verhandlungen
sind bei jeder komplexen Zusammenarbeit und für jedes Abkommen erforderlich,
das ein ausdrückliches Einverständnis voraussetzt.

Mit abnehmender Notwendigkeit, auf Gemeinsamkeiten Rücksicht nehmen zu müssen, nimmt das Bemühen zu, sich einseitig mit jedem Mittel durchzusetzen, das Erfolg verspricht. Aus der Diskussion wird die Debatte und das Wortgefecht.

Verhandeln schützt weder gegen Gewalt noch vor Täuschung. Jede Verhandlung bietet die Wahl zwischen drei grundsätzlichen Strategien:

1. Einigung unter den vom Gegner angebotenen oder s o f o r t erreichbaren Bedingungen,
2. Abbruch ohne Absicht der Wiederaufnahme,
3. Versuch, die 'erreichbaren Bedingungen' zu verbessern.

Legt man sich fest, fixiert man den Innovationsraum. Die Wirksamkeit von 'Warnungen' ist eine Frage der Fakten, der von 'Drohungen' eine der Einschätzung der Motive des Drohenden.

Gegenseitiger Interessenausgleich ist auch noch über den 'stillschweigenden Kompromiß' (Verschieben der Symbole im Sinne einer Spannungsreduzierung) oder über Schiedsspruch (durch Vorgesetzten, Konferenzmehrheit, Gutachter) möglich.

Hier eine Checkliste über die Vorbereitung auf Verhandlungen:

1. Verhandlungsziel
   Was muß bei der Verhandlung mindestens herauskommen? Welchen Verlauf darf sie auf keinen Fall nehmen, d.h. wann muß man sie abbrechen?

2. Verhandlungsgegenstand
   Wie ist dieser genau beschaffen? Welche Möglichkeiten, welche Zeit und welche Hilfsmittel bieten sich durch ihn an?

3. Fragen über sich selbst
   Welcher Verhandlungsstil liegt einem und welcher nicht? Wo hat man Selbstvertrauen und wo Hemmungen?

4. Partner
   Welche Stärken und Schwächen hat er? Wie will er behandelt werden und wie nicht?

5. Fragen zur Methode
   – Wie kann man argumentieren und den Partner beeinflussen, um ihn zu überzeugen?
   – Welchen Plan legt man der Verhandlung zugrunde? Wie lassen sich gefährliche Abweichungen davon vermeiden?
   – Welche äußeren Bedingungen wie Ort, Zeitpunkt, Zeitdauer bestehen?
   – Wie kann dem Partner die Situation angenehm gemacht werden?
   – Durch welchen Situationsdruck oder Zeitdruck kann die Verhandlung günstig beeinflußt werden?
   – Ist man sich in allen Punkten sicher genug, um gegebenenfalls auch improvisieren zu können?

Hat man sich so in allen wichtigen Details genügend auf die Verhandlung vorbereitet, dann kann man auch schöpferische Einfälle während der Verhandlung ohne Mühe geschickt verwenden.

Schlecht verlaufende Sitzungen haben ihre Ursachen sehr oft in der Unsicherheit der Teilnehmer. Ein Gesprächsleiter hat mehrere Möglichkeiten, dem zu begegnen:

Zuvorkommen

bedeutet einer möglichen Bedrohung den Boden entziehen. Dies geschieht durch
— Verdeutlichen
  (ausreichend informieren, Problem klar umreißen, unklare Darstellungen verbessern, Flip-Chart);
— Gutes Arbeitsklima
  (Auflockern, Zuhören, Fairness, Interesse zeigen);
— Spielregeln der Zusammenarbeit aufstellen und konsequent einhalten;
— Gespräch in kleinen Gruppen vorbereiten.

Abfangen

unvorhergesehener Ereignisse erfordert emotionale Distanz des Gesprächsleiters und Wachheit für Vor-Symptome. Dann kann er:

— Erläutern
  Darunter sind keinesfalls psychologische Ausdeutungsversuche zu verstehen (sie sind ja nur dagegen, weil sie befürchten, daß....), dies würde den Konflikt nur escalieren. Vielmehr ist die Ursache auszuloten und als solche in einer Weise anzugehen, die dem Partner eine sinnvolle Korrektur seines Verhaltens gestattet und erleichtert. Liegt z.B. eine Verstümmelung der Botschaft vor (eigene Darstellung, Gewohnheiten u. ä.) oder vielleicht eine echte Dissonanz zwischen persönlichen und betrieblichen Zielen? Es geht also darum, durch Defensivtaktiken hervorgerufene Nebenkriegsschauplätze bzw. Folgekonflikte erst gar nicht aufkommen zu lassen.

— Ansporn
  Darunter sind keine dialektischen Phrasen zu verstehen, die als Einleitung eines Bombardements gedacht sind, sondern das echte Respektieren und Aufnehmen einer Meinung. 'Dies ist auch nach meiner Meinung ein ganz wichtiger Gesichtspunkt'. Herr A. hat eine Menge Erfahrungen auf diesem Gebiet, ich meine, wir dürfen nicht weiterfahren, ohne ihn dazu gehört zu haben. Bitte Herr A.' 'Ich bin Ihnen dankbar, daß Sie diese unbequeme Sache so offen auf den Tisch legen.....'

— Positive Impulse vermitteln
  Damit ist kein Puderzucker gemeint, sondern die Ausstrahlung eigener positiver Haltung und das Entgiften bzw. Versachlichen etwa durch die Einblendung 'Wenn ich Sie richtig verstanden habe, dann meinen Sie doch...'; 'Schildern Sie das doch bitte noch detaillierter.' Auch positive Gegenfragen, insbesondere wenn sie ein zusätzliches Element in die Einstellungsabstimmung bringen, sind geeignet.

— Abkühlen lassen
  Beginnen sich die Dinge affektiv aufzuschaukeln, kann — falls es ins Timing
  paßt — das Zwischenschieben eines anderen Punktes, eine Kaffeepause (in der
  n i c h t weiterdebattiert wird) oder eine Vertagung den Dingen wieder das
  rechte Gewicht geben. Diese Art des Aufschiebens ist nicht zu verwechseln mit
  Ausweichen oder unter den Teppich kehren; deshalb tut der Gesprächsleiter
  gut daran zu erklären, daß der Punkt noch nicht geklärt ist, und keinen Zweifel
  aufkommen läßt, daß die Angelegenheit weiterverfolgt wird.

Auch gegenüber Inhabern von Macht kann man seinen Standpunkt vertreten, Chefs
müssen aber ihre Rolle wahren, d.h.:

— Alles vermeiden, was als Belehrung oder Besserwissen aufgefaßt werden könnte.
— Der Kritik die Form von Anregungen geben.
— Bei anhaltender Unaufmerksamkeit eher abbrechen als Nachdruck geben.
— Richtigen Ton wählen.
— Nicht mit der Tür ins Haus fallen.
— Nicht zuviel auf einmal vortragen.
— Keine Gemeinplätze.
— Konzeptionelle und personenbezogene Ansätze als schwerverdauliche Kost nur
  in verträglichen Dosen austeilen; drei grundsätzliche Punkte, nicht mehr.
— Schwächen u n d Stärken aufzeigen.
— Nicht taktieren, in einem mehrköpfigen Gremium kann man nicht allen Inte-
  ressen zugleich dienen.
— Wenig Meinung, viele unzweideutige Fakten, erläuternde Beispiele.
— Argumenten Zeit lassen.
— Gefühl geben, daß ihr Impuls letztlich nur durch seine Initiative zustande kam.

Umgekehrt sollten sich die Inhaber von Macht im Klaren darüber sein, daß Emp-
findlichkeit gegen Kritik persönliche Schwächen anzeigt. Innovation beginnt meis-
tens damit, daß etwas Selbstverständliches infrage gestellt wird, das mag unbequem
ja vielleicht sogar disziplinlos wirken. Aber erfolgreiche Promotoren suchen förmlich nach Ideen, Meinungen und Verhaltensweisen, die sich von den eigenen unterscheiden; auf gute Anstöße reagieren sie dadurch, daß sie ihre eigene, klare Überzeugung infrage stellen und ändern.

6.46 Gruppendynamische Trainingsmethoden

G r u p p e n d y n a m i s c h e T r a i n i n g s m e t h o d e n kommen zunehmend
ins Gespräch. Genährt wird dies nicht zuletzt von Teilnehmern, die in Seminaren
das Erlebnis hatten, einmal Schachspieler statt Schachfigur sein zu dürfen. In die
Arbeitssituation zurückgekehrt, folgt dann die Ernüchterung, manchmal als Frustration, manchmal aber eben auch in Gestalt von Trainingsfanatismus.

Von kurzfristigen Laborsituationen darf man aber nicht mehr als ein Kennenlernen der Problematik erwarten. Nachhaltige Klimaänderung und Fähigkeitssteigerung verlangen nach langfristiger, maßgeschneiderter Begleitung in der Arbeitsgruppe und -situation. Hier eine Auswahl aus den gruppendynamischen Trainingsformen, die innovatives Führen in dieser oder jener Weise berühren:

6.461 Sensitivity-Training

(1) Organisations-Entwicklungs-Training

Zweck: Einstellungsänderung auf das Unternehmensziel.

Organisation: Strukturierung nach den Phasen
— Problemdefinition (kognitive Diagnose)
— Problemlösung (Identifizierung durch Mitarbeit, z.B. an Planung)
— Verwirklichung
— Erfolgskontrolle.

Je nachdem, wie gut sich die Teilnehmer schon kennen und wie klar die Zielvorgabe ist, lassen sich z.B. unterscheiden:

Family lab in der schon bestehenden Arbeitsgruppe
Team development lab: Entwicklung der Kooperationsfähigkeit eines Projekt-Teams vor Anlauf der Sachaufgabe.
Confrontation lab zum Abbau kooperationsblockierender Stereotypen.

Beispiel einer gesteuerten Konfrontation zweier rivalisierender Ressorts zum bewußten Erleben der Bezugssegment-Differenzierung:

Schritt:	Interaktion:	Aufgabenstellung:
1	jedes für sich	Wie sehen wir uns? Wie sehen wir die anderen? Wie denken wir, daß die anderen uns sehen?
2	gemeinsam	Vergleichen, Unterschiede festhalten, kein Kommentar.
3	jedes für sich	Wie lassen sich die Unterschiede erklären?
4	gemeinsam	Vergleich der Urteile, Begründung, evtl. Annäherung, keine Debatten
5	jedes für sich	Konkrete Vorschläge zum Abbau der Differenzen und Aufbau von Integrations klammern
6	gemeinsam	Abstimmung der Vorschläge und Vor- gehensweisen.

(2) Managerial Grid

Durch standardisierte Übungen ist es möglich, das eigene Führungsverhalten zu spiegeln (des einzelnen, der Gruppe und der Organisation).

Das Koordinatensystem (Grid) wirft grob 5 Führungsstile aus, gestattet aber auch Zwischenstile und Übergänge systematisch zu erfassen. Weil sich damit brauchbare Checklisten zur Durchleuchtung von Arbeitssituationen aufstellen lassen, gehen wir hierauf etwas näher ein:

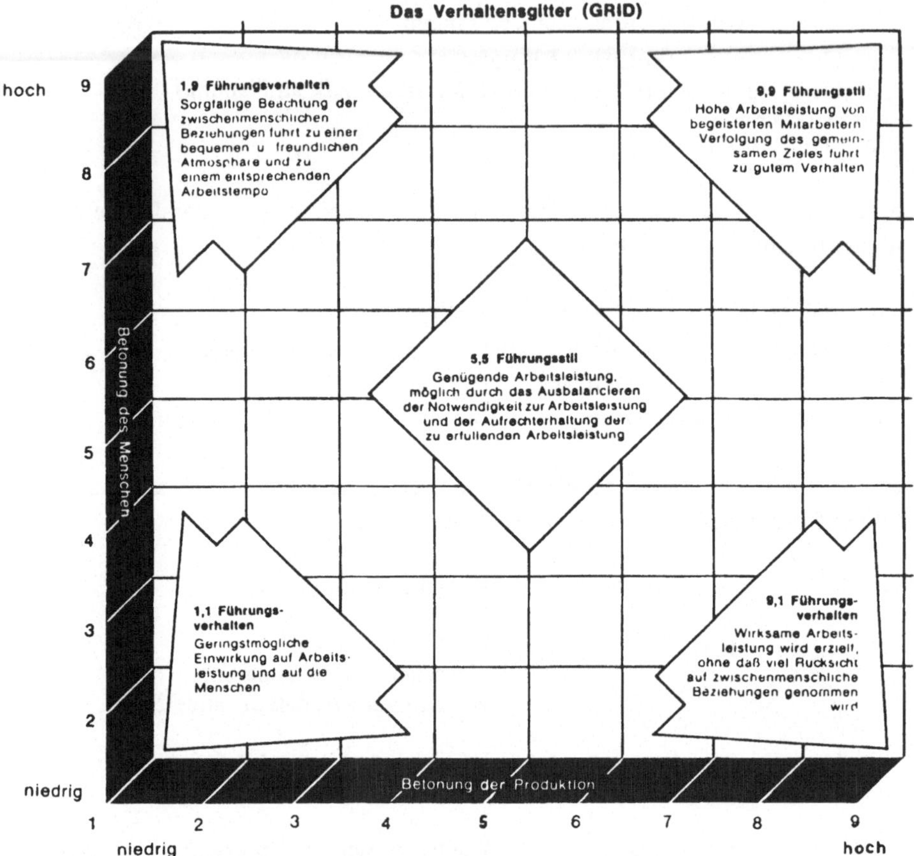

Abb. 34: Verhaltensgitter

6.462 Encounter

'Die offene und ehrliche Begegnung ohne Maske' ist individuumszentriert und nicht aufgabenorientiert. Es läuft auf das Ablassen von angestautem Überdruck hinaus. In Kreativitätsgruppen können Encounters zur Förderung der Selbstentfaltung gelegentlich eine gewisse Rolle spielen, im allgemeinen verträgt sich aber zunehmende Spontanität nicht mit der auch im Innovationsprozeß erforderlichen Disziplinierung und Kontrolle auf das übergeordnete Ziel hin.

214

Bei der 'themenzentrierten Interaktion' geht es um einen hohen Grad an kommunikativer Offenheit mit Hilfe von Gesprächsregeln wie:

— Sag, was Du für richtig hälst oder wenn Dir was anderes wichtiger erscheint!
— Wenn Dich Emotionen beschäftigen, sprich sie aus!
— Formuliere in Ich-Form!

In der Laborsituation mag das angehen, in der Praxis bedeutet ein Vorsprung an Offenheit eine entsprechende Öffnung für Tiefschläge. Erstes Ziel in Arbeitsgruppen ist deshalb, einen relativen Angleich der analogen Ausdrucksfähigkeit und Offenheit zu den bereits fortgeschritteneren Mitgliedern hin zu finden, schon das bringt einen Fähigkeitszuwachs der Gruppe.

6.463 Verhaltenstraining

Die hier verwendeten Methoden finden im Alltag des Innovations-Katalysators Anwendung:

Zweck:	Aufbrechen stereotyper Verhaltensketten (das sind reflexartige Kopplungen zwischen situativen Auslösern und Verhaltensweisen)
Methodik:	Modell — oder Beobachtungslernen (Video, Vorbilder, alternative Verhaltensweisen von Gruppenmitgliedern)
	Gegenkonditionieren (durch ruhige, vertrauensvolle Atmosphäre und Desensitivierungsübungen wie z.B. autogenes Training, Rollenspiel u.a.)

Nehmen wir ein einfaches alltägliches Beispiel: Es gibt nur wenige Menschen, die zu schenken wissen. Ihre Gaben sind selten kostspielig, aber sie besagen, daß man den Beschenkten kennt und sich viel Mühe und Gedanken gemacht hat. Es gibt aber noch weniger Menschen, die es verstehen, den Schenkenden durch Freude zu belohnen, vor allem wenn es der dritte Wecker sein sollte. Sich Mühe geben und nicht ankommen, frustriert. Das Wechselspiel zwischen Schenkendem und Beschenkten kann die weiteren Beziehungen ebenso stärken wie schwächen. Meinen Sie nicht, daß Sie in den nächsten Tagen bei einem Geschenk an diese Zeilen denken und Schwachstellen Ihres diesbezüglichen Verhaltens einebnen könnten?

Bekräftigungslernen

Basis ist persönliche Resonanz. So destruktiv sich Killerphasen (4.51) auswirken,
so konstruktiv sind höfliche, ermutigende, anerkennende Signale (Bitte; danke; Aus-
gezeichnet! Was meinen Sie dazu? Ich muß zugeben, daß...). Beim Bekräftigungslernen geht es darum, das 'Lernziel' in seinem gesamten Motivationszusammenhang an-
zusprechen und die Umstellung so zu dosieren, daß sie zu einer Kette von Erfolgser-
lebnissen wird. Das gilt nicht nur für das Erlernen von Fertigkeiten und intellektu-
ellem Wissen, sondern ebenso für die Aneignung sozialer und kreativer Fähigkeiten.
Bekräftigung läßt den Menschen 'über sich hinauswachsen'. Aber Hindernisse vermögen auch zu motivieren. Bezeichnenderweise hat sich deshalb als optimal ein
Mischungsverhältnis von 2:1 aus bekräftigenden (integrativen) und entkräftenden
(differenzierenden) Impulsen herausgestellt:

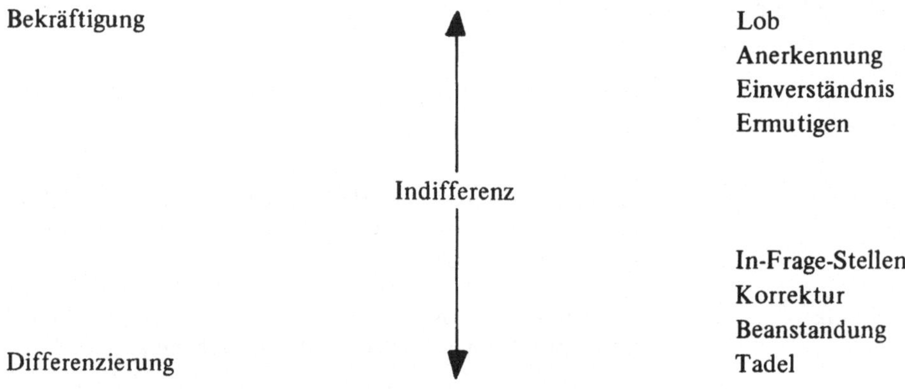

Die 2:1-Regel ist mehr als eine rethorische Technik, sie besitzt kommunikativ uni-
versellen Charakter. Indifferenz entspricht z.B. im Grid einer 1:1-Haltung, die
Differenzierung der leistungsorientierten Verhaltensskala und die Bekräftigung der
Mensch-Orientierung.

Denken Sie einmal darüber nach, wieweit Sie imstande wären, als Marketing-Ver-
antwortlicher eine Aufteilung des Werbeetats in einen Teil harter Produktwerbung
und zwei Teilen systemintegrierender, entfaltungsorientierter, also dienender, un-
eigennütziger Werbung (keiner Firmen-PR) vorzuschlagen! Und was würde Ihr
Vorgesetzter wohl davon halten? Ist dieser Vorschlag unrealistisch, bejahendenfalls
warum, oder könnte die 2:1-Regel eine Zukunftsperspektive abgeben? An diesen
Fragen können Sie noch einmal prüfen, wie vertraut Sie inzwischen mit innovativem
Gedankengut geworden sind. Das klassische Beispiel der Erschließung des chine-
sischen Marktes für den Erdölabsatz durch Verschenken von Öllampen ist ein

Paradebeispiel. Kommt solche Vorgehensweise wohl eher bei einer 2:1-Einstellung oder bei einer einseitig, dominierenden Erfolgs-, Profit-, Macht-, Verkaufs-, Produkt-, Problem- oder sonstigen egozentrierten Grundhaltung zustande?

Planungs- und Entscheidungstraining

Die Nutzung des Planungsprozesses zur Überwindung psychologischer Widerstände wurde bereits mehrfach erwähnt. Als instrumentelle Hilfen bieten sich Entscheidungsregeln, Entscheidungsbäume, Tabellen, Matrizen, Netzpläne oder weniger strukturierte Verfahren wie die Methode nach Kepner-Tregoe an.

Kooperationstraining

Für die Verbesserung sozialer Beziehungen kann es keine Rezepturen geben. Systematische Beobachtung und das Wissen um einige sich immer wiederholende 'Strategeme' und Ablaufmechanismen kann allerdings die Transparenz erleichtern. Beispielsweise gibt es ego-orientierte Zweckstrategien (z.B. 'Tritt-mich' bei einer 'Kind-Vater'-Beziehung), deren Automatismen solange funktionieren, wie sich beide Seiten daran halten. Innovativer Wandel hat die besten Aussichten auf Erfolg unter einer 'Erwachsenen-Erwachsenen'-Beziehung. Hier einige Standortkombinationen, illustriert an der Anweisung eines Chefs und der Reaktion seiner Sekretärin:

Vater-Kind:	'Bringen Sie mir sofort.....' 'Ich sehe schon nach, soll ich noch etwas mitbringen?'
Vater-Vater:	'Benachrichtigen Sie sofort.....' Ich bin gerade beschäftigt, rufen Sie doch selbst an!'
Erwachsener-Kind:	'Bitte, bringen sie mir.....' 'Sie meinen wohl wieder, ich wüßte nicht.....'
Kind-Erwachsener:	'Meine Frau versteht mich nicht! Sie sind so ganz anders!' 'Ich verstehe Sie sehr gut. Meine Antwort ist 'Nein'.'
Erwachsener-Erwachsener:	'Ich suche den Faksimile-Stempel, wissen Sie, wo er ist?" 'Ja, ich habe ihn in Ihrer linken oberen Schreibtischschublade eingeschlossen.'

Auge-in-Auge-Kontakt

Für viele ist es schwierig, jemandem ins Auge zu sehen, während sie Fragen beantworten oder ein Gespräch führen. Es stört ihre Konzentrationsfähigkeit, signalisiert
aber dem Partner Unsicherheit und u. U. Falschheit. Dann ist es möglich Augenkontakt zu üben. In Zweiergruppen lässt sich diese Verhaltensschwäche unter Anleitung eines Trainers leicht ausmerzen. Sollten Sie bei sich diese Schwierigkeit
feststellen, empfiehlt es sich, den Blick auf ein Ohr des Partners zu richten. Ihre
Unsicherheit verschwindet und der Partner hat den Eindruck, daß sie ihm ins Auge
schauen.

Frustrationstoleranz aufbauen

Die Teilnehmer bilden Zweiergruppen. Einer praktiziert die 'Gummiwand', der
andere spielt den aggressiven Kritiker. Die Gummiwand hat den Aggressivitäten die
Spitze zu nehmen, indem sie den tatsächlichen oder möglichen Wahrheiten der Kritik zustimmt. Der Kritiker beginnt mit abfälligen Bemerkungen über Kleidung, und
steigert sich über Negativismen (Geruch, Charakter, Verdächtigungen) bis zur Verletzung der Intimsphäre. Dann werden die Rollen getauscht. Nach dem zweiten
Durchgang läßt der Trainer einen Teil des Gesprächs wiederholen und belegt es nun
seinerseits mit unrealistischen Kommentaren wie 'Das war aber ziemlich schwach!
Sind Sie immer so langsam von Begriff? u.ä.m. Sobald die Teilnehmer zu reagieren
gelernt haben 'Da könnten Sie recht haben' oder ähnliches beginnt sich die zunächst
als peinlich bis bedrohlich empfundene Übung in Wohlgefallen aufzulösen, Spaß zu
machen und als Reaktionsmuster von den Lernenden aufgenommen zu werden.

Killerphrasen

General Electric trat dem einmal mit einem Block entgegen, der pro Abreißblatt
eine der gängigen Killerphrasen (4.51) enthielt, die man dann seinem Kontrahenten
während der Sitzung überreichen konnte; 'gewonnen' hatte am Ende der mit den
meisten Blättern.

Bei offener Kommunikation lassen sich Killerphasen z.B. in Sitzungspausen 'auf-
spießen' und diskutieren, was dahinter stecken mag.

Kontrollierter Dialog

Die Übung läßt sich leicht betriebsintern durchführen und kann in Gruppen, die
ständig aneinander vorbeireden, recht nützliche Impulse vermitteln. Dabei achtet
eine Person darauf, daß der Dialog zweier Personen nach folgenden Spielregeln verläuft:

Jeder muß, ehe er auf die Äußerung des Partners eingeht, dessen Beitrag mit seinen eigenen Worten zusammenfassen. Dieser darf lediglich durch Kopfnicken oder -schütteln sein Einverständnis kundtun, erst nach dem dritten Fehlversuch darf er sich erneut erklären. Auf kurze Gedankengänge und zügige Durchführung ist zu achten.

Häufige Fehler der Sprecher:
—   Zuviel in einer Aussage.
—   'Sprachdurchfall' aus Verunsicherung.
—   Punkte der Antwort werden nicht empfangen oder verdrängt.
—   Ungenaue Formulierung.
—   Redet bevor er denkt.
—   Unorganisierter Ideen-Schwall.
—   Fehlende Bekräftigung.

Häufige Fehler der Zuhörer:
—   Mangelhafte Konzentration auf Sprecher.
—   Legt sich Antwort schon zurecht.
—   Reagiert affektiv auf Details statt das Wesentliche im
    Auge zu behalten.
—   Unterstellt dem Sprecher nicht gesagte Gedanken.
—   Simplifiziert auf seine Denkstereotypen.

Hinweise zum analytisch-kritischen Zuhören:
—   Entspannen
—   Auf Empfang gehen, andere Gedanken abschalten.
—   Welches ist sein Vorschlag und sein Standort?
—   Wie stark sind Argumente und Beweisführung?
—   Was ist sein Leitgedanke, wohin führt er?
—   Verbirgt die Wortwahl etwas?
—   Wie echt ist seine Gestik, wie engagiert?
—   Kritische Auswertung von Einzelbeispielen und in
    Beziehung setzen zum Leitgedanken.
—   Vergleich mit den eigenen Informationen, Auffassungen und
    Schlußfolgerungen.
—   Nicht selektiv hören (was man will), sondern global und auch
    Zwischentöne.

Zuhören bedeutet demnach:
—   Konzentration über längere Zeit.
—   Gedächnis.
—   Verstehen, d.h. Empfangen, Analysieren, Urteilen.
—   Kombinationsvermögen und Überblick.
—   Emotionelle Toleranz.

Indirekte Gesprächsführung

Übung ca. 5/4 Stunden; Einteilung in 4er Gruppen.

P = Problemsteller stellt der restlichen Gruppe ein Problem (5min), das ihn beschäftigt, und es soll sein
— dringend
— zwischenmenschlich
— begrenzt
— aus dem gemeinsamen Erfahrungsbereich.

P verläßt anschließend die Gruppe für 5 Minuten und liest hier nicht weiter.

Die Restgruppe teilt sich auf (5 min) in

R_d = dirigistischer Ratgeber
R_i = integrierender Ratgeber
B = Beobachter

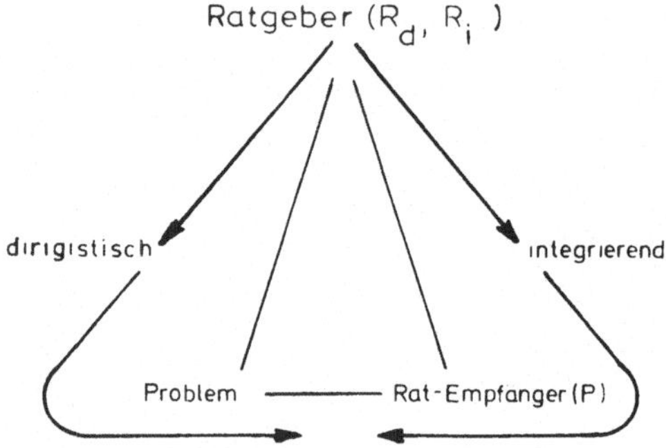

Abb. 35: Kontrollierter Dialog

P stößt wieder zur Gruppe und es findet je ein Gespräch (je 15 min) mit R_d und R_i statt.

B   überwacht Zeitplan.

R_d erteilt dirigistischen Rat, d.h. er beschreibt ähnliche Erfahrungen; führt aus, wie er es machen würde; doziert; hat fertiges Konzept;

R_i erteilt integrativen Rat, d.h. er knüpft an die freien Informationen von P an, hilft ihm seine Schwierigkeiten selbst zu diagnostizieren; sucht mit offenen Fragen P dahin zu bringen, daß er Hintergründe und Ursachen in einem neuen Licht sieht; antwortet auf frei Information mit Selbstenthüllung; kein Kreuzverhör; Zusammenhänge sind wichtiger als Details; nachdenkend, aufmerksam und verständnisvoll wirken; Augenkontakt.

B: spiegelt seine Beobachtungen emotionslos auf die Gruppe und jeden Einzelnen zurück (5 min).

P: spiegelt seine Eindrücke auf die beiden Ratgeber (5 min).

G e m e i n s a m e   A u s w e r t u n g (zu Viert, evtl. mit Übungsleiter, 15 min).
Aussprache über die beiden Verhaltensstile führt im Erfolgsfall zu folgendem
Ergebnis:

R_d: Es kommt kein Gespräch zustande, R_d übersieht Punkte der Antworten, hört
nicht richtig zu, unterstellt, redet ohne Rücksicht auf die Aufnahme durch P,
die fehlende Resonanz erhöht noch sein Bestätigungsbedürfnis; P bleibt in
rezeptiver Position.

R_i: Kann es dem Ratsucher überhaupt helfen, wenn sein Problem für ihn aus einer
anderen Sicht gelöst wird?
P wird aus Reserve gelockt, arbeitet aktiv mit, P identifiziert sich stärker, ist
– auch in Gestik – offener.

Kooperationsübungen

Verbesserung der Chancen durch Kooperation soll erlebbar gemacht werden. Beim
20-Mark-Spiel etwa bringt jeder aus eigener Tasche unwiderruflich DM 20 in eine
gemeinsame Kasse ein, die dann u n g l e i c h m ä ß i g zwischen den Teilnehmern
aufzuteilen ist, ohne daß sich einer benachteiligt fühlt.

Durchsetzungsübung

(Besonders empfehlenswert in Kombination mit der 'indirekten Gesprächsführung').

Bilden Sie eine gerade Anzahl von Gruppen, möglichst in einer übereinstimmenden
Mitgliederzahl, größer als 4 und kleiner als 8. – (Vorteilhaft wäre es, wenn im
Rahmen einer Tagung oder eines Seminars die Gruppen schon zuvor Gelegenheit ge-
habt hätten, zusammenzuwachsen) –

Fragestellung an alle Gruppen:

Worin unterscheiden sich Information und Kommunikation (oder eine ähnlich pro-
blemgerichtete Begriffbildung wie Verantwortung und Zuständigkeit, Team und
Ausschuß, Gespräch und Diskussion, Bericht und Beschreibung, Karrierist und Wirt-
schaftskrimineller)?

Finden Sie in jeder Gruppe eine möglichst zutreffende Abgrenzung beider Begriffe
und halten Sie diese schließlich fest. Die Definition sollte 4 - 6 Sätze umfassen,
maximal 1 Seite lang sein.
(Zeit zwischen 2 und 3 Stunden ansetzen).

Anschließend versuchen sich je 2 Gruppen ihre Definition gegenseitig zu 'verkau-
fen'. Dazu führt jeweils ein Vertreter der einen mit einem Vertreter der anderen
Gruppe ein Verkaufsgespräch. Die Paarungen werden durch Los bestimmt. Am
Ende des Gesprächs müssen beide Partner eine der beiden unveränderten Defini-

tionen als die bessere von beiden anerkennen. Kompromisse sind ausgeschlossen. Sie haben 30 Minuten Zeit, sich zu entscheiden, keine Minute länger. Die Partei, deren Definition die meisten Zustimmungen erhält, hat gewonnen.

Die Zweier-Diskussionen laufen in der überwiegenden Zahl der Fälle so ab:

— Höflich bis vorsichtiges Abtasten
— Aufbau der eigenen Lösung
— Herabsetzung der Lösung des anderen
— Schlagabtausch
— (da Kompromiß verboten) nimmt Wettkampf je nach Engagement der Beteiligten den Verlauf
    x Sieg oder Niederlage;
    x der Klügere gibt nach;
    x Werfen wir eine Münze.

Der Einzelne steht während der Diskussion unter dem Druck seiner Gruppenzugehörigkeit und muß seiner Rolle gerecht werden. Verliert er, wird ihn die Gruppe das spüren lassen. Unter diesem Druck verformt sich seine Objektivität, sein Blick wird getrübt, das Geschehen ungeordnet. Je stärker sein Loyalitätsgefühl im Vergleich zum sachlichen Austausch und Urteilsvermögen ist, um so heftiger drängt er auf Sieg, um Sanktionen zu vermeiden.

Ein Verkäufer, der über zu kurze Lieferzeiten verkauft hat, ist gegenüber der Produktion in vergleichbarer Lage, sonst wird er in den Augen seines Chefs zum 'Verräter' trotz zutreffender Argumente seitens der Produktion. Setzt er sich nicht durch, muß er mit den Argumenten der Produktion, die er eben noch ablehnte, beim Käufer antreten. Deshalb sollte man vermeiden, daß jemand kraft seiner Rangordnung dieses Regulativ außer Kraft zu setzen vermag; Vorstände sollten keine Edel-Verkäufer sein.

Nachwirkungen auf die übende Gruppe

Der Verlierer: Suche nach einem Blitzableiter, außerhalb oder eigene Sündenböcke; Verschiebung der Einflußstruktur evtl. Auswechslung der Führung; selbstkritische Haltung macht hungrig und unzufrieden, Gruppendynamik ist gefordert.

Die Gewinner: Sonnen sich am Erfolg, sind satt und zufrieden, Führungsstruktur hat sich gefestigt. Tendenz zu einem Zyklus, der jetzige Verlierer zu künftigen Gewinnern macht und umgekehrt.

Konstruktive Alternative Ausgangsstandpunkt bei 'Verkaufsgespräch':
'Wir haben für diesen Lösungsvorschlag unser Bestes gegeben, aber vielleicht war es nicht genug!' Es kommt zwar zum gleichen Dilemma und Konflikt, aber dabei verhärten sich die Fronten nicht, Übereinkunft ist möglich als:

-   Echte Lösung (bei hinreichendem Engagement).
-   Kompromiß und Koexistenz bei unzureichendem Engagement (bei der Durchsetzungsübung zwar ausgeschlossen, aber die Verbindung mit dem kontrollierten Dialog müßte klar werden, daß dieser Weg in der Praxis dennoch eher Erfolg verspricht als die dirigistische Haltung).

Das Ziffernergebnis besagt nichts über die Güte der erarbeiteten Lösungen, eher schon über Unterschiede des Engagements und der Fertigkeiten zur Verhandlungsführung zwischen den Gruppen. Zweck der Verkaufsgespräche ist es, den Einzelnen in ein Dilemma zwischen Gruppenloyalität und Logik zu bringen, das durch das scharfe Zeitlimit noch so angeheizt wird, daß von normalen Verhaltensweisen auf solche zurückgegriffen wird, von denen man sich im Konflikt und unter Druck eher Erfolg verspricht.

Generell ist zu ergänzen:

-   Sich der Dynamik zwischen Gruppen bewußt sein!
    Bin ich objektiv oder beeinflußt von .....?
-   Sich der Stereotypen bewußt werden, die man selbst auf Grund verschiedener Zugehörigkeiten besitzt und sie in der jeweiligen Situation auf ihren Gehalt prüfen.
-   Mit objektivem Sachverhalt beginnen und daran die unterschiedlichen Blickwinkel reflektieren. Wiederholen, was der andere sagt.
-   Den anderen stets dort abholen, wo er erlebnismäßig gerade steht.
-   Schwierigkeiten als natürlich akzeptieren, brauchbare Beurteilungskriterien entwickeln.
-   Übergeordnete Ziele im Auge behalten
-   Alternative entwickeln
-   Flexibel bleiben, z.B. durch stufenweise Präzisierung
-   Gleiches Zielverständnis?
-   Trennende Wertordnung?
-   Trennende Interessenlage?
-   Harmonieren die Zielsuch- und Ausführungsgenauigkeit?
-   Harmonieren Wissens- und Erfahrungs-Niveau?

Am Ende dieses Kapitels muß zugegeben werden, daß derartige Übungen bisher nur in Seminaren anzutreffen sind. Selbst diejenigen, welche deren Nützlichkeit auf solche Art selbst erlebten, haben Hemmungen sie in die Praxis zu übernehmen. Zahlreich sind die Argumente, die deshalb vorgebracht werden. Der Schlüssel liegt wohl im Verhältnis des Manager-Selbstverständnisses zum personenbezogenen Ansatz überhaupt. Mit wachsender Bedeutung der 'human ressources' werden aber zweifelsohne auch diese Ansätze vordringen. Deshalb werden sich zunehmend fachliche und pädagogische Einführungshilfen im Sinne einer begleitenden Nachbetreuung durchsetzen. Ein einsamer Vorreiter ist das brainstorming, wohl weil es sich als instrumenteller Ansatz gibt; für innovative Lösungen ist es allerdings weniger geeignet (vgl. Seite 135).

6.47 Was ist Kreativität?

Man ist sich nicht einig darüber, ob und inwieweit Kreativität von einer Sensibilität für Umweltsignale gespeist wird, die über die normalen Fähigkeiten unserer Sinnesorgane hinausgehen. Wissenschaftlich ist erwiesen, daß erfolgreiche Manager überdurchschnittlich gute Rater sind, also künftige Ereignisse 'intuitiv' besser vorhersehen, als es den Gesetzen der Wahrscheinlichkeit und Logik entspricht. Wir gebrauchen deshalb intuitiv, innovativ und schöpferisch bzw. kreativ in diesem Zusammenhang als Synonyme.

Sicher ist, daß schöpferische Menschen gewisse Eigentümlichkeiten in der Verarbeitung der aufgenommenen Signale aufweisen. Insbesondere können sie unterschiedliche Informationen und Kommunikationssignale gleichzeitig miteinander verknüpfen, und zwar nach bislang unentdeckten Regeln (divergierendes Denken).

Unschöpferische Lösungen entstehen demgegenüber durch Katalogisieren, Selektieren und logisch-kausale Verknüpfungen der Information oder affektives Scheindenken.

K r e a t i v e s   D e n k e n hat auch wenig mit Intelligenz zu tun, sofern man darunter das versteht, was der Intellegenztest mißt. Dagegen gibt es eine gute Korrelation zwischen dem IQ und den schulischen Noten. Deshalb kommen nach der Schule um so größere Abweichungen zwischen Schul- und Lebenserfolg zustande, je mehr es auf innovative Fähigkeiten ankommt. Schule und Intelligenztest fördern und messen einseitig das sogenannte konvergierende Denken.

Konvergierend	Divergierend
— Reproduktion von Vorgegebenem	— Durchbrechen vorhandener Klischees
— Mechanisierbar	— Dem Menschen vorbehalten
— Sachwissen, Erfahrung	— Originell
— Systematisch	— Improvisation

Beide Denkarten sind allerdings aufeinander angewiesen. Auch divergierendes Denken läßt sich ohne Verarbeitung bereits bekannter Teilerkenntnisse nicht vorstellen und auf konvergierendes Denken zu verzichten, würde Selbstzerstörung bedeuten.

Es gibt zahlreiche Varianten des divergierenden Denkens und nur selten sind mehrere in einem Menschen vereint. Das Aufspüren eines Problems verlangt z.B. eine völlig anders geartete Kreativität wie das 'Erfinden' der technischen Lösung oder deren Konkretisierung zu einer tragfähigen Realität. Bestandteile dessen, was man divergierendes Denken nennt, sind:

Phantasie: Fähigkeit zu neuartigen Kombinationen aus bekannten Elementen.

                    Assoziationsfähigkeit, geistige Verknüpfung weit auseinanderliegender Erfahrungsbereiche.

Flexibilität: Umprofilieren, Neudefinieren, Sprachliche Ausdrucksfähigkeit.

                    Spontan und unreflektiert neue Anwendungsmöglichkeiten finden.

Sensibilität: Sich in etwas oder in jemanden hineinfühlen, sich in eine nicht wirkliche Situation versetzen können.

                    Intuition, etwas 'erahnen', Künftiges 'erraten'.

Originalität: Nach intensiver Beschäftigung und einer 'schöpferischen Depression' kommt der Kuß der Muse.

Übersicht: 'Gefühl' für Wahrscheinlichkeiten, Erkennen von Zusammenhängen und des Wesentlichen.

Jegliche Innovation bedarf ausreichender Information bzw. Kommunikation. 'Ausreichend' ist ebenso qualitativ wie quantitativ zu verstehen; Datenschwemmen verhindern Transparenz und Intuition. Divergierendes Denken ist wahrscheinlich eine Art von Bewußtsein, die den Menschen von anderen Primaten auszeichnet, vielleicht eine evolutive Antwort darauf, daß seine konvergierende Hirnhälfte nicht mehr als maximal 7 Variable miteinander verknüpfen kann. Computer sind in dieser Hinsicht leistungsfähiger, verarbeiten die Signale auch schneller, aber sie können eben 'nur' konvergierend verknüpfen. Kein Wunder also, daß analoge Kommunikation und Kreativität eng zusammenhängen.

Nicht nur Ausbildung und Entscheidungskriterien lassen innovative Talente verkümmern; ein wachsendes Maß an schützenden Sozialeinrichtungen läßt selbst grundlegende Veränderungen gar nicht mehr als existenzielle Bedrohung und damit als innovative Herausforderung empfinden. Andererseits schleichen sich innovative Vorentscheidungen schon tief in den Anpassungsbereich ein. Wenn dort Fakten gesucht, Daten selektiert, Variable gewichtet, Alternativen gewählt werden, kommt der potentielle Promotor u.U. gar nicht oder nicht rechtzeitig in den Besitz der Hinweise, die nun einmal für den Anstoß eines Innovationsprozesses nötig sind. Dies wissend sucht er stets nach einem in sich passenden Überblick und sondiert sofort, falls er auf Unausgewogenheit stößt. Divergierende Denker lassen sich dann z.B. die kritischen Variablen interpretieren. Weiter läßt sich Promotoren ein Hang zu vielschichtigen Problemstellungen und Risikobewußtsein nachsagen; ihre Mitarbeiter wissen, daß gute Ideen, auch wenn sie unbequem sind, vom Promotor respektiert, aufgenommen und verfolgt werden. Wenn Sie zusätzlich noch etwas tun wollen, um die Kreativität Ihrer Mitarbeiter zu fördern, dann:

- Beschreiben Sie den Gipfel, nicht die Aufstiegsroute;
- Stellen Sie Distanz zum Tagesgeschäft her;
- Sorgen Sie — bei sich und Ihren Mitarbeitern — für eine positive Grundhaltung;
- Behandeln Sie konvergierendes und divergierendes Denken gleichberechtigt;
- Frustrieren Sie konstruktiv, z.B. durch Gruppengröße, Prioritätsfestsetzung, Mittelzuteilung, Personenzahl usw.;
- Geben Sie Möglichkeit, sich in das Problem einzudenken u n d einzuleben;
- Bringen Sie Ihre Phantasie ins Spiel! Sind Analogien möglich, anderer Zweck, was kommt sonst in Frage, lassen sich die Rollen vertauschen, ist eine andere Kombination denkbar? Assoziieren Sie Ideen!
- Selektieren Sie stufenweise und zielgerecht den Ideenstrom.

Divergierendes Denken wird durch Einstellung gefördert wie:

- Nichts ist selbstverständlich, alles überlebt sich einmal;
- Die Zukunft ist wichtiger als die Gegenwart;
- Wenn alle etwas machen, dann hat es sich bereits überlebt;
- Lösungen, die auf der Hand liegen, taugen selten etwas;
- Ziele sollen so hoch sein, daß man sich danach strecken muß;
- Änderungen der Menge haben auch qualitative Konsequenzen;
- Nicht der statistische Durchschnitt, sondern die Abweichungen davon bewegen die Welt;
- Immer wachsam sein und auf Gelegenheiten achten!
- Warum eigentlich nicht?

6.48 Management by objectives

Management by objectives stellt ein System dar, bei dem Vorgesetzte und Untergebene g e m e i n s a m die allgemeinen Ziele festlegen und das Hauptverantwortungsgebiet eines jeden Mitarbeiters hinsichtlich der Resultate, die von ihm erwartet werden, definieren. Es überträgt den Führungskräften Risiken. Das System wird für alle Manager und Spezialisten angewandt, d. h. für alle, die nicht rein ausführende Tätigkeiten ausüben.

Jede Person bestimmt selbst das Ausmaß akzeptabler Ergebnisse. Es bedarf im Voraus des Verständnisses und Einvernehmens —

- welches die Hauptaktivitäten und -verantwortungsbereiche der Untergebenen sind,
- woraus gute Arbeit besteht,
- welche Voraussetzungen am Ende einer Periode herrschen sollten, um die Resultate als befriedigend bezeichnen zu können.

Wenn keine Standards gegeben sind, kann k e i n e Art von allgemeiner Motivierung befriedigende Ergebnisse ausweisen. Wo klare Standards festliegen, haben diese selbst motivierende Antriebskraft.

Management by objectives:

— unterstellt, daß Manager und Untergebene Ziele festsetzen, die im Interesse der Gesellschaft liegen,
— setzt voraus, daß der Manager die Grenze seiner Autorität kennt,
— betont allein die Resultate, nicht wie sie zu erreichen sind.
— bringt Unternehmensziele und Ziele des einzelnen in Einklang,
— steckt das Gebiet ab, auf dem der Manager etwas erreichen will,
— bringt die organisatorische Einheit dazu, ergebnisorientiert zu denken, (Erzähle mir nicht, wieviel Du gearbeitet hast, sondern was Du fertiggebracht hast.)
— führt zu Innovationen, insbesondere wenn Umorientierungen notwendig sind, um Mitarbeiter ihr Ziel erreichen zu lassen oder wenn ein schöpferisches Ziel festgelegt wird.
— ermutigt zu besserer persönlicher Entwicklung durch Näherrücken der Ergebnisse und besondere persönliche Entwicklungsziele.

Einiges über Ziele

Die Verpflichtung von Managern und Untergebenen auf klare Aussagen und Ziele ist unerläßlich.
Das Unternehmensziel sollte auch das von der Gesellschaft gewünschte Ergebnis widerspiegeln.
Wichtige Ziele, die sich quantitativ nicht bestimmen lassen, sollten nicht ausgeschlossen werden.
Zielsetzungen sollten eine 'persönliche Herausforderung' enthalten.
Es sollten für jeden nicht weniger als 5 und nicht mehr als 10 Ziele festgesetzt werden.
Zielsetzung ist keine Tätigkeitsbeschreibung (Etwa: Stellen Sie sicher, daß der Bedarf an Fremdteilen im Werk durch günstigen Einkauf gedeckt ist.).

Routine-Ziele

Normale Ziele, die von der Position her gegeben sind, stellen eine Minimumanforderung dar.
Sind quantitativ bestimmbar.
Stehen in engem Zusammenhang mit der Tätigkeitsbeschreibung.

Beispiele:
— geben Sie 4 x im Jahr einen Organisationsplan heraus,
— erreichen Sie 19.. einen Umsatz von ...DM.

Innovative Ziele

beschreiben die Verpflichtung
— neue Methoden zu entwickeln,
— Änderungen durchzuführen, die Verbesserungen bringen,
— Wandel zu schaffen, der Wettbewerbsvorsprung und
  Kontinuität gewährleistet.

Ein Mitarbeiter, der nicht fähig ist, der Dynamik seines Aufgabengebietes und seiner
Vorsorgeverantwortung gemäß aktiv und passiv zu entsprechen, erfüllt nur die Mini-
mumanforderungen seiner Stellung.
Zwei Arten innovativer Zielsetzung sind möglich:

— Einführen neuer Ideen von außen,
  Beispiel: Methoden der Kosten/Erfahrungskurve;

— Entdeckung, Entwicklung und Anwendung neuer Ideen
  innerhalb des Systems,
  Beispiel: planen, organisieren und durchführen von dezentraler
  Personalarbeit in den Unternehmensbereichen zur Ablösung der
  bisher zentral durchgeführten.

Beispiele, die beide Arten beinhalten, wäre vielleicht die Suche nach Verwendungsmöglichkeiten für einen neuen Werkstoff, die zum Ziel haben, 4% des Jahresum-
satzes von 19 . . zu erreichen oder die Einführung eines Kostenschätzsystems, das
die Pannenverluste innerhalb von 3 Jahren halbieren soll.

Innovative Ziele sind schwierig zu entwickeln, Sie bringen dem Manager und dem
Unternehmen jedoch große Chancen, wenn sie verwirklicht werden.

Persönliche Entwicklungsziele

Routine und innovative Ziele genügen alleine nicht. Die Entfaltung des Mitarbeiters
ist durch persönliche Entwicklungsziele zu fördern, etwa 2 bis 3 je abgegrenztem
Zeitabschnitt. Beispiele:

— Teilnahme an einem Seminar über Führungskräftefortbildung bei einem externen Veranstalter.

— Leiten eines 14-tägigen Kursus zum Thema 'Umgang mit Menschen' für die
  Mitarbeiter des Bereiches XYZ.

— Teilnahme an einer Sprachschulung.

Zu beachten:

- Der Mitarbeiter muß eine Verpflichtung über den Zeitpunkt eingehen, wann das Ziel erfüllt sein soll.

- Abwägen der Einflüsse auf die Ausführung der Aufgaben nach Beendigung des Trainings.

Das Niederlegen persönlicher Entwicklungsziele verlangt die Spiegelung des eigenen Fähigkeitspotentials an den objektivierten Anforderungen und führt zu Fragen wie: Was muß ich tun? Was wird von mir erwartet? Wieviel? Bis wann? Wie gründlich? Wie ist die Zeit auf Routine und Innovieren (welcher Art?) aufzuteilen? Prioritäten?

Getragen wird diese Vorgehensweise von folgender Einstellung: Organisation soll eine Umwelt schaffen, in der jeder sein Können frei entfalten und sich entwickeln kann; sie soll jedem Klarheit über seine arbeitsteilige Umwelt geben und ein Entscheidungs- und Informationssystem aufbauen, das Unsicherheiten ausschaltet. Jede Organisation muß die Erfüllung der Aufgaben des Unternehmens gewährleisten und die Erreichung der Ziele fördern.

MbO setzt voraus:

Klarheit der Ziele:
Ziele müssen klar und — wenn irgend möglich — auch meßbar sein. Sollte der Mitarbeiter Unklarheiten empfinden, ist es seine Aufgabe, die Ziele umzuarbeiten und dem Vorgesetzten zur Genehmigung vorzulegen.

Zielaufbau:
Langfristige Ziele werden am besten über eine Kette von kurzfristigen, aufeinander abgestimmten Zielen erreicht. Der Mensch stellt sich auf ein überschaubares Ziel, an dessen Definition er selbst mitgearbeitet hat, wesentlich produktiver ein und gelangt über die Freude am kurzfristigen Erfolg schließlich zum Endziel.

Delegation von Befugnissen entsprechend Zielsetzung:
Sind die Aufgaben in Ergebnissen definiert, gewinnen Befugnisse an Klarheit.

Selbstständigkeit des Handelns:
Sind die Ziele und Befugnisse klar, soll dem Mitarbeiter Freiheit des Handelns gewährt werden.

Prüfbarkeit der Ergebnisse:
Ziele sollen nach Möglichkeit quantifiziert werden.

| Nicht: | Senkung der Überstunden |
| Sondern: | Senkung der Überstunden auf x% |

Manche Ergebnisse können nur in qualitativer Hinsicht beurteilt werden:

| Ziel: | Optimale fachliche Ausbildung der Mitarbeiter |
| Ergebnis: | Kursusbesuche, abgelegte Prüfungen, Fehlerquote etc. |

Ziele klarmachen:
Ziele sind erst dann klar, wenn sie quantifiziert oder qualitativ kontrollierbar sind, wenn der Mitarbeiter sie restlos verstanden und akzeptiert hat sowie Aktionspläne ausgearbeitet sind.

Für Zielsetzungen 'Mit'-Verantwortung:
Es bewährt sich, Ziele in Zusammenarbeit zu definieren. Dies gibt dem Mitarbeiter das Bewußtsein, mitverantwortlich zu sein, und verpflichtet ihn, auf ihre Verwirklichung hinzuarbeiten. Mitverantwortung beginnt mit Mitdenken und Mitdenken mit gefragt werden sowie informiert sein.

Persönliche Verantwortung:
Bei der Realisierung der Ziele muß klar sein, wer für was verantwortlich ist und die Konsequenzen trägt. Erst dann ist es möglich, den einzelnen in seinen Leistungen zu beurteilen und ihn zu fördern.

Stellenbeschreibungen:
Stellenbeschreibungen setzen den Rahmen für die aufeinander abgestimmten Zielbeschreibungen im Unternehmen.

6.49 Verantwortung und Zuständigkeit

Da Innovationen stets systemweit zu sehen sind und 'Interaktion' quer zur formalen Struktur verlangen, kommt es immer zur Frage, was geht mich das eigentlich an, dafür bin ich doch gar nicht verantwortlich?! Um der Bedeutung dieser Frage gerecht zu werden, muß zunächst geklärt werden, was eigentlich unter 'Verantwortung' zu verstehen ist.

Der Begriff der 'Verantwortung' ist mehrdeutig. In der Umgangssprache deckt er sich etwa mit Verläßlichkeit oder Gewissenhaftigkeit. Der Jurist gebraucht ihn im Sinne von Urheberschaft und psychologischer Zurechnungsfähigkeit. Eine Terrorgruppe, die 'die Verantwortung für ihre Greueltat übernimmt', meint damit Rechtfertigung ihres Anspruchs. Für Sartre ist ein Terrorakt weder gut noch böse, sondern gültig aus seiner politischen Wirkung! Die Ethik versteht unter Verantwortung die Bereitschaft, moralisch für die Konsequenzen seines Handelns geradezustehen. Demgegenüber versetzen uns unsere gesellschaftlichen Strukturen nicht selten in ein Dilemma zwischen Einordnung und Moral. Die Zusammenhänge zwischen diesem Dilemma und unserem Verhalten sind verworren. Im Extrem stehen sich gegenüber der Moralist, der sich im Gefühl seines 'Rechtes' von der sozialen Wirklichkeit isoliert, und der Erfolgstüchtige, dem ohne Gefühl von Schuld jedes Mittel recht ist, seiner Firma und/oder sich persönliche Vorteile zu verschaffen.

So wagen wir für den V e r a n t w o r t u n g s — begriff der betrieblichen Praxis folgende Definition: Die Bereitschaft für die Folgen seines Handelns und Unterlassens im Rahmen der anerkannten sozialen Ordnung und eigenen Ethik persönlich einzustehen. Das heißt:

— Die geschäftlichen Konsequenzen des eigenen Verhaltens müssen persönlich spürbar sein.

— Die Ordnung des Betriebes muß nicht nur bekannt, sondern auch akzeptiert und gewollt sein.

— Die persönliche Ethik muß mit den Grundwerten und Rollenauffassungen des Betriebes harmonieren. Mit der Aufgabe wachsen nicht nur die Anforderungen an die fachliche, sondern auch an die moralische Qualifikation.

Der Betrieb muß über Lippenbekenntnisse hinaus ethischen Grundsätzen in der Beurteilung der Manager und geschäftlichen Entscheidungen zu Gewicht und Erfolg verhelfen, im Grunde nichts weiter als die Forderung nach konsequenter Systemorientierung und angemessener sozialer Reife. Verantwortung ist ebenso eine prosoziale Reaktion wie Mitleid oder Vertrauen.

Im Betriebsalltag wird 'Verantwortung' überwiegend im Sinne von Z u s t ä n d i g k e i t gebraucht. Die Einsicht, persönlich einstehen zu müssen, beschränkt sich im wesentlichen auf strafbare Handlungen und grobe Fahrlässigkeit. In hierarchischen Strukturen wird Verantwortung gleichgesetzt mit Macht und Entscheidungsbefugnis; wenn dort jemand nicht entscheidet, dann fühlt er sich nicht verantwortlich, unter Umständen nicht einmal moralisch.

Die weit über die persönlich nachweisbare Zuständigkeit hinausreichende Wirkung des Innovators aufs Ganze verlangt ihm ein ausgeprägtes Maß an Mit-Verantwortlichkeit ab. Seine Mitarbeiter dürfen nicht nur 'mit-entscheiden', sie müssen es überall dort, wo sie den besten Einblick in die einfliessenden Teilprobleme haben. Das kann hintereinander oder gleichzeitig, ohne persönlichen Kontakt oder im Team vor sich gehen. Mit-Verantwortung richtet sich aus der Sicht des Endentschlusses nach dem Gewicht des einzelnen Beitrages. Allein-Verantwortung bleibt auf den unmittelbaren Wirkungskreis und die persönliche Leistungsfähigkeit bezogen. Im gleichen Maße, wie sachlich erforderliche Mitverantwortung nicht zustande kommt, hierarchisiert die Struktur. Wenn es um Veränderungen geht, die auf die persönliche Situation des Mitarbeiters durchschlagen, dann will der mündige Mitarbeiter frühzeitig und offen unterrichtet sowie angehört werden. Einbezogen erlebt er die Problematik auch aus anderer Sicht, hat Zeit, sich umzustellen, und fühlt sich, so vorbereitet, der Endlösung verpflichtet, auch wenn sie nicht seiner ersten Reaktion entspricht. Darin unterscheidet sich Mit-Entscheiden von Mit-Bestimmen. Denn Verantwortung verlangt einerseits zwar, seinen Standpunkt zu vertreten, und sich mit den Verschiedenheiten auseinanderzusetzen, bedeutet andererseits aber auch Hinordnung auf Ganze, also in einem Boot sitzen, nicht am Steuer, sondern mit an den Ruderblättern. Der Erfolg muß jeden belohnen und nicht nach dem Prinzip 'Es kann nur einer gewinnen' verteilt werden.

Die Frage liegt nahe, ob man bei M i t — verantwortung überhaupt noch von Führen sprechen kann. Als Beispiel diene die Entscheidungsfindung. Erfordert sie mehrere Beteiligte aus Gründen der Zuständigkeit, unzulänglicher Fachkenntnisse des Vorgesetzten, der Hintergrundkenntnisse oder des persönlichen Engagements der Mitarbeiter bei der Durchführung, dann verschiebt sich gegenüber einem autoritären Entschluß das Schwergewicht der Verantwortung beim Vorgesetzten vom Entscheiden zum Führen. Er dirigiert jetzt gleichsam einen Entscheidungsprozeß. Dieser stellt für verantwortliche Manager eine Vorinvestition dar, deshalb trachten sie danach, diesen nicht durch ihr 'letztes Wort' als Fehlinvestition ausweisen zu müssen. Laufend entscheiden sie über Richtung und Aktivitätsniveau des Prozeßablaufes, indem sie festlegen, welche Teilentschlüsse überhaupt zu fällen sind, mit welcher Priorität, wer dies tun soll, bis wann dies zu geschehen hat. Diese Impulse bleiben der Eigenverantwortung des Managers vorbehalten, dennoch muß er in fortschrittlichen Organisationen bereit sein, sie gegenüber den Mitarbeitern zu begründen, sich von ihrer Durchführbarkeit zu überzeugen und unter Umständen zu korrigieren. Zu wenig Miteinander geriete zum einseitigen Steuern, zuviel würde die Ordnungskraft aushöhlen. Mitverantwortung ist kein Ersatz für saubere Ziele, gemeinsame Detailplanung, persönliches Vorbild und Durchführungskontrolle. In diesem Sinne bleibt der Prozeß-Promotor auch im Zeichen der Mitverantwortung voll verantwortlich für den Endentschluß. Es handelt sich also durchaus um Führen, und zwar mit hohen Ansprüchen an den Führenden.

Der Vorstandsvorsitzende des Hauses Siemens, B. Plettner, sagte einmal: 'Daß alle Entscheidungen auf demokratischem Wege — durch Diskussion und anschließende Abstimmung — getroffen werden könnten, ist, wie jeder Praktiker weiß, ins Reich der Fabel zu verweisen. Man braucht letzten Endes immer Personen. Gruppen können weder Autorität ausstrahlen, noch Verantwortung tragen. Man braucht eine Organisationsstruktur, die so aufgebaut ist, daß klar ist, wer die Verantwortung für die getroffene Entscheidung trägt. und wer dafür verantwortlich ist, daß der getroffene Entschluß schnell und vollständig durchgeführt wird.'

Menschen, die Mit-Verantwortung ablehnen, bestreiten damit, daß sie Herr ihres eigenen Verhaltens sind. Was im Leben mündiger Menschen geschieht, ist ausschließlich deren Sache, und zwar unabhängig davon, ob sie sich damit durchsetzen oder nicht. Mangel an Mitverantwortung bedeutet persönliche Unsicherheit und Schwäche , da helfen keine Beschönigungen und in Betrieben, die herdenartig dahertrotten , finden Innovationen keinen Nährboden.

6.50 Pädagogisches Führen

'Business is basically people.' Dieser Satz stammt aus einer Analyse über den amerikanischen 'Mr. Executive', dem wir uns vorbehaltslos anschließen dürfen. Maßgebend für die Gesundheit des Unternehmens sei nicht die Ansammlung von Spezialwissen, sondern die Fähigkeit, schwierige menschliche Probleme der Zusammenarbeit und der personellen Entfaltung zu bewältigen. Pädagogisches Führen ist nicht auf die Manipulation von Menschen, sondern ihre Entfaltung als Individuen in Zusammenarbeit auf höhere Leistung angelegt.

Pädagogisches Führen geht davon aus, daß in komplexen Systemen der einzelne selbständiger agieren muß, und die Perfektionierung der bewährten Integrationsklammern nicht ausreicht,sondern höherwertige hinzukommen müssen. In einer Situation, in der Führender und Mitarbeiter jeweils nur einen Teilaspekt erkennen, verstehen und lösen können, hat an die Stelle der Auffassung 'ich will mein Ziel durch andere erreichen' die Einstellung zu treten: 'Wir sitzen in einem Boot. Zwar übersehe ich die Situation etwas besser, dafür hat der Mitarbeiter einen tieferen Einblick in die Details und versteht auch mehr davon, wir hängen voneinander ab, es ist unsere gemeinsame Angelegenheit.'

Viele haben sich mit diesem Stil versucht, oft vergeblich. Mangelnde Gruppenreife und Einführungsfehler sorgten für übertriebene Erwartungen, denn:

—   Mitverantwortung und Entfaltungsraum können nicht gleichermaßen auf alle Ebenen und Aufgaben übertragen werden. Sie sind unangebracht, wo Routineabläufe vorherrschen.
—   Gute Führer bewähren sich keineswegs überall und in jeder Situation; es gibt bedeutsame Wechselwirkungen zwischen Führenden und Geführten.
—   Die euphorische Betonung des Fachlichen täuscht Gutgläubige darüber hinweg, daß noch immer Verhaltensmuster direkter Machtausübung (mit Anordnung, Befolgung, Rückmeldung und Verdrängung) vorherrschen. Es mangelt an Abgrenzung der Verantwortlichkeiten, Aufgaben werden ohne Prioritäten vergeben, die 'Führung' interpretiert bei Schwierigkeiten ihre delphischen Sprüche zu ihren Gunsten. Plötzlich wechseln die Maßstäbe.
—   Teams werden schlecht zusammengesetzt, und man muß sich bisweilen fragen, ob dahinter Naivität, Unvermögen oder Absicht steckt.

Dies sind typische anti-innovative Vorgesetztenfehler:

— Erzwungene Richtungsänderungen, obwohl Fakten und Erfahrung der Gruppe
  dagegen sprechen;
— Laufendes Umdenken, das bei den Mitarbeitern ständige Umorientierung aus-
  löst;
— Gruppenarbeit aus den Angeln heben durch
  — Verhinderte Informationsbeschaffung
  — Filtern von Information
  — Lügen im Verschweigen
  — Weitergabe von Information nur durch das
    'Nadelöhr Vorgesetzter'
  — Direktes Eingreifen in die Gruppenarbeit
  — Parallel-Verhandlung
  — Unvernünftige Termine und Prämissen
  — Ungerechtfertigte Kritik, also das Wecken
    von Schuldgefühlen (und läßt man sich
    provozieren, wird der Ton beanstandet)
  — Versagen von Anerkennung
  — Verkrampfte Umgangsformen (manchmal wie
    in einem vornehmen Hutsalon)
  — Schulmeisterlichkeit.

Aber auch die Mitarbeiter haben vielfach Stereotypen, die einem pädagogischen
Führungsstil entgegenstehen:

  — Einzelkämpfertum (statt Gruppenarbeit)
  — Mangelnde Hinordnung auf gesamthafte Ziele
  — Parasitäre Teilnahme an Gruppenanstrengung; Meiden von
    Engagement, um Konfrontation bzw. Konflikt aus dem Weg
    zu gehen (Erfahrung mit autoritärem Stil!)
  — Scheu vor Verantwortung, Flucht in die 'Zuständigkeit',
    Vorschieben anderer
    Kritiklosigkeit bzw. Unterlassung vor Risiken zu warnen
    und sich für günstige Alternativen einzusetzen.

Das Nebeneinander verschiedener 'Führungsstile ergibt sich aus Aufgabe, Situation,
hierarchischer Ebene der Betroffenen und der Entwicklungsphase. Es schließt einen
pädagogischen Leitstil nicht aus. Wechselduschen sind jedoch zu vermeiden, besser
konsequente Autokratie mit Maßen als heute pädagogisch und morgen Vollblut-
tyrann.

Hier noch eine Negativliste mit den häufigsten Schnitzern beim Einsatz von Personal für innovative Aufgabenstellung:

— Innovation als belastende Nebenaufgabe.
— Ansatz des Neulings, weil er noch Zeit hat (seine eigene Lernkurve genügt
  schon, eine Innovation im Keim zu ersticken).

- Innovation als willkommene Beschäftigungslücke für verdiente Mitarbeiter, die man wieder unterbringen muß.
- Fach- ohne Macht- oder Macht- ohne Fach-Promotor.
- Zuviele Köche.
- Versuchen wirs doch erst einmal mit Bordmitteln!
- Von einem mit einer bestimmten Entwicklungsphase vertrauten Manager werden ohne Übergang gleiche Ergebnisse in einer anderen Phase erwartet.
- Freiraum nicht genügend strukturiert (Befugnisse, Termine, Prioritäten, Mittel etc.), zu straff auf 'Bewährtes' eingestellt oder zu offen für Machtkämpfe und Privilegien.
- Mögliche Außenhilfen werden abgelehnt.
- Ein geeigneter Innovator tritt unter dem Eindruck von Voraussetzungen an, die nicht gegeben sind oder die nicht hinreichend gegen die Verschiebung durch Interessenten geschützt werden.

Lassen Sie uns einige Prinzipien des pädagogischen Führens durch den Mr. Executive aufzählen, die größtenteils bereits in den Vorkapiteln angeklungen sind:

- Der Betrieb weiß 'was los ist und wohin die Reise geht'.
- Die Menschen werden eingeladen, sich und ihre Fähigkeiten auszuschöpfen.
- Die Gesetze des Lernens berücksichtigen.
- Leitbilder integrativ formulieren und mit den vorhandenen Fähigkeiten abstimmen.
- Sicherstellen, daß die Ziele und ihre Konsequenzen für den Einzelnen bekannt und anerkannt werden.
- Die eigenen Kriterien klar stellen und durchhalten.
- Den organisatorischen Anfangsaufwand so klein wie möglich halten.
- Stets risikowach bleiben und sich nicht auf Komplexitäten einlassen, die den beherrschbaren Rahmen unbemerkt sprengen könnten.
- Informelle, direkte Kommunikation pflegen.
- Kanäle von unten nach oben frei halten.
- Erfolge anerkennen und Fehler konstruktiv nutzend verstehen.
- Der Schlüssel zum Erfolg sind die Menschen. Gute Leute führen auch schwache Strukturen zum Erfolg, werden dann allerdings vielleicht gefeuert, schwache Leute bringen selbst mit idealen Strukturen keine Innovation zuwege.
- Die geschäftlichen Konsequenzen des eigenen Verhaltens persönlich spürbar machen.
- Mit der Verantwortung wachsen nicht nur die Anforderungen an die fachliche, sondern auch an die moralische Qualifikation.
- Klarstellen, wer welche Verantwortung für die Entscheidung trägt, und wer dafür verantwortlich ist, daß der Entschluß schnell und vollständig durchgeführt wird.
- Einem einzigen Mann die Verantwortung für den Prozeßablauf geben und seine Befugnisse damit in Einklang bringen.
- Die Ordnung des Betriebes muß nicht nur bekannt, sondern auch akzeptiert und gewollt sein.
- Die persönliche Ethik muß mit den Grundwerten und Rollenauffassungen des Betriebes harmonieren.

6.51 Was sind Innovatoren für Menschen?

Innovatoren haben naturgemäß mehr 'Widerpartner' als Anpasser. Dafür brauchen sie emotionelle Toleranz und eine ruhende Mitte, gleichsam zum Selbstschutz. Um andere innovativ anzuregen, genügt das nicht. Fach-Autorität ist immer erforderlich, wenn auch oft schwer aufbaubar, da die Qualifikation des Fachbeitrages eines Innovators meist erst meßbar wird, wenn der Impuls längst keine Verbindung mehr zu seinem Urheber hat. Über Macht-Autorität verfügen die wenigsten aktiven Innovatoren. Um dennoch 'anzukommen', brauchen sie persönliche (charismatische) Ausstrahlung. Die Bezugswelt reagiert auf Innovatoren emotionell, d.h. ablehnend oder zustimmend, indifferent bleibt kaum einer. Dieses Dilemma lösen viele Innovatoren, indem sie eine Symbiose mit einem Macht-Promotor eingehen und sich mit der Rolle der grauen Eminenz begnügen. Um die Steine selbst wenden und setzen zu können, bedarf es aber in der Regel zumindest des Schutzschildes durch einen Macht-Promotor.

Psychologie und Menschenkenntnis haben ihr Wissen an Durchschnitts- oder gestörten Menschen gewonnen. Der Innovator ist weder Durchschnitt noch gestört, er ist vielmehr überdurchschnittlich motiviert und psychisch gesund, d.h. er kommt in der Maslow'schen Pyramide dem 'Selbstverwirklicher' recht nahe. Die besten Karriereaussichten hat allerdings nicht der 'reine' Selbstverwirklicher, sondern jener Mischtyp, der dem Traum jedes Selbstverwirklichers nach einer 'geistigen Heimat' so gründlich nachgeht, daß er auf Kosten seines Ich's die Identität des Systems annimmt. Er entspricht dem 'Spielmacher' von M. Maccoby. Über seine Identifizierung unterwirft er sich allerdings wieder dem Diktat der Grundbedürfnisse in Gestalt der internen Erfolgsregeln, dafür zahlt er den Preis emotioneller Entleerung, der spätestens zu Tage tritt, sobald die Identifizierungsmöglichkeit entfällt. Diese Art der Gewissens-Selbstprogrammierung auf ein Teilsystem hin läuft im übrigen Gefahr, daß die innovativen Talente dann zum Schaden vorgeordneter Gesamtsysteme mißbraucht werden. Kartellabsprachen, Umweltschutz, Waffenhandel sind nur wenige Schlagworte zu dieser Problematik. Solange die Forderung nach einem Ehren-Kodex auf die Aufforderung zu persönlichem Märtyrertum hinausläuft, ist von solchen Ansätzen nichts zu erwarten. Ausschlaggebend sind die gesellschaftlichen Spielregeln, was als Erfolg und was als Verstoß gilt und gesellschaftlich sanktioniert wird, also wieder einmal die soziale Reife, und die läßt sich nicht durch ein Instrument ersetzen, sondern nur über einen innovativen Prozeß 'erfahren' und gewinnen.

Für den Durchschnittsmenschen ist die Welt ein Dschungel, wo man Grundbedürfnisse deckt, sich behauptet oder unterliegt. Konsum, Status und Sicherheit haben einen hohen Stellenwert. Nicht so beim typischen Innovator. In den Grundbedürfnissen bescheiden, fällt es ihm nicht schwer, unabhängig von den Einflüssen zu werden, die für den Durchschnittsmenschen bestimmend sind; Frustrationstoleranz und Stabilität gegenüber den Ungewißheiten des Daseins bezieht er aus einem relativ autonomen ethischen Code. Innovatoren sind psychisch eigentlich die einzig wirklich gesunden Menschen, wenn Freiheit von Störungen mit sich und von stressartigen Belastungen mit der Umwelt Gesundheit bedeuten. Die Lebensmitte ist für sie keine Gefahr eines Entfaltungsabbruchs, sondern die Chance zu einem Entwicklungsdurchbruch. 'Älter' werden bedeutet für sie Freude, weil es für sie reifer-werden bedeutet. Innovatoren haben nicht nur etwas von Selbstverwirklichung, sondern auch etwas Gesellschaftskritisches an sich. Sie sehen die Dinge und den Menschen, wie sie sind, nicht, wie sie sich geben. Bei sich erkennen sie die eigenen Grenzen und Schwächen, vielleicht erst nach bitterer Enttäuschungen, aber sie sind stets lernfähig und erhalten sich so bis ins hohe Alter vital und jugendlich. Sich auf ihrem Status auszuruhen und ihn absichernd zu demonstrieren, wäre für sie kein Lebensinhalt, im Gegenteil, sie geben ihn oft freiwillig auf, um weiter wachsen — und aus ihrer Sicht — weiter leben zu können. In der Expansionsphase ihrer Jugend überschätzen sie noch ihre Möglichkeiten. Der Weg zum Promotor ist gepflastert mit erlittener Reife und durchfahrenen Tiefen. Hüten sie sich vor den stets Erfolgreichen, die nie aus Fehlern lernen konnten, vor den lupenreinen Karierristen.

Die Weltoffenheit der Innovatoren schlägt sich in fachlicher Breite nieder, Einfluß auf das Geschehen ist ihnen wichtiger als Macht über Menschen und Status; so sind sie weder Fach— noch Macht-Promotoren, sondern Prozeß-Promotoren bzw. Innovations—Katalysatoren. Sie sind auch keine Dünnblechbohrer, Schwierigkeiten ziehen sie magisch an, und ohne ein gewisses Risiko fühlen sie sich nicht wohl. Sie verantworten, was sie tun, und ziehen sich nicht auf Zuständigkeiten zurück.

Ihr Verhalten ist einfach, bisweilen auffallend, jedoch nicht unbedingt unkonventionell. Wegen Trivialitäten vermeiden sie Spannungen, aber sie kämpfen wie Löwen, sobald sie etwas für grundlegend erachten. An ihnen gemessen ist das ethische Verhalten des Normalbürgers Fassade; ihr Wertgerüst ist universal und von Dauer. Während sich unsichere Menschen viel mit sich selbst beschäftigen, ist der Innovator weit stärker problem- und Du-orientiert. Sie können sich gut in andere versetzen und starke Sympathien entwickeln.

Selbstverwirklicher hängen weniger als Grundbedürfler davon ab, was ihnen an Anerkennung und Liebe entgegengebracht wird, weil sie selbst so viel davon zu geben haben. Soziale Tabus wie z.B. Rassen, Klassen u.ä. scheinen für sie von untergeordneter Bedeutung zu sein. Dennoch sind sie anspruchsvoll und wählen nach Charakter, Talent und Interessen-Harmonie. Wenige verstehen sie, einige mögen sie, viele, auf die sie merkwürdig bis unbequem und anmaßend wirken, begegnen ihnen mit Mißtrauen, Mißgunst und Ablehnung. Schlimm, wenn ein Vorgesetzter etwa das komplizierte Gebäude einer Verhandlungsführung seines innovativen Mitarbeiters kurz vor dem Erfolg zum Einsturz bringt, weil er selbst nicht zu folgen vermag und kein Vertrauen hat.

Nach einem Personal-Beurteilungs-System von Texas Instruments fühlen sich Innovatoren ganzheitlich verantwortlich, müssen aber mit den Zielen und Wertkategorien der Firma harmonisieren; sie können sehr viel leisten, lehnen jedoch alles ab, was nach willkürlicher Anordnung aussieht. Nicht-Innovatoren werden unterteilt in: Befehlsempfänger (sie suchen Sicherheit in der Gruppe), Konformisten (orientiert an Tradition und Formalismen), Manipulanten (ehrgeizig, zahlenorientiert) und Egozentriker.

Innovatoren sind keine Super-Menschen, sie haben ihre typischen Schwächen und Unvollkommenheiten. Sie werden leicht ungeduldig bis unbeherrscht, sie können verletzend und herzlos wirken. Sie sind auch nicht etwa frei von Angst, Schuldgefühl und Niedergeschlagenheit; nur verarbeiten sie solches Erleben anders. In den Polaritäten, die die Welt bewegen, sehen Selbstverwirklicher nicht das Zerstörende und Trennende, sondern das Entwicklungsfähige und Gemeinsame. Wenn sie Karriere machen, dann nicht um der Karriere willen; wenn Arbeit und Selbstverwirklichung vereinbar sind, vermögen sie Außerordentliches zu leisten. Wieweit dies für eine Organisation geschieht, hängt allerdings davon ab, ob der potentielle Innovator ein Klima oder zumindest eine geschützte Nische vorfindet, die so anregend ist, daß er seine Talente für die Firma einsetzt. Die Nutzung des vorhandenen Innovations-Potentials ist vor allem eine Frage der Gruppenreife und damit ein Führungsproblem.

7. Innovatives Führen

7.1 Engpaß Mensch

Gärtner kümmern sich um einen Baum, indem sie ihn zur richtigen Jahreszeit an einen geeigneten Ort pflanzen, ihm Halt geben, ihn durch Dünger und Wasser stärken, gegen Befraß und Befall schützen, durch Beschneiden ertragsfähiger machen, aber das Wachsen dem Baum und seiner Umwelt überlassen. Diese Haltung ist "innovativer" als der Führungsstil manches Technokraten.

Systemnäher ist die Analogie zum Arzt. Wer ein Krankenhaus betritt, seinen eigenen Fall für einmalig haltend, und nun als Nummer mit viel Routine aber wenig persönlichem Kontakt behandelt wird, dem müßte es eigentlich dämmern, worin der Unterschied zwischen Routine und Innovation bzw. Krankheitstechniker und Arzt besteht. Schon in die Diagnose gehen beim Arzt nicht nur organische und quantitative Fakten ein, sondern auch phsychologische und soziale. Dadurch wird die Besonderheit, aber auch Gesamthaftigkeit des Falles besser erfaßt und damit die Gefahr gemindert, im Symptom hängen zu bleiben. Auch die Therapie geht nicht vom Soll eines nicht existenten, statistischen Durchschnittsmenschen aus, sondern sie berücksichtigt persönliche Stärken und Schwächen, Risiken und Chancen. Sie begnügt sich auch nicht mit Rezept und Verordnung, sondern fühlt sich für die Betreuung und Begleitung verantwortlich. Gerade persönlicher Zuschnitt erfordert eine gute Kenntnis und Beherrschung der Hilfsmittel, um optimal wählen und dosieren zu können. Ärzte können allerdings nur bei grober Fahrlässigkeit zur Rechenschaft gezogen werden, Innovatoren schon bei fehlender Gesundheit. Das ist in dem Maße berechtigt wie der Innovator von Anbeginn an ein integriertes Element des Systems ist, um dessen Gesundheit es geht. Im alten China waren Arzt und Patient so integriert, daß der Arzt nur so lange entlohnt wurde wie der Patient gesund blieb.

Der Innovator sorgt sich um die Gesundheit von Morgen. Seine Informationen sind stets unvollständig, vieles ist nicht quantifizierbar. Mit Schwarz/Weiß - Alternativen und richtig/falsch-Bewertungen würde er scheitern. Er bewegt sich in Spektren und Bandbreiten qualitativ-konzeptioneller Natur. Im Vordergrund stehen beim Menschen die Entfaltungswilligkeit und - fähigkeit, beim Prozeß die Zeitkonstanten und das Timing, beim System die Ausgewogenheit und Ressonanzfähigkeit. Einer der

"Maßstäbe", derer sich ein Innovator z.B. bedient, ist sein Gespür für "Schönheit",
denn das ist, etwa auf eine Wiese angewandt, nichts anderes als das, was Technokraten als "ökologisches Gleichgewicht" bezeichnen, während sie gerade dieses
durcheinanderbringen, weil sie es mit ihren Mitteln nicht erfassen können. Der
Technokrat ist für den Großstadtverkehr bestens gerüstet, aber mit derselben Ausrüstung und Einstellung müßte er bei der Eroberung von Urwald, Wüste oder Ge-
birge kläglich scheitern.

Dieses Buch hat ihnen schrittweise die Welt des industriellen Innovierens erschlossen. Sie sollten sich nun in einem ersten Rückblick versuchen:

— Wie werden Sie Ihren Mitarbeitern erklären, was Innovieren ist und worauf es
  dabei insbesondere ankommt?

— Welche Gesichtspunkte oder Vorgehensweisen sind für Ihre Situation und Aufgabenstellung ausschlaggebend?

— Was hat sich Ihnen persönlich am nachhaltigsten eingeprägt? Warum wohl?

— Ist damit die Einsicht und Einstellung geschaffen, um das, was Sie bisher nicht
  befriedigt, auf eine neuartige Weise und innovativ anzugehen und so den Durchbruch zum erforderlichen Anpassungsniveau zu schaffen bzw. wo fehlt es, was
  muss vertieft werden?

Die Welt des Innovierens kann sich freilich nur dem erschließen, der in der Evolution ein generelles Fortschrittsprinzip sieht und erkennt, daß der Mensch die
Fähigkeit und Freiheit besitzt, seine eigene Evolution bewußt zu gestalten.

Sobald in der Natur die Anpassungsfähigkeit überfordert ist sorgt sie für "Überleben durch Fortschritt" mittels Mutation, Selektion und Vererbung. Das industrielle Innovieren im vorgetragenen Sinn bedient sich desselben Musters.

Unmittelbar daraus folgt: Innovieren bedeutet schrittweises Vorgehen und Ausprobieren. Umstrukturierung des Makrobereiches ist also die Folge sich bewährt
habender und umsich greifender Mutationen im Mikrobereich, diese aber niemals
umgekehrt ihr Auslöser. Der Vektor Evolution zeigt zwar auf Bewältigung zusätzlicher Variablen bzw. höherer Qualifikationen, aber es gibt stets Alternativen, die es
nach Zweck, Ziel und Situation zu optimieren gilt. Revolutionäre Veränderungen
können deshalb ebensowenig evolutionär bzw. innovativ sein wie authokratisch auf-
gezwungene Umorganisationen. Das bedeutet nicht, daß solche Vorgehensweisen
situations- und niveaubedingt nicht zur Korrektur verhärteter Strukturen oder zur
Konsolidierung der ordnenden Kräfte nach einer verfehlten Entwicklung angemessen sein könnten.

Innovieren beginnt im Konzeptionellen und Planen. Hierdurch bewältigt nicht nur der Initiator der günstigsten 'Bewußtseins-Mutation' die gewandelten Anforderungen, sondern alle anderen innovativ Aufgeschlossenen haben Gelegenheit sich diese ebenfalls zu eigen zu machen; je nach Zusammenwirken zwischen ihnen ergibt sich nicht selten eine 'Mutation', die noch lebenskräftiger ist als es die ursprünglich günstigste war. Es überlebt die Fähigkeit zum Qualifikationszuwachs und nicht die eine oder andere Lösung. Diese Vorgehensweise gestattet es bereits zu einem sehr frühen Zeitpunkt des Prozesses zu selektieren, mögliche Konsequenzen vorwegzunehmen, stützende Faktoren zu bündeln und die Innovationsträger an die kommenden Anforderungen heranzuführen. Die Vererbung dient der Sicherung und Vermehrung der günstigen Lösung; dies findet sich beim Innovieren wieder als systematische Erfahrungskumulation und Pflege gruppendynamischer Multiplikatoreffekte.

Der Innovationsprozess lässt sich also "rationeller" gestalten als der natürliche Fortschritt durch Mutation. Dennoch ist Innovieren primär kein Produktivitätsproblem, sondern ein Impuls -, Selektions - und Integrations - Problem. Es geht darum die verfügbaren Ressourcen so anzusetzen, dass überhaupt der Durchbruch in eine zukunftsträchtige Qualifikation zustande kommt und nicht darum, in Selbstzufriedenheit und Perfektion unterzugehen.

7.2 Wahl der Führungsansätze

Das folgende Schema gibt einen Überblick über das Zusammenspiel der verschiedenen Führungsansätze. Innovatives Führen ist links, technokratisches Management rechts angesiedelt. Der Übergang zwischen beiden ist - schon aus Gründen der Verträglichkeit - in den Maßnahmen graduell, in den Konsequenzen jedoch substanziell.

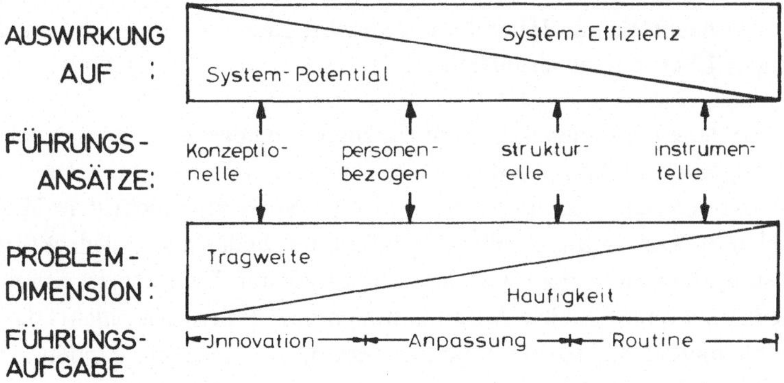

Abb. 36: Führungsansätze

Für denjenigen, der sich von hinten her einliest, sein als Hinweis für die substanzielle Trennung hier wiederholt:

Industrielles Innovieren bedeutet gezieltes Wachsen in eine höherquantifizierte Leistungsfähigkeit.

Gegenüber der Anpassungsbewältigung findet also ein Durchbruch zu einem anderen "Regelkreis" oder, besser gesagt, in eine Fähigkeitsebene, die zusätzliche Variable beherrscht, statt. Von utopischen Veränderungen unterscheidet Innovieren sich durch den Zwang zur Einhaltung nüchterner Rahmenbedingungen wie Wettbewerbsauslese, Autoritätsstruktur zweckorientierter Systeme, technische Gesetze und ökonomisches Kalkül.

Innovieren stellt somit den Übergangsprozeß von einer in eine andere Routineebene dar. Anforderungen und Führungsansätze unterscheiden sich je nach

— Art und Zuwachs der Komplexität
— Richtung und Veränderung der Dynamik
— den geforderten Teilsystemen.

D'e nachstehende Aufstellung vermittelt einen Überblick von dem verfügbaren Repertoire an Führungsansätzen in Abhängigkeit der Prozeßphasen (ausführl. S. 70/71).

Sieht man im Unternehmen ein sozio-ökonomisch-technisches System, so erkennt man unschwer, daß der Anforderungswandel vor allem die soziale Komponente herausfordert. Die Aufgabe der Sicherung der Unternehmenskontinuität ist damit im wesentlichen zu einem Problem der individuellen Entfaltung und des kooperativen Zusammenspiels geworden. Hauptkriterien der Dosierung der Führungsimpulse sind deshalb das prozeßgerechte Timing und die erforderliche Einstellungsänderung. Die nachstehende Darstellung versucht, auch von diesem Spektrum eine grundsätzliche Übersicht zu vermitteln.

Das hier vertretene Führungssystem und die zugrunde liegende Führungsphilosophie gilt im Prinzip auch für non-profit Organisationen wie z.B. Behörden. Die Tatsache, daß deren ökonomische Komponente nach dem Spar- und nicht dem Maximum-Prinzip arbeitet (vgl. 5.0), gesellschaftspolitische Bedürfnisse, gedeckt werden, andere Risiko/Chancen-Verhältnisse herrschen und der Technologie eine untergeordnete Rolle zukommt, stellen Modifikationen dar, ändern aber nichts daran, daß es sich auch hierbei um sozio-ökonomisch-technische Systeme handelt. Derselbe Grobbereich und vorhandene Systemverknüpfungen sorgen für vergleichbare psycho-soziologische Anforderungen. Man muß den Führungsansätzen allerdings die dem Organisationstyp angemessene Form und vor allem die richtige Qualität verleihen. Das gilt auch für unterschiedliche Betriebstypen und -teile wie hardware-

Ansatz Phase	konzeptionell	strukturell	instrumentell	personenbezogen
1	Situations- und Fähigkeitsanalyse Stärken und Schwächen Leitbild Strategische Ziele Risiko/Chancen-Analy. Berater heranziehen	Organigramm Ablaufdiagramme Informationskanäle Gruppenbildung Stellensystemdiagramm	Fragenliste (for- ced choice, Favo- ritenquadrant etc) Matrizen Prognosen Wertanalyse Integrationsanalyse	Gespräch Interview Personenauswahl Schulung Kreativtraining Vorschlagswesen
2	Betriebswirtschaftl. Leitbilder Planung Beurteilungs - und Wertsysteme	Bildung Subsysteme Stellenbeschreibung Richtlinien Analyse Zeitverwendung Kontaktogramme Arbeitsteams Ankauf von Innovation Bildung von Arbeitspaketen	Planungstechniken Entscheidungstchk. Soll/Ist - Bilanz Multimomentaufnahm. Prozessanalyse Netzpläne Experimentalprojekte	Analyse von Gruppen- stil und - reife Neueinstellungen Vergleichende Funktions- beschreibung Workshops Konfliktseminare Lotsengruppe
3	Stakeholder Konz. Strategie nach Le- benszyklen Diversifikation	Multidimensionale Organisation Trennung operatives + strateg. Mgtment Projekt - Management Aufkauf und Verkauf von Subsystemen	Übungskurven Scientific Manag- ment Kostenkontrolle	Konflikt - Management Ausbildung

Produktion, Software-Produktion oder Dienstleistungsorganisation. Bei unangepaßten strukturellen und instrumentellen Ansätzen wird eine Schule zur Lernfabrik
oder Tourismus zur Fremdenindustrie. Ohne den Multiplikatoreffekt des sozialen
Systems wäre Innovieren nicht möglich; was der Mensch nicht kann, die Gruppe ist
im Prinzip dazu in der Lage, nämlich sich an den eigenen Haaren aus dem Sumpf zu
ziehen. Die meisten Menschen sind sowohl zu Selbstentfaltung als auch zu Konformismus, zu Zügellosigkeit und zu Verantwortungsbewußtsein, zu Selbstsucht und
zu Hilfsbereitschaft, zu Rivalität und zu Gemeinsamkeit im Stande. Welchem Verhaltensmuster sie aber folgen, das hängt in hohem Maß von der Art und Reife
ihrer sozialen Situation ab. Wenn nennenswerte Anreize auf dem Spiele stehen, entfalten sie Fähigkeiten zur Zusammenarbeit, die man nicht für möglich gehalten
hätte (Beispiel: Einführung der freien Marktwirtschaft in der BRD). Menschen sind
aber auch in der Lage, ihre persönlichen Ansichten zu unterdrücken, Angst und Zerstörung zu verbreiten, um mit der Gruppennorm übereinzustimmen falschen Autoritäten zu folgen oder Überforderung auszuweichen. Deshalb besteht ein unmittelbarer Zusammenhang zwischen der vorgelebten Ethik der Führungsverantwortlichen
und der Innovationsfähigkeit der von ihnen geleiteten Organisation. Wie ernst dieses
Anliegen ist, zeigen die zunehmenden Klagen über Konflikte zwischen Gewissen
und Karriere, z. B. aus Anlaß von Kartellabsprachen oder Umweltschutzproblemen.
Das Wort wird hier nicht einem gelegentlichen innovativen Anfall, sondern ständigem, systemweitem innovativen Bemühen geredet. Dabei genügt es nicht, einfach
höhere Freiheitsgrade einzuräumen und das alte Koordinations - Instrumentarium
zu perfektionieren. Es sind Integrationsklammern anzusetzen, die der gewachsenen
Komplexität bzw. der dazu erforderlichen Qualifikation entsprechen. Mindestanforderung einer solchen Integration ist, daß man das gegenseitige Verhalten im
Prinzip voraussehen kann bzw. ein Sich - im - Grundsatz - aufeinanderverlassen -
können. Ist dies nicht der Fall, wird das Innovationspotential zur Selbstbehauptung,
d.h. unproduktiv und damit gegen das System eingesetzt. Innovative Führungsprobleme sind in hohem Maß Integrationsprobleme.

Einige I n t e g r a t i o n s k l a m m e r n in der Reihenfolge zunehmender Integrationskraft sind:

- Organigramm
- Checklisten
- Richtlinien
- Regelmäßige Zusammenkünfte
- Kostenschätzung
- Strategische Planung
- Berater als Katalysator
- Schulung
- Projekt - Management
- Gesteuerte Selbstanalyse
- Führungsstil.

Dosierte Einstellungs - Änderung:

Erforderl. Zeitaufwand	Geforderte Einstellungs-Veränderung		Verhaltens-seitiges Auslöser-beispiel	Kognitiv/ affektiver Verhal-tensanteil
	Ausmaß	Art		
gering	bescheiden	Handlungs-muster	neue Formulare, Verteiler-schlüssel, Planungs-verfahren	kognitiv
		Rollen-erwartung	neue Markt-strategie, neues Organi-gramm, veränderte Gruppenzusam-mensetzung, neuer Vorge-setzter	
		Wertver-schiebungen	Schulung, neues Lohn-system, veränderte Auslesekri-terien, anderer Be-sprechungsstil,	
		Bedürfnis-befriedigung	Statusver-schiebungen, neue Geschäfts-ziele, Leitbilder (Un-gewißheit), ungenügende In-formation, Büroumzug, Ausländische Partner	
hoch	fundamental			affektiv

Die Forderung nach Integration ist vielschichtig und beinhaltet auch interdisziplinäre Verknüpfungen z.B. in diesem Buch: Psychologie (Einstellung und Verhalten), Mathematik (Zeitkonstanten, Wahrscheinlichkeit, Netzpläne), Physik (die Zeit als vierte Dimension), Betriebswirtschaft (Risikobehandlung), Biologie (Lebensläufe), Systemlehre (soziale Reife), Philosophie (Konzeptbildung), Pädagogik (Erfahrungslernen). Handliche Bordmittel, Gebrauchsanweisungen und Faustformeln des Innovierens lassen sich deshalb generell guten Gewissens nicht anbieten. Das bedeutet aber nicht, daß der wiederholte Umgang mit denselben Ungewißheiten nicht doch zu einer gewissen Geschicklichkeit zu führen vermag, die allerdings nie zu Routinereaktionen ausarten darf.

7.3 Innovative Fußangeln

Rationale Ungeduld

Innovationen lassen sich nicht durchsetzen, nur weil sie dem Anordnenden vielleicht plausibel erscheinen. Eine Idee ist nicht mehr als ein gedanklicher Anstoß, er trifft auf eine Organisation und Menschen, die sich in bestimmten Situationen befinden. Eine Innovation bedeutet für sie, sich innerlich umzustellen, gewohnte Auffassungen zu ändern und neue Verhaltensmuster anzunehmen. Das bedarf einer gewissen Schrittfolge und braucht Zeit, meist Jahre. Ohne Identifizierung und Engagement seitens der Betroffenen lassen sich weder deren ”Ur - Widerstände gegen Veränderung”, noch die Hindernisse auf dem Wege zum neuen Start bewältigen.

Kommunikative Selbstisolation

des Top - Managements vom mittleren Management. Dann wird die Anpassung des vorhandenen Apparates noch betrieben, während die Erneuerungsaktion in den Chefetagen längst greifbare Formen angenommen hat. Es soll schon vorgekommen sein, daß Bereichsleiter aus der Zeitung die Umstellung ihres Verantwortungsgebietes erfuhren. Je weiter der interne Apparat den neuen Strukturen nacheilt, um so härter werden die Eingriffe, um seine ”träge Masse” in Bewegung zu bringen. Das System hat nicht genügend Zeit, sich auf die neuen Kriterien einzustellen und nach ihnen zu funktionieren. Kommt es überhaupt zur Realisierung, dann nur mit mangelhaftem Interesse sowie Frustration verschiedenster Auswirkungen.

Einseitige Betrachtungsweisen

Innovation ist weder ein Privileg einzelner Kreativer noch der technischen Entwicklung. Zum Wettbewerbsvorsprung haben alle ”Organe” des Gesamt - Unternehmens beizutragen. Eine Abteilung, die nicht planvoll und nachweisbar zur ständigen ”Regeneration” des Betriebskörpers beiträgt, ist für ein Wirtschaftsunternehmen untragbar.

Ein Klient meinte: "Ich habe 50% Marktanteil, mein Vorsprung ist patentrechtlich abgesichert. Ich habe keinen Innovationsbedarf". Doch Erstklassigkeit ist vergänglich, sie zieht andere Innovatoren an. Selbst unangetasteter Vorsprung wäre noch keine Garantie für Kontinuität. Schon manche Firma mit renommierter Technik ging aus Liquiditätsgründen oder Marketingschwächen zugrunde. Ein französicher Unternehmer hierzu: Es gibt drei Wege ein Unternehmen zu ruinieren: Der schnellste über das Spiel, der angenehmste mit Frauen und der sicherste über Technokraten.

Unangebrachte Ertragsansprüche

Innovationen sind Cash - Verzehrer, bis sie so weit konsolidiert sind, daß sie nun ihrerseits den Folge - Innovationen Cash zuliefern. Vorher besteht immer noch das Risiko, daß es überhaupt keine Erträge geben wird, und die Voraufwendungen verloren sind. Manager, die ungeduldig und auf Profit - Denken programmiert sind, neigen bei Innovationen zu unrealistischen Zeitvorgaben und Erwartungen. Zweit - und Drittanbieter lauern nur darauf, daß Innovatoren ihren Vorsprung zu früh in klingender Münze sehen wollen, denn das gibt ihnen die beste Möglichkeit, den Windschatten des Vorreiters parasitär für sich zu nutzen.

Am falschen Ende sparen

Innovieren heißt in eine strukturierte Ungewißheit Vertrauen setzen. Wer an der falschen Stelle spart, zum Beispiel an der Analyse des Ist - Zustandes, löst einen Risikofaktor aus, dessen Auswirkungen mit der Zeitdauer seines Bestehens krebsartig wächst. Vor Kochbuchlösungen ist zu warnen, gerade in der individuellen Zusammenstellung liegt das Erfolgsgeheimnis innovativen Bemühens. Kapieren heißt die Devise, nicht Kopieren.

Gestörtes Risikoverhältnis

Immer wieder überstrahlt der Glanz einer Chance die Tatsache, daß Risiken dazu neigen, sich gegenseitig zu multiplizieren. Unterschätzt wird dabei häufig das Risiko, das der „Stafettenwechsel" von Gruppe zu Gruppe mit sich bringt, z. B. von der Entwicklung zur Fertigung. Oberster Grundsatz dabei ist ein wirklichkeitsnahes Risiko/Chancen-Verhältnis. Es gilt nur Innovationen mit Risikoprämien zu verfolgen, die die eingetretenen Risiken und die gescheiterten Innovationen mitzutragen versprechen. Zu bevorzugen sind Vorhaben, die den angestrebten Vorsprung mit einer etablierten Eigenstärke (z.B. einem Verfahren oder Vertriebskanal) verbinden.

Einseitige Management - Techniken

Umorganisationen beschränken sich oft auf Kästchendenken; sie verwechseln Zuordnung mit Fähigkeitszuwachs. Umgekehrt versuchen es die Ansätze der humanrelations-Schulen von der Verhaltensbeeinflussung her, geraten dabei aber leicht zur Manipulation oder Praxisentfremdung.

Auslassen von Prozeßphasen

Ein gutes Konzept, das unter Umgehung der Phase 2 sofort realisiert werden soll, verfügt maximal über die Stoßkraft seines Durchsetzers. Dazu ist der Stärkste nicht stark genug. Innovationen sind auf Kräftevervielfältigung angewiesen. Innovieren ist ein schrittweises Erfahren und Konkretisieren. Viele Innovationen geraten in Schwierigkeiten, weil die aufeinander angewiesenen Systeme sich in unterschiedlichen Phasen befinden müssen, aber nicht in der Lage sind, ihre abweichenden Konkretisierungsvorstellungen realistisch und gesamthaft zu integrieren.

"Kontrolle ist besser!"

Wer sich beim Innovieren das letzte Wort vorbehält, mißtraut seiner Prozeß - Steuerung und verschreckt das Innovationspotential seines Einflußbereichs. Unerschlossenes Gelände bedarf anderer Ausrüstung und Vorgehensweisen als kultivierter Boden, anderer Instrumente als Meinungsumfragen oder Störanzeigen.

Verfehltes Timing

Ein versäumter Einstieg läßt sich nur in engen Zeitgrenzen "aufholen" und selbst das nur mit erheblichem Aufwand. "Zu früh" zu beginnen hat ebenso wenig Sinn, der erforderliche Resonanzboden fehlt. Auch der Koch muß die Gar - und Reifezeiten abstimmen. Innovieren verlangt mehr als Führungstechnik, es ist Führungskunst. Wer die immer letzte Erkenntnis einbringen will, wird nie fertig oder so spät, daß sich andere inzwischen etabliert haben.

Perfektionismus und Selbstgefälligkeit

sind tödlich für jeden innovativen Elan. Perfektionismus zerreißt die Zusammenhänge, bei Selbstgefälligkeit fehlt Kritik und Hunger.

Innovatives Strohfeuer

Wenn immer wieder die Anfangsbegeisterung versandet und die Ziele aus den Augen verloren werden, dann entsprechen die soziale Reife des Systems und die Führungsfähigkeiten offenbar nicht den Anforderungen.

Suche nach verfehlter Selbstbestätigung

Sie geht Hand in Hand mit der Tabuisierung von Teilbereichen und Killerphrasen wie "Unsere Branche ist anders", "Alter Wein in neuen Schläuchen", "Nichts als graduelle Unterschiede". Gar nicht so selten spürt der Machtpromotor dabei sehr wohl auf was es ankommt, aber dann packt ihn die Angst, er könne die Geister nicht bändigen, die da gerufen werden, und damit hat er vielleicht nicht einmal so Unrecht. Will man Innovieren und gleichzeitig das aussparen, woran man hängt oder was einem Einfluß garantiert, dann stellt man sich und seinen Mitarbeitern eine Aufgabe, die der Quadratur des Kreises nahekommt.

Die Ausstrahlung von "Teiländerungen" wird nicht berücksichtigt.

Sortimentsbereinigungen verlangen z.B. Umorientierung (der "inneren Moral", der organisatorischen Struktur, der Beziehungen zu Kunden oder Handel) und qualifiziertere Leistung in ungewissen Situationen (gegenseitige Produktbeeinflußung, vorübergehende Schwäche oder Trend?). Damit bedeuten sie einen systemweiten Such - und Lernprozeß, d.h. sie sind innovativ.

Kritische Zeiten sind innovationsfeindlich

Im Gegenteil, kritische Zeiten öffnen festgefahrene Strukturen und erhöhen Wahrnehmungs- und Einsatzbereitschaft.

Oberflächlichkeit

Die Benennung einer Sache ist noch nicht die Sache selbst und ein Instrument zur Hand nehmen, heißt noch nicht, es zu führen verstehen. Es gibt immer wieder Modebegriffe, die aufgegriffen werden, ohne daß sich im Grunde genommen etwas ändert. Hoffentlich zählt Innovation nicht auch dazu.

Übersehen des Kostenpotentials

Ausschlaggebend für die langfristige Preisentwicklung ist alleine das Kostensenkungspotential des Marktführers. Beim direkten Kostenvergleich einer Produktinnovation mit dem etablierten Vorgänger soll dieser 'günstiger' abschneiden; ist dies nicht offenkundig und der Erstinnovierende steigt deshalb aus; kann es passieren, daß ein Konkurrent, der das Kostensenkungspotential der kumulierten Erfahrung richtig erkannt hat, dessen Vorarbeit nutzt, verstößt und ihn überholt. Noch unzuverlässiger sind Preisniveaus als Kriterium für Innovationsvorhaben, denn sie pflegen sich sprunghaft zu ändern.

Salamitaktik

Die berüchtigte Salamitaktik reiht Schrittchen aneinander, die so klein sind, daß jeder davon für sich unter der erträglichen Risiko- und Konflikt-Schwelle liegt, also der Anpassungsbereich überhaupt nicht verlassen werden kann. Solch graduelles Vorgehen hat in innovativen Situationen die unangenehme Folge, daß plötzlich das bisherige Gebäude zusammenbricht wie bei einem Waagebalken, bei dem nach vielen einzelnen Grammen schließlich das hinzukommt, was die Labilität einleitet und ihn umschlagen läßt. Qualitativer Fortschritt setzt sich aus Phasenfolgen zusammen, wobei die bestimmenden Polaritäten des ausschlaggebenden Kräftefeldes nacheinander voll bewältigt werden.

Innovationen sind keine Prothesen für Führungsmängel

Innovieren verlangt Höchstleistung, dazu ist eine neurotisierte Organisation nicht in der Lage. Um ein zusätzliches Innovationsdefizit zu vermeiden, sollte versucht werden, gesund gebliebene Teile von der Krisenbehandlung zu verschonen und durch sie parallel 'Versicherungs-Vorleistung' auch für die Zukunft der kranken Teile aufbauen zu lassen.

7.4 Selbstbefragung bei eigenen Innovationsvorhaben

Checklisten entlasten das Gedächnis, systematisieren die Arbeit, vermitteln Information, ermöglichen rationelle Rück und Mit-Kopplung. Sie sollten ihre eigenen Checklisten aufbauen und ständig vervollkommenen, sodaß sie damit einen Dialogpartner gewinnen der im 'Ernstfall' einsatzbereit ist. Sehen Sie sich jetzt noch einmal Ihre Antworten zu Kapitel 2 an.

Damit Sie nicht am Punkt Null beginnen müssen, folgen ein paar erste Zusammenstellungen, aus denen heraus Sie Checklisten für Ihr Innovatives Vorgehen entwickeln können.

A) Innovative Fallgruben (vgl. auch S. 180/181):

— Ungenaue Erfassung des Kundenproblems
— System - Innovation für ein organisatorisches, technisches oder vertriebliches Problem halten.
— Halbheiten, Absolutismus und Missionartum
— sich an Informationen orientieren, die der Kurzfriststeuerung dienen.
— Erfahrungsdefizit
— Unterschätzung der erforderlichen sozialen Reife bzw. Überschätzung der eigenen Führungsfähigkeiten.
— Berufsbezeichnungen oder Fertigkeiten mit Fähigkeitskapital gleichsetzen
— Starre Strukturen, formalistische Kommunikation, autoritäres Vorbeigreifen, unpsychologische Kontrolle und Kritisiererei
— Mangel an Konzeptionell - strategischer Vorkopplung
— Marktanalyse oder Planungsprozeß werden aus Zeitmangel gekürzt
— Einfärbung durch optimistische Spezialisten oder verantwortungsscheue Pessimisten
— Scheu zu experimentieren und aus Fehlern zu lernen
— Schöne Technik, die kein Kunde honoriert

- Naturschutzparks in den eigenen Reihen
- Zuviel auf einmal
- Erstkapazität zu groß
- Kostendenken, das Umsatz erzwingt
- Unzureichender Cash - flow
- Renditepriorität zu Lasten der Innovationsressourcen
- Verschwommene Verantwortung gegenüber potentiellen Risiken
- Unklare Prioritäten
- Unzulängliche Teil - und Zwischenziele
- Intellektuell verpackte Vorurteile und erste Eindrücke
- Unkoordinierte Teiloptimierungen
- Antasten der sozialen Intimsphäre
- Erzeugung von Unsicherheiten (im Dunkeln lassen und mit Mist bestreuen!)
- Die Veränderungsanfälligkeit der vorgeordneten Lösungsebenen nicht beobachten und nicht berücksichtigen, daß man von abgeleiteten (nicht originären) Kundenproblemen abhängt.
- Zuviel innovatives Lösungswissen gemessen an der Tragfähigkeit der Fähigkeiten (sozialer Reife)
- Unrealistische Erwartungen
- Aus der Hüfte schießen
- Kosmetische Scheinlösungen (falsche Information "richtig" realisieren)
- Sporadisches Innovieren
- Mitarbeiter falsch ansetzen
- Abgelegte Ideen nicht mehr durchsehen (vielleicht stimmt jetzt das Timing)
- Übertriebene Gruppenloyalität
- Ungenügende Profilierung, Kopieren statt Kapieren.
- Zuviel know how, zu wenig know why

B) Unternehmen mit hohem Innovationspotential zeichnen sich aus durch:

- Messung der eigenen Leistung an strategischen Modellen
- Gesellschaftsbezogene Ziele
- Orientierungsunterlage mit Langfristhorizont
- Transparenz ist nichts Elitäres
- Gründliches, delegiertes Planen
- Trennung von innovativem und operativem Management
- Hohe soziale Reife
- Pluralistische Konfrontation innen und außen
- Reflektion an allen Bezugssystemen, die betroffen sein könnten
- Bewußte Selektion von Vorhaben mit Multiplikatoreffekt
- Hohe Marktanteile in Wachstumsmärkten
- Das Recht, aus Fehlern zu lernen, die Anerkennung innovativen Bemühens
- Probleme kommen auf den Tisch und werden offen und ohne affektive Aggression besprochen.
- Laufende Verfolgung des unternehmensspezifischen Kundenproblemkreises und systematische Polarisierung mit dem eigenen innovativen know-why.
- Optimale Verknüpfung und Verwendung ihrer innovativen Ressourcen. Dazu gehört auch ein Informationssystem, das verhindert, daß das Rad immer wieder erfunden wird (Erfahrungskummulation) und ein Kommunikationsnetz, das interdisziplinär Analogien zu ziehen und Impulse zu geben vermag.

— Absicherung und Ausbau des Wettbewerbsvorsprungs durch System - Innovationen, wenn ausgereifte Produkt-Lösungen vorliegen und auch Innovationen im Marketing (Vertriebswege, Segmentbildung etc.) oder im Herstellungsverfahren nicht mehr genügend bringen.
— Systematischer Abbau des sozial-psychologischen Bildungsdefizits ihrer Manager.

C) Was Innovieren fördert:

— Anerkannte Prinzipien und Leitbilder
— Einfluß und Macht ihre Anonymität nehmen
— Rückhalt, Verständnis und Vertrauen
— Konstruktive Unzufriedenheit
— Systemweite, systematische Erfahrungskumulation
— Selbstverpflichtung auf gemeinsame Ziele
— Spielregeln, die Konflikte eindämmen und wirklich lösen können
— Offenheit, Kritik, Suche nach anderen Auffassungen
— Mit - Verantwortung und Risikobereitschaft
— Induzierte Konflikte (ein Berater, ein neuer Mann, ein Erfolg der Konkurrenz, verletzte Tabus, eine andere Hypothese usw.)
— Frustrationstoleranz
— Kontaktfähigkeit, ungestörte Kommunikation
— Timing
— Abstimmung aller innovativen Resourcen mit den Zielen und Anforderungen
— Betriebliches Vorschlagwesen
— Fertigkeits-Stärken beibehalten, aber nicht mit mehr Druck, sondern neuartig ansetzen.
— Schaffung eines Klimas, das Beste (und nicht das Äußerste) zu tun. Den Mitarbeitern helfen, ihr motiviertes Fähigkeitspotential zu erkennen und einzusetzen.
— Außenseitern eine Chance geben
— Differenzierung zwischen den Prozeßphasen
— Minderung der persönlichen Ungewißheit und Risiken bei Phasenwechsel
— ”Vulnerability reports” (fortlaufende Beobachtung eigener Schwachstellen)
— Prüfen, ob betriebliche Entscheidung auch unter volkswirtschaftlichen und gesellschaftlichen Gesichtspunkten bestehen könnte.
— Branchenanalyse in Vorläuferindustrien (z.B. in Schweden oder USA)
— Abbau innerer Widerstände gegen ”reife” Lösungen
— Grundsatzgespräche
— Ermutigung zu informalen Kontakten
— Das in den Köpfen unstrukturiert verteilte, innovative Lösungswissen interdisziplinär bündeln und motivieren.
— Anerkennung bewußter Risikobehandlung
— Beanstandung unterlassener Chancenwahrnehmung
— Funktionierende Quer - Kommunikation zwischen den Ressorts (insbesondere Markt und Technik), rasche Weitergabe 'weicher' Information, die für den anderen wesentlich und aktuell sein könnte.
— Ausreichende ”Sensoren” in allen relevanten Segmenten der Bezugswelt.
— Das relevante Kundenproblem genau und seine funktionelle Struktur unabhängig von Lösungswegen identifizieren.

- Mut zur Intuition
- Sicherstellen, daß die Strategie der "kreativen Zerstörung" nicht von den Dringlichkeiten des taktischen Alltags erdrückt wird.
- Den Innovationsprozeß in griffige, planbare, meßbare und damit kontrollierbare 'Pakete' unterteilen.
- Analysen "mehrdimensional" anlegen
- Die Veränderung im Lösungswissen regelmäßig auf das Kundenproblem, seine wichtigsten Funktionen und die verschiedenen Lösungsebenen projezieren.
- Würde das Unternehmen ohne diese Innovationsvorhaben dauerhaft zurückgeworfen? Harmonieren Unternehmenszweck und Innovationsziel?
- Wer merkt die Schwachpunkte ehe sich Abweichungen in Zahlen niederschlagen und wie kommt er insbesondere bei Integrationsmängeln zum Zuge? Welche automatische Frühwarnung ist eingebaut?
- Sind die erforderlichen Integrationsklammern erkannt, bekannt und vorbereitet?
- Nicht die jeweils einfachste Lösung suchen, sie ist in der Regel nur eine Pausenlösung.

D) Selbstbefragung beim Innovieren

- Steht hinter mir der Mann mit dem bestimmenden Einfluß, den alle respektieren und /oder fürchten?
- Besitze ich die Fertigkeiten meine Fähigkeiten zu verkaufen, brauche ich Fürsprecher, und welche?
- Akzeptiere ich mich überhaupt als jemanden, dessen Fähigkeiten kontinuierlich wachsen?
- Kenne ich die Struktur meiner Fähigkeiten wirklich oder halte ich sie womöglich für selbstverständlich?
- Besteht mein beruflicher Leitfaden aus dem Bestreben meine Fähigkeiten optimal zu nutzen oder richte ich mich nach irgendwelchen Klischeevorstellungen?
- Besteht Leistung für mich aus einem guten Ergebnis oder muß sie mir auch Spaß machen und ich stolz darauf sein können?
- Habe ich klare Zielvorstellungen davon, wie ich meine Fähigkeiten einsetzen und weiterentwickeln werde oder habe ich nur gute Ideen, die ich nicht zu verwirklichen weiß?
- Herrschen Verhältnisse, in denen man die Verhaltensweisen eines in Feindesland tätigen Geheimagenten entwickeln muß?
- Schiebt mich einer vor?
- Vermag ich einen anderen vorzuschieben, vielleicht einen Außenstehenden, dessen Beruf diese Art von Risikominderung ist?
- Welche Interessen kommen meiner Innovation in die Quere, was bedeutet das für deren Verlauf und mich?
- Setzen sich Machtansprüche immer wieder gegenüber innovativen Bemühungen durch?
- Stellt diese Innovation einen solchen Bruch mit dem Gewohnten dar, daß es mehrerer Anläufe und vielleicht einer Aufteilung in verträgliche Häppchen bedarf? Welche affektiv verankerten Stereotypen werden infrage gestellt?
- Wollen die Leute wirklich innovieren oder bilden sie sich das bloß ein? Sind

sie den möglichen Konsequenzen überhaupt gewachsen? Und bin ich es selbst?
— Sind die erforderlichen konzeptionellen, strukturellen und instrumentellen
Voraussetzungen gegeben?
— Ist meine Familie Last oder Hilfe für die Bewältigung meiner zusätzlichen
beruflichen Unsicherheiten?

E) Sollte ein Innovations-Berater konsultiert werden?

Ja, wenn Sie auf mehrere der folgenden Kontrollfragen keine für Sie befriedigende
Antwort kennen und auch nicht erwarten, eine solche in absehbarer Zeit zu erhalten:

— Fühlen Sie sich von einer bestimmten Entwicklung verunsichert?
— Steuern Sie auf Sicht oder sind Sie bei plötzlichen Abweichungen gerüstet, die
sich rückblickend längst angekündigt hatten?
— Kennen Sie die Marktanforderungen, ihre potentiellen Abnehmer, die Bandbreite
der wahrscheinlichen und möglichen Entwicklung?
— Kennen Sie Ihr Innovations-Defizit, wie ist es strukturiert?
— Welcher Innovationsbedarf kommt auf Sie zu, wie ist er zeitlich gestaffelt, wo
am vielversprechensten, wie läßt er sich bewältigen, welche Konsequenzen hat
dies auf Ihre Geschäftspolitik?
— Sind Sie im Umgang mit dem Erfolgspotential ebenso sicher wie mit dem Ge-
brauch der Führungsgrößen Wachstum, Ertrag und Liquidität?
— Müssen überhaupt neue Wege und Strukturen gesucht werden oder genügt es,
das Bestehende zu perfektionieren?
— Ist die wesentliche Innovationsidee nur ein technologischer Anstoß oder berück-
sichtigt sie auch die Reaktionen der eigenen Organisation, der Wettbewerber und
der mittelbar betroffenen „Nachbarschaft"?
— Wie lassen sich eingefahrene Management-Praktiken den innovativ verschobenen
Anforderungen anpassen?
— Welche Widerstände sind zu erwarten, wie lassen sie sich abbauen?
— Welches Timing hilft dabei, welche Fristen sollten keineswegs unter- oder über-
schrittten werden?
— Wie ist das Ausbildungs- und Erfahrungsdefizit auf die kommenden Anforderungen abzustimmen?
— Wo befinden sich in Ihrem Hause innovative Reserven, wie lassen sie sich er-
schließen, was wird dabei dem Routinealltag entzogen und welche Vorinvestition
bedeutet dies?

F) Selbstbefragungslisten im Zuge des Buchtextes:

8. Fallstudien

Innovations-Berater haben Gelegenheit, denselben Wandel der Bezugswelt, der aus der Sicht des Einzelbetriebes erst- und einmaliger Natur ist, mehrfach gegenüberzustehen. Das gibt ihnen die Möglichkeit, Einzelbetriebe mit Hilfe von Fallstudien an ihre Situation heranzuführen. Es sind aus praktischen Erfahrungen abgeleitete Sandkastenspiele zum Erkennen der eigenen Schwächen, zum Verhaltenstraining oder zur Gruppenstrukturierung, sie werden firmenspezifisch, gezielt und begleitend eingesetzt. Die folgenden 8 Fälle dienen der Illustration des bisher Dargestellten. Denken Sie bei der Lektüre bitte immer wieder daran,

— zwischen Anpassen und Innovieren zu unterscheiden.
— systemweit und prozeßgerecht zu denken.
— daß die gewohnten Reaktionen des Managers beim Innovieren dazu tendieren, Fallgruben zu übersehen und Selbsttore einzuleiten.
— der soziologischen Komponente den ihr gebührenden Rang einzuräumen.

Je früher man innovativ umstellt und agiert, um so besser werden die notwendigen Übergänge zur nächsten Problemlösungsebene beherrschbar und Wettbewerbsvorsprung erzielbar.

8.1 Technologieschwäche folgt Integrationsschwäche

Ausgangs-
Situation:

Mittelständiges Unternehmen des Maschinenbaus, ausreichend diversifiziert, verliert zunehmend Marktanteile. Bezugsweltanalyse ergibt für die kritischen Ressorts:

E = Entwicklung:
Turbulente Veränderungen; Auswirkungen der eigenen Anstrengungen - wenn überhaupt - erst nach Jahren erfaßbar.

F = Fertigung:
Bezugsrahmen hoher Gewißheit; kurzfristige Rückkopplung

V = Vertrieb
Wettbewerb und Kundenabsichten im voraus wenig transparent, erfolgte Veränderungen lassen sich aber rasch registrieren.

Erste Schluß-
folgerung: Hohe Differenzierung der 3 Ressorts erforderlich.

Analyse und Vorgehensweise: Die Entwicklung hatte langfristigen, technologischen
Erneuerungszielen innerhalb einer freizügigen Struktur zu folgen. Im Gegensatz
dazu benötigte die Fertigung eine auf Produktivität und Lieferbereitschaft abge-
stellte Zielgebung mit Kurzfristhorizont, also straffe Regelung und laufende Kontrolle. Der Vertrieb schließlich hatte in Bezug auf Zielgebung, Zeithorizont und
Struktur eine mittlere Stellung einzunehmen, brauchte aber eine völlig anders geartete Arbeitsorientierung, nicht mit Betonung der Leistungs- und Sachorientie-
rung, sondern auf menschlicher Kontaktfähigkeit und Einfühlungsvermögen hin.

Trotz tiefgreifender Einstellungsdifferenzen war eine enge Integration zwischen
den Ressorts erforderlich. Es gab aber erhebliche Koordinationsmängel, Kommunikationsschwierigkeiten und Revierkämpfe. Intensivere Kontrollen, einige
Umsetzungen, Wohlverhaltensappelle, ein Koordinations - Team und eine Außen-
schulung der oberen Führungskader in kooperativem Führungsstil hatten keine spür-
bare Besserung gebracht.

Vorgehensweise des Innovations-Beraters: Erster Schritt mußte die Profilierung
der Bezugssegmente und die Diagnose der System-Situation sein. Außer allgemein
zugänglichen Unterlagen und Daten aus vergleichbaren Beratungsaufträgen wurden
Interviews innerhalb der Firma und eine Fragenbogenaktion durchgeführt. Es zeigte
sich, daß die Differenzierung der Ressorts zu ihrer Umwelt durchaus den Anforderungen entsprach; die Gruppen waren angemessen strukturiert, die Mitarbeiter be-
saßen aufgabenorientierte Einstellungen und Zielvorstellungen, das Firmenleitbild
zur Bezugswelt stimmte.

Der Problemherd saß alleine im Innenverhältnis. Vor allem die Integration zwischen
Vertrieb und Entwicklung lag trotz eines Koordinations-Teams, das Management
hatte also schon einen Finger auf der Wunde, völlig im Argen. Unklare Aufgabenstellung und Kompetenz des 'Koordinations-Teams' stifteten im Verein mit ineffi-
zienten Konfliktlösungspraktiken jedoch mehr Verwirrung als Segen. Es sah sich
erstens nicht als Katalysator, sondern als verlängerter Arm der Geschäftsführung
bzw. als Schiedsrichter. Zweitens wollte es rasch Erfolge sehen, griff in diesem Bestreben ständig in das 'Wie' ein und säte damit zusätzliche, bösartige Differenzen.
Hier mußte der Berater ansetzen, und zwar bei der Führungseinstellung der Geschäftsleitung selbst. Einen dritten Ansatzpunkt brachte die Selbstbeurteilung
durch den Hinweis, daß unterschiedliche Auffassungen überwiegend herunterge-
spielt, statt als Innovationsimpuls aufgegriffen wurden.

Kontakogramme und Interwies zeigten, warum es dennoch 'funktionierte', es gab eine Reihe informaler Gruppierungen mit bemerkenswertem Koordinationseffekt. Mit dieser Transparenz und einer ersten Konzeptidee ausgerüstet konnte der Innovationsprozeß durch den zugezogenen 'change-agent' eingeleitet werden.

Erster systematischer und gezielter Impuls war seine Präsentation beim Top - Management, zu dem die Leiter der drei Ressorts (E,F,V) hinzugezogen wurden. Über die Gültigkeit der vorgetragenen Fakten gab es Diskussionen, das Hauptgewicht lag ermutigenderweise auf der Klärung der Zusammenhänge zwischen den internen Integrationsschwächen und den Einbußen an technologischem Vorsprung. Dabei machte sich das Top-Management mit dem Konzept des Beraters vertraut, akzeptierte dessen Schlußfolgerungen im Grundsatz und begann, sich über den erforderlichen und möglichen Wandel Gedanken zu machen. Insbesondere die Betrachtungsweise der sozialen Reife und des notwendigen Fähigkeitsniveaus hinterließen einen starken innovativen Impuls. Das Top-Management sprach sich dafür aus, weiter am Innovationsprozeß mitzuwirken und dafür angemessene Zeiten und Termine bereitzustellen. Gemeinsam wurden erste Zielsetzungen erarbeitet.

Damit war die Voraussetzung für eine schrittweise Aussaat des Innovationskonzeptes gegeben. Sie begann auf der zweiten Führungsebene mit einer der ersten ähnlichen Präsentation. Die Bekanntgabe und Begründung des Vorhabens in einem größeren Kreis schloß sich unmittelbar an. Die zweite Präsentation wurde durch Einweisungen in die Problematik des Konflikt-Managements ergänzt. Insbesondere wurde durch Üben des kontrollierten Dialogs Verständnis für die Problematik der Gesprächsführung geweckt, in einer Gruppenübung das Problem des Loyalitätskonfliktes durchlebt und schließlich durch eine auf die besonderen Gegebenheiten zugeschnittene Fallstudie mit verkehrtem Rollenspiel die Offenlegung des Konfliktes und seine Austragung nahegelegt.

In spontanen Diskussionen setzte sich allmählich die Erkenntnis durch, daß die Kriterien für die Entscheidungsfindung unzureichend waren und sich der Zielsuchprozeß in den Ressorts nach abweichenden Spielregeln vollzog. Die zweite Führungsebene stellte sich daraufhin selbst die Aufgabe, ein integriertes Vorschlags - und Bewertungsverfahren zunächst für technologische Innovation unter Einbezug der Wert- und Risikoanalyse zu erarbeiten und bildete eine Arbeitsgruppe.

Es folgten drei Sitzungen mit weiteren Mitarbeitern. Hier wurden zusätzlich vergleichende Funktionsbeschreibungen durchgeführt und Fragen nach richtigen Voraussetzungen zur Aufgabenerfüllung gestellt. In schrittweiser Gegenüberstellung wurde versucht, Mißverständnisse und Stereotypen aufzubrechen. Gemeinsam wurde eine Koordinationsmatrix entwickelt. Mit dem Austausch der Gruppenergebnisse war bereits die Planungs - und Realisierungsphase erreicht. Die Weiterverfolgung wurde der betrieblichen Eigeninitiative überlassen, der Berater zog sich von dem Projekt zurück, nicht ohne sich zuvor zu vergewissern, daß eine angemessene Prozeßführung weiter gewährleistet war.

Nach eineinhalb Jahren wurde in Anwesenheit des Beraters Bilanz gezogen. Es gab ein wirkungsvolleres Vorschlagswesen, verbesserte Entscheidungskriterien, eine effizientere Planung für Produkt-Innovationen. Konflikte wurden eher beim Namen genannt, die Diskussionen hatten sich versachlicht, die koordinierenden Gruppen verbrachten mehr Zeit mit den Ressorts und mauserten sich zu Teams. Die Situation wurde nicht mehr als bedrohlich empfunden, man hatte aufgeholt und schien die Dinge wieder in den Griff zu bekommen. Einstellungen und soziale Beziehungen hatte Fähigkeitszuwachs erfahren, man war stolz auf den erzielten Fortschritt.

Solche "Erfolgsmessung" ist allerdings nie unanfechtbar, da auch schwer quantifizierbare, qualitative Verschiebungen beteiligt sind. Aber Verhaltensänderungen lassen sich durchaus an vergleichbaren, konkreten Situationen beobachten und bei systematischem Vorgehen auch beurteilungsfähig machen.

So fiel z.B. auf, daß nach der Übung "kontrollierte Dialog" in Sitzungen schon ein Fingerzeig oder Scherzwort genügte, um Redeflüsse zu stoppen, Agressionen zu dämpfen und den Gruppenprozeß zu fördern. In Konferenzen positive Impulse in diesem Sinne zu geben entwickelte sich zu einer Art Sport. Es gab zahlreiche Beobachtungen solcher Art. Zusätzlich wurde aber auch eine Fragebogenaktion Vorher/Nachher gestartet, die bewußt auf die Dynamik des Geschehens hin formulierte, also: Werden Sie jetzt rechtzeitiger und vollständiger informiert als früher (und nicht: Ist die Information rechtzeitig und vollständig). Selbstverständlich wurden durch Quervergleiche, Standortaustausch und Interviews eine möglichst objektive Erkenntnis angestrebt. Die Rückkopplung zeigte viel Ermutigendes, aber auch Schwachpunkte, an denen nachzustoßen war.

Wichtigster Wertmesser war der weitere Geschäftsverlauf. Tatsächlich traten vergleichbare Einbrüche nicht mehr ein, weil sich anbahnende Pannen früher erkannt und tatkräftiger reagiert wurde. Dies begann sich auch schon in der Nachkalkulation niederzuschlagen, ja, man faßte bereits die Möglichkeit verringerter Risikozuschläge ins Auge.

Zusammenfassend bestätigte sich:

— Innovationen müssen gesamthaft gesehen und angepackt werden,
— Innovationen müssen maßgeschneidert sein, Rezepte verschärfen u.U. sogar die Situation,
— Gezieltes Führen setzt entsprechende Information über Notwendigkeit und Richtung der Erneuerung voraus,
— Soziale Systeme haben die Eigenschaft, durch Selbständerung der Erwartungen und Spielregeln in höhere Anforderungen zu wachsen.

So angefaßt, läßt sich der Multiplikatoreffekt in Systemen konstruktiv nutzen.
Schon wenige, allerdings gut vorbereitete Impulse vermögen oft den Innovations-
Prozeß in Gang zu setzen und zu bislang vergeblich angestrebten, befriedigenden
Ergebnissen zu gelangen.

8.2 Konzern verliert gegen innovativen Mittelbetrieb

Dieses Beispiel stammt aus der deutschen Elektroindustrie und vergleicht die Vorgehensweise zweier 'Intim'-Konkurrenten. Die Darstellung muß sich auf das Charakteristische beschränken, ohne dabei die Anonymität preiszugeben.

Die Ausgangssituation beider Firmen ist nach Größe, Markttransparenz und Innova-
tionsdruck vergleichbar, das 'running the business' bei der Tochter des Großbetriebes
etwas ausgefeilter. Das eine ist ein mittelständiges Familienunternehmen, das seine
Lösung systematisch mit Hilfe eines 'Lotsen' fand, das andere ein konzerngebun-
denes Tochterunternehmen, das mit der gleichen Invention wie sein Konkurrent
und einem Vorsprung von 4 Jahren auf halbem Innovations-Weg im Gestrüpp einer
unzulänglichen Struktur und Denkhaltung hängen blieb.

Es handelt sich um einen gesättigten Markt mit homogenem Produktangebot,
grundlegende neue Technologien sind nicht absehbar. Das fordert ausgefeilte
Markttransparenz. die Fähigkeit, Modellzyklen zu verlängern und durch ein „drittes
Bein" die strategischen Lücken der Zukunft rechtzeitig zu schließen.

Die Markttransparenz verlangt ein Herunterbrechen der Planung und Kontrolle bis
zum Einzelprodukt, dem regionalen Sektor und auf den Einzelkunden (bis zu dessen
sozio-ökonomischen und Persönlichkeitsmerkmalen), und zwar als zukunftsweisen-
des Soll, z.B. in Gestalt der Erfassung von Marktpotential und -ausschöpfung. Hierbei formt sich bereits das Bild der eigenen Stärken und Schwächen. Es fallen leit-
bildhafte Vorentscheidungen wie z.B. zum Qualitätsniveau, der Höhe der Lieferbereitschaft, den Absatzkanälen, der Produkt- und Kunden-Entrümpelung und anderer
– vielfach unbewußt – in den Innovationsprozeß eingehender Optimierungs- und
Rahmen-Werte.

Schon diese Voraussetzung war in dem Konzernbetrieb gestört. Der erste Mann
der dreiköpfigen Firmenspitze war ausgeschieden, die Nachfolge einem Konzern -
Neuling, aber nicht dessen hierarchische Stellung, übertragen worden. In dem pari-
tätisch gedachten Triumvirat ließt der "Fabrikant" als authoritärster sowie ältester

an Jahren und Betriebszugehörigkeit keine Mittel ungenützt, sich eine dominierende Postition aufzubauen. Gemeinsamkeiten mit dem für die Tochtergesellschaft zuständigen Konzernbeauftragten gaben ihm den notwendigen Rückhalt, so daß er mehr Einfluß auf das Geschehen nehmen konnte als seiner Zuständigkeit und Verantwortung entsprach. Dadurch verschob sich z.B. die Anpassungsflexibilität der Fertigung zu Lasten des Verkaufs, dem Vertrieb wurden verfehlte Qualitätsniveaus aufgedrückt, eigene Aktionen gerieten vorzeitig zur Kenntnis der Öffentlichkeit u.ä.m. Aber vor allem litt das Innovations-Klima. Es gab kaum noch gesamthaftes Planen und Handeln; die Aufgabe der Verlängerung des Lebenszyklus eines Modells mußte entweder mit Sonderkonditionen oder mit Laborfertigung vorübergehend erzwungen werden. Dauerhafter Vorsprung verlangt aber vorausschauende Integration und intelligente bzw. konzeptionelle (nicht billige oder zugeschnittene) Produkte und Sortimente. Was auch immer Fertigung und Vertrieb gemeinsam anging, spielte sich bald im Bereich emotionalisierter Folgekonflikte ab, und zwar betriebsweit. Der Dritte im Bunde verhielt sich abwartend neutral.

Als der Fertigungsleiter einen längeren Urlaub antrat, entwickelte der Vertriebsleiter einen Innovationsvorschlag (Produkt, Marktpotential und -entwicklung, Vergleich mit den eigenen technischen Stärken, Risikoabschätzung). Die Resonanz der Zentrale war positiv. Zurückgekehrt stellte der Fertigungsleiter sofort sicher, daß die weitere Verfolgung der Angelegenheit in seinen Kompetenzbereich fiel. Er packte das Problem technisch an und mußte damit zu dem Schluß kommen, daß es für das Konzept des Vertriebes keine originäre Lösung gäbe. In Wirklichkeit war die grundlegende innovative Technologie bereits im Hause, allerdings mußte man die gewohnten Auffassungen um 180 Grad stülpen und die vorhandenen Elemente zu einem erklärungsbedürftigen, problemorientierten System mit Service-Charakter veredeln.

Ehe sich der Vertrieb rechtfertigen konnte, geschah etwas Grundlegendes. Dem Fabrikanten waren bei einem neuen Modell Fehler unterlaufen. Er hielt es für richtig, einen Entlastungsangriff einzuleiten und diesen mit einem längst vorbereiteten Generalangriff zu verbinden. Um die Wirkung zu erhöhen, wurde ein Dritter vorgeschoben, der an allen Instanzen vorbei Zugang zum höchsten 'Richterkollegium' hatte. Einseitig unterrichtet reagierte dieses programmgemäß und fällte ohne Zögern sein Urteil. Eine Clique hatte sich bewährt, die Innovation blieb dabei auf der Strecke. Inzwischen existiert die Tochtergesellschaft nicht mehr, was noch gesund war, wurde in andere Konzernbereiche eingegliedert.

Die mittelständige Konkurrenzfirma war sich durch eine fundierte Langfristplanung auf Lebenskurvenbasis im klaren, daß ihre Zukunftssicherung einer technischen Innovation bedurfte und wußte etwa, wieviel Zeit dafür zur Verfügung stand. Sie betraute ein Team mit dieser Aufgabe, das der Geschäftsleitung direkt unterstellt wurde. Die beiden eigenen Mitarbeiter mit dem know - why des Marketing und der Entwicklung wurden vom Tagesgeschäft freigestellt, von einem Außeninstitut kamen der Projektleiter und durch ihn Spezialisten (des unterschiedlichsten know-hows in wechselnder Zahl) hinzu. Das Projekt lief wie folgt ab:

— Such - und Differenzierungsphase, Analyse und Projektion der Unternehmens-entwicklung, Stärke/Schwäche - Katalog,
— Leitbild, Definition der Rahmenbedingungen und Festschreibung der konkreten Ziele,
— Auffindung von Lücken (mit Suchfeldmatrizen) und deren Bewertung (Verknüpfung mit System, Prozeßrisiken u.a.),
— Ideensuche.
  Die Vorschritte hatten noch im wesentlichen der Einarbeitung der Außenstehenden gedient. Nun kam deren Hauptaufgabe, die Ausfüllung des firmeninternen Ideenvakuums. Mit Hilfe von Kreativitätstechniken wurden mehrere hundert Produktvorschläge gefunden.
— Auswahl.
  In mehrstufigen Trichterverfahren wurden daraus 15 Vorschläge als analysenwürdig aussortiert.

Hier endete die Zusammenarbeit mit dem fremden Innovations - Katalysator, die Feinselektion und Innovationsausführung konnte selbst durchgeführt werden. Im Unterschied zum Konkurrenten stand die Geschäftsleitung geschlossen hinter dem Konzept, verfolgte keine Eigeninteressen, und der Motivationsprozeß wurde für den betrieblichen Systemkörper in verträglichen Schritten durchgeführt. Der Prozeß war stets im Griff, und man hatte weder für den Kostenverlauf noch über die möglichen Ergebnisse unrealistische oder einseitige Vorstellungen.

Das Ergebnis waren Vorsprung und Stärkung der eigenen Postition gegenüber einer machtvollen Konzern-Aktivität. Gleichwohl darf dieses Beispiel nicht als charakteristisch für den Vergleich der Innovationsfähigkeit zwischen mittelständigem Betrieb und Großunternehmen angesehen werden. Andererseits zeigt es aber auch die Lebenskraft eines mittelständigen Betriebes, der sich moderner Vorgehensweisen zu bedienen versteht. Noch anders gesehen zeigt dieses Beispiel, welch ein Aufwand nötig ist, um das auszugleichen, was man die kritische innovative Masse eines Betriebes nennen könnte; die Konzernseite hatte den Innovator, aber kein Integrationsvermögen, einseitige Anpassungsmacht führte unweigerlich in Mittelmaß und Rückstand. Der mittelständige Konkurrent hatte noch Pioniergeist und zusätzlich Distanz, was dann noch fehlte, ließ sich dazu kaufen.

8.3 Leitfaden als „erste Hilfe" für Erfahrungsdefizit

Dieser Fall behandelt Strukturierungsprobleme eines Anlagenbauers. Forcierte Exportbemühungen zur Entlastung einer Inland - Rezession entwickelten Eigenleben und führten in eine überdurchschnittliche Expansion. Auf seine solide Technik und einen erfahrenen Mitarbeiterstab vertrauend, wurden die Risiken und Eigengesetzlichkeiten dieser Entwicklung lange verkannt.

Erste Pannen ließen sich noch mit der Unerfahrenheit jüngerer Mitarbeiter erklären. Ihr Anteil war als Folge des Wachstums ungewöhnlich angestiegen, während das erfahrene Kader immer mehr Feuerwehraufgaben übernehmen mußte. Der Konkurs eines Wettbewerbers und die sprunghaft gestiegene Größenordnung der Einzelaufträge wurden als ernsthafte Warnung verstanden. Die Besinnung darauf, wie es zur eigenen Zwangssituation kam, brachte zutage:

Vorher	Jetzt
— Lieferung von hard- und software-Paketen	— Turn-key-Verantwortung
— Unterlieferanten	— Konsortiale Partner
— bekannte Märkte und Kunden	— Neue Märkte, ungewohnte Usancen, andersartige Bedingungen, unbekannte Kunden
— gewohnte und verläßliche technische Bedingungen	— ungewohnte Auslegungsanforderung, die z.T. erst während der Abwicklung erkannt wird. Eine völlig neuartige Transport- und Montage - Logistik.
— fachkundige, erfahrene Abnehmer und Gesprächspartner	— Unzureichende Kenntnisse, Fertigkeiten und Fähigkeiten der Endkunden, Zwischenschaltung von Consultings.
— funktionale Ressorts von überschaubarer Größe, starke informale Beziehungen	— Organisation wächst in eine anonyme Größe. Geschlossene formale Ordnung erforderlich. Gleichzeitig sind aber Komplexität und Dynamik des Geschäftes gestiegen.
— Die Risiken liegen in einer Größenordnung, die vom eigenen Anlagengeschäft absorbiert werden.	— Die Risiken können die gesamte Firma gefährden.

Diese Bestandsaufnahme löste eine Kette von Innovationsimpulse aus. Wegen des Arbeitsanfalls wurde ein Innovationsberater von außen bei mehreren Vorhaben eingeschaltet, insbesondere bei der Institutionalisierung des Projekt-Managements, der Erarbeitung einer Einweisungsfibel für Neulinge, einer Neustrukturierung des Anweisungswesens, und der Erstellung eines Leitfadens zur Abwicklung von Übersee-Anlagen. Hier wird nur über letzteres berichtet, um den Prozeßverlauf zu verdeutlichen.

Es wurde ein Leitfadenteam gegründet, das sich folgende Systematik erarbeitete:

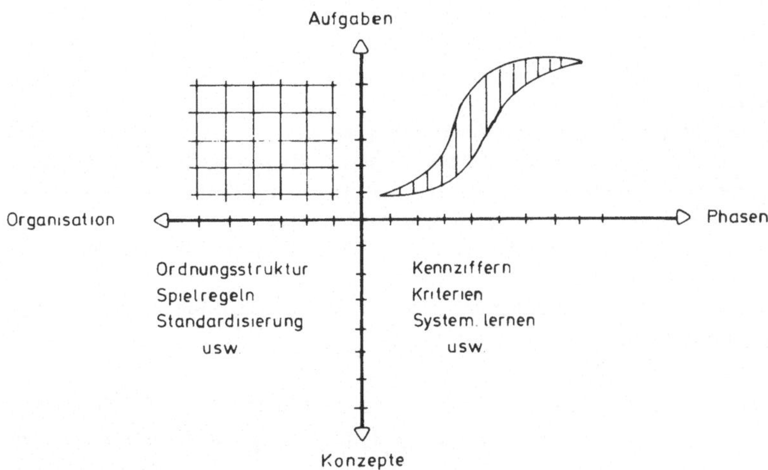

Abb. 37: Systematik des Leitfaden

Der Projektverlauf wurde in 7 Phasen unterteilt.

Jede Phase besitzt in Anlehnung an das Management-Regelkreis-Modell die gleichen F u n k t i o n s s c h r i t t e (wie Zielgebung – Entscheidung – Kontrolle). Dies bot sich an, da
— die Projektleitung eine Führungsaufgabe ist,
— die Schwächenanalyse in den einzelnen Phasen die Vernachlässigung verschiedener Führungsfunktionen auswies;
— Iterative Korrekturen und Verstärkung sich am ehesten über das Regelkreismodell erfassen lassen (Netzpläne wären damit überfordert!)
— auf diese Weise eine Trennung der Routine und Innovation sowie der Innen - und Außen - Koordination möglich wurde.

Die T ä t i g k e i t e n je Funktionsschritt sind von Phase zu Phase verschieden (die Ziele der Angebotsphase unterscheiden sich z.B. von denen der Inbetriebsetzung) und in Arbeitspakete unterteilt, die sich bei verschiedenen Projekten möglichst wiederholen.

265

Das Projekt- Management überlagert die Aufbau - und Ablauf - Organisation. Es muß ”Vorfahrtsregeln” geben, die übersichtlich aus Koordinations - Matrizen und problembezogen Masternetzpläne hervorgehen. Dies wurde je Phase entwickelt einmal als grundsätzliche Verknüpfung zwischen den Fachressorts, zum anderen als detaillierter Tätigkeitsnachweis für das Projekt - Management.

Jedes Projekt enthält aber auch Erstmaligkeiten. Deshalb mußten auch k o n z e p t i o n e l l e   R e g e l n erstellt werden. Zitat: 'Kriterien, um selbständiges, einfallreiches Handeln zu fördern und dieses gleichzeitig sinnvoll auf gemeinsame Ziele und das Unternehmensinteresse auszurichten.' Die erste Sitzung führte zu Kriterien wie:

— Die geschäftliche Leistung muß spürbar auf die persönliche Situation durchschlagen.
— Kostenzuteilung nach dem Verursacherprinzip.
— Erkanntes Neuland muß mit angemessenen Risikozuschlägen betreten werden.
— Eigene Änderungen sind informativ Sofort - Bringschulden.
— Gesamtoptimierung geht vor Abteilungsinteresse.
— Vorgesetzte müssen dankbar sein, auf Verstöße gegen ihre eigenen Richtlinien hingewiesen zu werden.
— Anpassung der Anforderungen, Hilfen und Kontrollen an den Grad der Erfahrung gewährleisten.

Man war sich auch im klaren darüber, daß gerade solche Kriterien nicht einfach formuliert und dann befolgt würden und leitete geeignete Konkretisierungs - Maßnahmen ein.

Es folgen einige generell gültige Einzelheiten über den Ablaufprozeß:
Im Verlauf des Projektes wird die Information dichter und präziser. Phasen sind Stufen dieses Verdichtungsprozesses, die durch Ereignis - und Entscheidungsbündelung eingeleitet und beendet werden, sich aber zeitlich auch gegenseitig durchdringen können. Im Interesse eines logischen Aufbaus und guter Einlesbarkeit in den Leitfaden wurden die Phasen als einfache Ablaufprozesse dargestellt. Die 7 Phasen des Gesamtprozesses waren:
1 — Ausschreibungsanalyse
2 — Angebotsbearbeitung, Konzipierung, Ausbildungsangebot
3 — Angebotsverfolgung und Vergabeverhandlung
4 — Organisation, endgültige Konzipierung, Software - Entwicklung und - Fabrikation, Bestellung Hard - Ware
5 — Fabrikationen (hard - ware), Transport, Bau, Montage
6 — Inbetriebsetzung
7 — Probebetrieb, Übernahme, Endabrechnung

Je Phase ergaben sich folgende funktionale Schritte:

0— Anstoß der Phase, Ausgangs - Tätigkeit
1— Situations - und Problem - Analyse
2— Zielgebung und -Korrektur
3— Planung (Verkopplung)
4— Entscheiden
5— Eigene Durchführung der Projektführung
6— Koordination extern, Veranlassen,
7— Koordination intern, Veranlassen, Einweisen
8— Abweichungsanalyse (Rückkopplung) laufend und gesamt
9— Phasen - Ergebnis

Jeder Schritt baut sich aus Arbeitspaketen bzw. Tätigkeiten auf.

In P h a s e 1 verschafft man sich einen Überblick und geht nur soweit in die kritischen Belange, um entscheiden zu können, ob man sich an der Ausschreibung beteiligen will und bejahendenfalls, unter welchen Prämissen. Phase 1 wird bisweilen durch eine strategische Entscheidung der Geschäftsleitung ersetzt.

P h a s e 2 konzipiert System und Vorgehensweise. Ihre Länge hängt wesentlich davon ab, wieviel Neuland zu bewältigen ist. Phase 2 stellt unwiderruflich die Weichen für Erfolg oder Mißerfolg des gesamten Projektes. Was hier versäumt ist, läßt sich nur unter sehr viel höherem Aufwand — wenn überhaupt — nachholen. Das gilt für alle Bereiche wie Personal, Kapazitäten, Bestimmungen, lokale Eigenheiten, Risikovorsorge usw.

Es muß genügend Zeit aufgewandt werden, um einen wirtschaftlich vertretbaren Gewißheitsgrad zu erreichen. Das Projekt reift in dieser Phase wie folgt:

— Analyse der gegenwärtigen Verhältnisse und ihrer Hintergründe,
— Definition der Anforderungen und Auflagen,
— Konzipierung eines Projektes, das den erarbeiteten Bedingungen genügt, d.h. Umsetzung der Diagnose in eine Therapie-Anweisung.
— Herunterbrechen des Konzeptes in Subsysteme, die steuerbar, gut integrierbar, konkurrenzfähig und ertragbringend sind.
— Ableitung der hard- und software sowie der organisatorischen Anforderungen aus der Struktur des Projektes und dem Fähigkeitsniveau des Kunden.
— Erstellung des Angebots und Absicherung der Prämissen für den Verhandlungszeitraum.

Wenn Zeitdruck zur Kürzung von Tätigkeiten führt, sind die Konsequenzen und potentiellen Problemen daraus sorgfältig und gewissenhaft abzuleiten und allen Verantwortlichen klarzulegen. Prämissen, die aus Vorentscheidungen in dieser Situation erwachsen, sind so festzuhalten, daß ihre Auswirkung auf den weiteren Projektablauf erkennbar bleibt und entsprechende Vorsorgen getroffen werden können.

Der Eintritt in P h a s e 3 dokumentiert, daß die Vorinvestition der Phasen 1 und 2 im engeren Zielfeld gelegen hat, denn man ist in die engere Wahl gekommen. Die Geschäftsleitung rechnet sich eine gute Chance aus und ist an der weiteren Verfolgung des Projektes interessiert.

Phase 3 – ü b e r p r ü f t die Prämissen,
         – a k t u a l i s i e r t sie,
         – e n g t d i e R i s i k e n in Konsequenzen der gestiegenen Chancen e i n
            (es erwachsen also zusätzliche Kosten zwecks Erhöhung von Schlagkraft und Treffsicherheit)
         – p a s s t sich einer geänderten Situation taktisch an.

Für Phase 3 steht in der Regel weniger Zeit zur Verfügung als der Leitfaden vorsieht. Das bedeutet, daß Tätigkeiten überflüssig werden, anders zu verknüpfen oder zeitlich zu kürzen sind. Es ist wichtig, sich Rechenschaft über die Konsequenzen daraus zu geben. Phase 3 endet mit dem Beginn der offiziellen Lieferzeit.

Phase 4 befaßt sich mit der Produktion der software, P h a s e 5 mit der der hardware einschließlich des Baues und der Montage. Z e i t l i c h gesehen sind beide ineinander v e r s c h a c h t e l t ; Phase 5 beginnt an verschiedenen Stellen zu unterschiedlichen Zeitpunkten. Analog zu Phase 2 läßt sich das, was zu Beginn versäumt wurde, später nur unter Opfern - wenn überhaupt - aufholen. Phase 4 muß deshalb sofort voll anlaufen.

Grundsätzlich wird vom Gesamtsystem ausgegangen, dann über funktionale Subsysteme heruntergebrochen zu Arbeitspakten und bis zu Einzelteilen und Rohmaterialen.

Dabei erhalten die Konsorten in sich funktionsfähige Lieferpakete, auch im Baustellen-Bereich. Diese Abgrenzung läßt erkennen, was ein Partner nicht liefert, obwohl es u.U. zum Paket gehören könnte. Außerdem werden die Planungslieferungstermine (Meilensteine!) erfaßt, bei denen der Fortgang der Arbeiten eines Bereiches bzw. Konsorten von den Angaben eines anderen abhängt.

Es wird unterschieden zwischen der P l a n u n g 1 nach Auftragseingang: Ermittlung und Festlegung der Auslegungsdaten, die eine sinnvolle, termingerechte und ökonomische Lösung im Rahmen des gesamten Projektes gewährleistet.

P l a n u n g 2:

a) Konstruktive Detailauslegung von Komponenten und Geräten;
b) Detaillierte Schaltpläne und sonstige für Bestellung,
     Lieferung und Montage nötigen Angaben;

Unterlagen für Inbetriebnahme und Betrieb
(z.B. Betriebsvorschriften, Betriebshandbuch).

Planung 1 beginnt also mit dem Auftragseingang, Planung 2 endet mit der Inbetriebnahme.

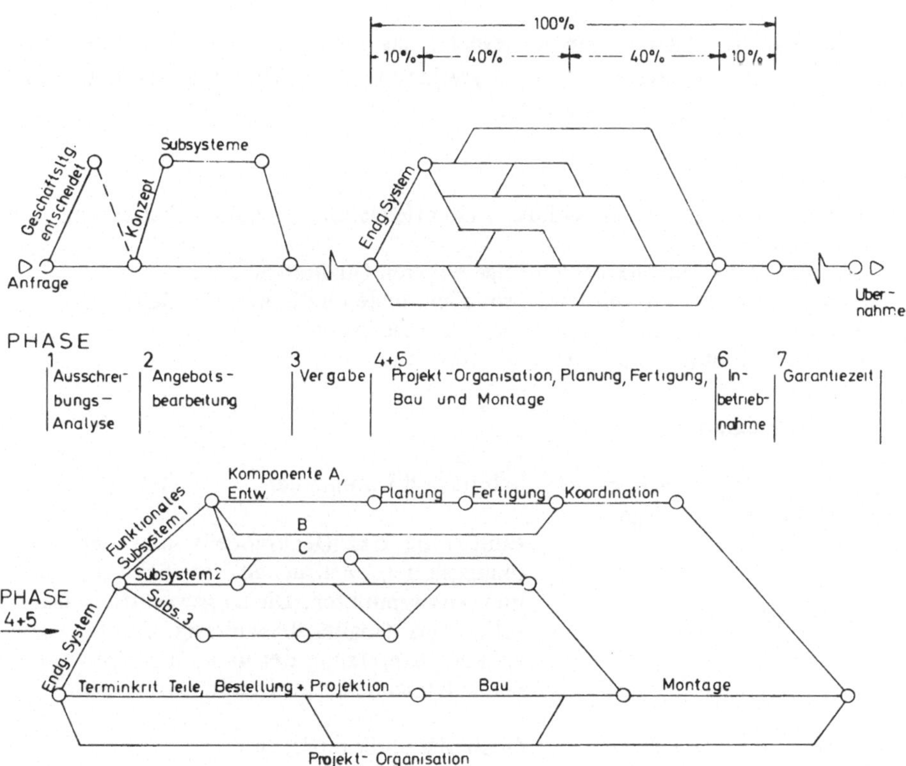

Abb. 38: Phasenschema

8.4 SEL - Programm zur Qualitätsförderung (1)

Das SEL - Konzept beruhte auf dem Zero - Defects - Gedankengut. Es geht davon aus, daß durch übernommene Standards und traditionsgebundene Gewohnheiten in allen Tätigkeitsbereichen der Wirtschaft erhebliche Werte vertan werden. Qualitätsförderungsprogramme stellen gezielte und geplante Bemühungen dar, Fehlleistungen zu erkennen, und erkannte sowie mögliche Fehler durch Maßnahmen der systematischen Fehlerursachenbeseitigung und der bewußten Fehlervorbeugung

---

(1) Vgl. R.K. Vocht, Leonberg, Z. für ind. Fert. (1973),
Nr. 11, SEL - Sonderdruck: Qualitätsförderung - eine Methode zur Erhöhung von Qualität und Produktivität.

verhütbar zu machen. Erkannte Fehler, die beseitigt werden müssen, erfordern Doppel- und Nacharbeit. Mögliche Fehler in der Entwicklungs- und Planungsphase, die übersehen oder übergangen werden, treten trotz ihres negativen Multiplikatoreffektes oft auch in der Nachkalkulation nicht in Erscheinung, werden also konserviert.

Zentrales Ziel der Aktion war es deshalb, das Führungsverhalten neu zu orientieren. Wird das Konzept der Fehlerverhütung zur Führungseinstellung, dann lassen sich folgende Ergebnisse erzielen:

— Weniger Nacharbeit, Ausschuß, Garantieleistungen, dafür Freisetzung von Kapaziät ;
— Senkung von Kontrollkosten infolge höheren Qualitätsniveaus;
— Verbesserung der Produktivität, vor allem in den indirekten Bereichen;
— Verbesserte Kommunikation, verkürzte Regelkreise;
— Höhere Stabilität in Turbulenz und Rezession.

Schritte des Programms:

Phase	Schritt-	Schritt und Kommentar
Vorbereitung	folge	Einführung des Denkmodells und der Beurteilungshilfen, Aufsuchen von Schwachstellen und Ansatzpunkten. Die so gewonnenen Daten sollen das Qualitätsbewußtsein des Managers stärken. Umsetzung der unteren Zielsetzung in ein maßgeschneidertes Qualitätsprogramm.
	1	Qualitätspolitik festlegen
	2	Qualitätsprogramm Qualitäts - Sicherungssystem Qualitäts - Kosten Berichterstattung
	3	Qualitätsbewußtsein schärfen
Beseitigung sachbezogener Fehlerquellen		Fehlerquellen sind Konzepte, Anweisungen, Spezifikationen, Werkstoffe, Abläufe, Methoden, Verfahren, Betriebsmittel. Sie sind Ursache sich wiederholender Fehler, deren Ausmaß von der Toleranzgrenze dessen bestimmt wird, was gerade noch hingenommen wird.
		Das Team ist eine Lotsengruppe, die Aufgabe eine Nebentätigkeit; Zusammensetzung des Teams und Engagement haben starken Einfluß auf den weiteren Verlauf.

Phase	Schrittfolge	Schritt und Kommentar
		Ziele des Teams: Schwachstellen auffinden, Verbesserungsprojekte festlegen, Ergebnisbeurteilung.
	4	Einführung durch Geschäftsleitung
	5	Einsetzen eines Teams "Qualitäts - Verbes-serung"
	6	Verbesserungsmaßnahmen
	7	Erfolgskontrolle
Null-Fehler-Programm		Verhinderung oder zumindest Reduzierung der durch die Menschen direkt verursachten Fehler. Die Gefahr wächst mit der Turbulenz der Umgebung, deshalb sind Störfaktoren zu erkennen und möglichst auszuschalten. Verbleibende Störquellen ermutigen den Menschen zu Zugeständnissen an Fehlerquellen, im Kollektiv kritikloser, als wenn er auf sich gestellt ist. Es folgen pädagogische Schritte zur Öffnung des Bewußtseins, es wird vorgeführt und ausgebildet. Erst danach können Apelle wirksam sein.
	8	Planung
	9	Schulung und Motivation der Vorgesetzten
	10	Bekanntgabe
	11	Zielsetzung
	12	Erfolgskontrolle, Anerkennung und Würdigung
	13	Fehlerquellenhinweis - Aktion
Weiterführung		Erfolg garantiert erst die konsequente Fortführung der Aktion. Dazu verhelfen regelmäßige Qualitätsreports. Die Rückkopplung schließt sich zu Ergänzungsprogrammen.
	14	Aufforderung zur ständigen Fehlerverhütung
	15	Beurteilung des Programms und resultierende Aktivitäten.

SEL berichtet über einen Z e i t a u f w a n d von
— Vorbereitungsphase   6 - 20 Monaten
Streubreite hängt von Struktur, Fertigungstiefe und Niveau der Qualitätssteuerung ab.

— Qualitätsverbesserungs-
   und Null - Fehler - Programm   10 - 18 Monaten
— Im zeitlichen Verlauf ähneln sich die veröffentlichten Kurven für Hauptprodukte insofern, als sich im Gefolge einer lebenskurvenartig verlaufenden V e r b e s -s e r u n g s p h a s e nach etwa 4 J a h r e n ein neuer Zustand einpegelt, der bei 10% bis 30% der ursprünglichen Fehlerzahl — Maß für Fehlleistung oder für erzeugte Nichtqualität — liegt.
— Vergleichbare Ergebnisse in den indirekten Bereichen (Vertrieb, Verwaltung, Entwicklung, Fertigungsplanung, Versand, Personalwesen, Rechnungsprüfung

usw.) stellen sich etwa in der halben Zeit, also nach 2 J a h r e n , ein. Verbesserungen äußern sich als erhöhte Produktivität und umso geringeren Sekundärkosten, je früher die Fehlervermeidung im Ablaufprozeß angesiedelt ist.

Besonders beeindruckend war die Verbesserung in der doppelten Buchführung, die zwar letztlich nichts falsch machen kann, aber 20% fehlerhafte Daten berichtigen mußte, ehe sie zu ihren korrekten Endergebnissen kam.

Den k o s t e n s e i t i g e n Aufwand beziffert SEL mit DM 40 - 70 pro Jahr und Beschäftigten, und zwar

DM 10 . . . 20   für Information und Motivation
DM 20 . . . 35   für Schulung
DM 10 . . . 15   für flankierende Sonderaktionen.

Dabei sind keine zusätzlichen Personalkosten berücksichtigt, da die Qualitätsförderung keine zusätzliche, sondern eine bislang vernachlässigte Managementfunktion darstellte. Für die Planung des Null - Fehler - Programms und die Betreuung der Fehlerquellenhinweis - Aktion wurden zeitweise nebenamtliche Koordinatoren vorgesehen.

E r t r a g s s e i t i g konnte der Aufwand für Nachjustage der Fertigung, Nacharbeiten, Ausschuß, Gütekontrollen und Garantiearbeiten innerhalb von 3 J a h - r e n von 8% des Umsatzes auf 6% gesenkt werden. Diese Differenz entspricht in der Größenordnung dem durchschnittlichen Nettogewinn der deutschen Elektro- und Metallindustrie.

8.5 Einrichtung eines Schreibpools als Innovationsproblem

Klient: Profit-Center eines Konzerns (Bereich)
Anlaß: "Aufruhr" in den Schreibzimmern; Spontane
                     Kündigungen wegen Einführung eines Schreib -
                     Pools.
Auftrag an Innova-   1 — Normalisierung des Arbeitsklimas,
tions - Beratung   2 — Umstrukturierung tragfähig machen.

Mündliche Abstimmung zwischen Klient und Berater über Aufgabe und Vorgehensweise aufgrund folgender drei Papiere (im Auszug):

25.11.   Aktennotiz einer "Sprecherin" der Schreibkräfte (stehen im Gegensatz zur Sekretärin grundsätzlich mehreren Herren zur Verfügung):

          "Am 1.11.d.J. fand eine von der Zentralen Organisationsabteilung veranstaltete Besprechung statt, zu der sämtliche Damen des Bereiches geladen waren.

Nach einem recht allgemeinen Einführungsvortrag wurden in dem Referat des Herrn S. die Vorzüge eines zentralen Schreibpools angepriesen. Abschließend stellte Herr S. fest, daß in Zukunft sog. "Mischtätigkeiten = Schreiben + Verwalten + Sachbearbeitung" entfallen würden und eine klare Trennung dieser drei Tätigkeitsgruppen erfolgen werden. Das bedeute, daß man einen "zentralen Schreibdienst" einrichten werde, der den Sektor "Schreiben" voll und ganz übernehmen würde. Für die Sektoren "Verwalten und Sachbearbeitung" sei eine Zusammenfassung in "Sekretariate" vorgesehen. Den Damen wurde anheim gestellt, zu welcher der drei o.g. Gruppen sie gehören möchten.

Aufgrund dieser Eröffnung, der sowohl Fräulein X (Sekretärin des Chefs) als auch ich entnahmen, daß der "Schreibdienst" bereits beschlossene Sache ist, kamen von den anwesenden Damen Fragen, denen klar zu entnehmen war, daß die allgemeine Stimmung gegen einen solchen Schreibdienst ist.

Darauf wurde am Nachmittag eine weitere Fragestunde anberaumt, zu der wir außer Herrn S. noch zwei Vertreter des Betriebsrates gebeten hatten. Auf ausdrückliches Fragen gab Herr S. die Auskunft, daß ein solcher Schreibdienst offiziell noch nicht beschlossen sei, sondern erst das Ergebnis der Erhebungen über die anfallenden Arbeiten abzuwarten sei. Nach den bisherigen Erfahrungen in anderen Bereichen sei dies aber im Prinzip unumgänglich. Es wurden dann verschiedene Ausführungsmöglichkeiten diskutiert, wobei offen blieb, an wen man jetzt genau gedacht hatte. Wir sind jedenfalls der Auffassung, daß Sekretärinnen, Übersetzerinnen und Auslandskorrespondentinnen von vornherein nicht in Frage kommen.

Es ist nochmals zu unterstreichen, daß die Unterredung am Nachmittag nur zustande kam, weil die Damen unter dem Eindruck standen, daß der Schreibpool bereits beschlossen sei. Herr S. sagte am Nachmittag zu, die Ergebnisse der Analyse mit den Damen zu besprechen, und gab zu erkennen, daß neben der Wahl zwischen den drei Diensten auch eine Versetzung innerhalb der Firma in Frage käme, zumal diese Umorganisation mehrere Kräfte freisetzen würde. Im Namen der Damen bitte ich um Klarstellung wieweit die Bereichsleitung hinter den Äußerungen des Herrn S. steht."

15.1   Personalbeauftragter an die Bereichsleitung!

"Ich wurde von Ihnen beauftragt, eine sinnvolle Neuverteilung der Schreibplätze vorzunehmen.
Heute lud Herr S. kurzfristig zu einem Informationsgespräch ein, an dem auch verschiedene Betriebsräte (u.a. Herr Z.) und drei Vertreterin-

nen unseres Bereichs (Fräulein A, B, C) teilnahmen. Hierbei wurde von Herrn S. erneut darauf hingewiesen, daß der Schreibpool nach Vorliegen und Auswertung der Textverarbeitungsanalyse bei uns eingeführt werde.

Ich bitte Sie, mit der Organisations - Abteilung eine endgültige Klärung herbeizuführen, damit endlich klare Verhältnisse geschaffen werden und wieder Ruhe unter den Damen eintritt."

20.2.   Zentrale Organisations - Abteilung an Geschäftsleitung:

Ergebnis der Schreibstofferhebung und - analyse:

"Die Erhebung wurde auf Anregung der zentralen Organisation durchgeführt. Die Mitarbeiterinnen wurden über die Erhebungsmethoden informiert und motiviert. Eine Unterrichtung der Führungskräfte war nicht erforderlich, da die Erhebungsmethode zum Teil bekannt war.

1) IST - Werte:

Schreiben	24 %
Darin: nach Handmanuskript	7,2% (1/3!)
Formulare ausfüllen	6,8%
Zweitschriften	4,5%
nach Steno	2,4%
nach Diktiergerät	1,8%
Verwaltung (Postverteilung, Ablage, Vervielfältigung usw.)	62%
Sachbearbeitung (Sachl. Inhalt, Sprachgestaltung, Kundenbetreuung, Telefon, Reisedispos. usw.)	14%

2) Kapazitätsvergleich Schreiben:

	IST	SOLL
Anschläge pro Tag	.	.
Tägliche Schreibzeit pro Kopf (Std.)	1,4	6
Anschläge pro Minute	71	125
Erforderliche Schreibzeit	.	.
Arbeitskräfte	18	4

Der Rationalisierungseffekt durch Funktionsabtrennung der Verwaltung beträgt erfahrungsgemäß 25 - 40%.

3) Organisatorische Konsequenz:
   Die Auswertung der Kommunikationsanalyse zeigt eindeutig, daß
   durch die Aufteilung der Funktionen Schreiben/Verwalten/Sachbe-
   arbeitung erhebliche Leistungssteigerungen zu erzielen sind. Statt
   18 werden nun mehr 4 + 10 = 14 Mitarbeiterinnen benötigt. Die neue
   Organisationsform setzt ein zentrales Textverarbeitungssekretariat,
   ein oder mehrere Verwaltungssekretariate und neu strukturierte
   Sachbearbeiterplatze voraus.

4) Erforderliche Investitionen:
   a) Maschinenausstattung (hier ausgelassen)
   b) Diktiergeräte
      Die Zahl der vorhandenen Geräte ist bereits großzügig. Offen-
      sichtlich sind sie jedoch mehr Statussymbol als Rationalisierungs-
      hilfe. Hier müßte entsprechend durchgegriffen werden, z.B. durch
      Abschaffung des Stenogramms, was die räumliche Entfernung des
      Schreibpools sowieso nahe legt.

5) Personal:
   Das Textverarbeitungssekretariat hängt wesentlich von dem Durch-
   setzungsvermögen der Schreibdienstleiterin ab.

6) Alternativlösung:
   I Bereichseigener Schreibpool
   II Integration der Bereichs - Schreibfunktion in das Textverarbeitungs-
      sekretariat der zentralen Organisation.

   Empfohlen wird Alternative II. Begründung:
   Die Realisierung und Erhaltung eines Textverarbeitungssekretariats
   bedarf fachlicher Kompetenz. Es ist nicht ausreichend, wenn ein Team
   plant und dann bereichsintern selbst realisiert. Die Schreibdienstleiterin muß mit einer übergeordneten kompetenten Instanz zusammenarbeiten, was — zumindest zeitlich — im Bereich zur Zeit nicht gegeben
   ist. Außerdem ist das Betriebsklima im Bereich für die Einrichtung
   eines Schreibpools nicht gerade günstig. Es würde den Rahmen dieser
   Ausarbeitung sprengen, die Gründe dafür zu erwähnen. Aber es ist
   voraussehbar, daß einige Mitarbeiter bemüht sein werden, auf irgend
   eine versteckte Art und Weise den Erfolg eines Textverarbeitungssekretariats zu verhindern oder zumindest zu erschweren.

   Alternative II hat überdies den Vorzug, daß die erforderliche Investition geringer ausfallen und die Leiterin bereits vorhanden ist,
   und die zu delegierenden Damen eine fertige Lösung vorfinden, sodaß
   fachliche Kompetenz und Wirtschaftlichkeit gewährleistet sind.

Die jährliche Personalkostensenkung beträgt DM . . . . Dies stellt einen Mindestwert dar, der bei vergleichbaren Gesellschaften bereits überschritten ist."

Wir überlassen es Ihnen, sich in die Lage des Innovationsberaters zu versetzen. Wesentlich an diesem Fall scheint uns für Sie nämlich weniger die Lösung als die Analyse der hier dokumentierten Führungsfehler.

8.6 Autoritäre Praktiken torpedieren die Einführung eines Mbo

Eckpfeiler des MbO sind die Vorgabe von Leitzielen (objektives) und die Selbstplanung der Ausführenden. Periodische Soll/Ist - Vergleiche dienen der Beurteilung des Leistungsvollzugs und der Verbesserung der Ziele (vgl. S. 226 ff.).

Dieser Fall berichtet vom Scheitern einer MbO - Einführung und bespricht die Gründe. Die Situation:

Ein Familienkonzern mit Produktsparten und autoritärem Führungsstil. Die schmale Führungsspitze suchte nach Möglichkeiten, sich zu entlasten, und entschied sich aufgrund eines Tagungseindruckes für MbO. Ein Unternehmensberater liefert das Know - how der Einführungsplanung. Der Stufenplan sah vor:

1. Jahr:	Analyse Istzustand, Organisatorische Strukturierung, Aufbau einer Planungsabteilung, Versuchs- und Lernbudget, Vorarbeiten auf Stellenbeschreibungen.
2. Jahr:	Einführung der Stellenbeschreibungen und des Planungssystems, Korrekturen des ersten Systemkonzeptes.
3. Jahr:	Schulung des Middle - Managements in kooperative Führungspraktiken und Zielbildung, Seminar- und Falltraining. ning.
4. Jahr:	Einführung der MbO.

Der Zeitplan war vernünftig und ausreichend. Trotzdem verschärften sich im fünften Jahr die Reibungs - und Überlastungssymptome spürbar, die Abweichungen von der Planung nahmen deutlich zu. Eine erste Analyse durch einen zweiten Berater wurde bei folgenden Einstellungen des Klientenpersonals fündig:
"Veränderte Prämissen sind eine hinreichende Entlastung für das Nichterreichen geplanter Ziele (Verkauf); einmal festgelegte Ziele sind verbindlich (Fertigung);

276

als profit - center optimiere ich mein Ergebnis und brauche anderen keinen Einblick in meine Internitas zu geben (Abteilungsleiter)."

Diese negativen, konfliktfördernden Haltungen waren die Folge einer Dissonanz zwischen dem unveränderten Führungsstil der Firmenspitze (die nie an den Schulungskursen teilgenommen hatte) und den Verhaltens - Anforderungen, die ein MbO stellt. Für das Top - Management (Vater - Kind - Einstellung!) bot die MbO vor allem schärfere Kontrollmöglichkeiten, die man ja auch brauchte, wenn man gewisse Arbeiten abgeben wollte. Dies sollte selbstredend geschehen ohne dabei den Mitarbeitern mehr Autonomie oder Einfluß einzuräumen.

Im übrigen waren dem Middle - Management zwar eine Reihe von Integrations-Ansätzen gezeigt worden, aber im Alltag fanden erste tastende Versuche in dieser Richtung wenig Gegenliebe bei den Vorgesetzten. So blieb es im wesentlichen bei Organigramm, Anweisung, Aktennotizen, Vorbeigriffen und Rückdelegation; hinzugekommen war lediglich eine Art Konferenzitis. Wie zunehmende Autonomie durch klare Mitverantwortlichkeit und Eigendisziplinierung zu integrieren sei, darüber bestanden nur recht verschwommene Vorstellungen, aber keinerlei Lernerfahrung.

Die Mitarbeiter wurden zwar konzeptgerecht beim Planungsprozeß befragt, aber ihre Impulse dann oft genug kommentarlos ignoriert. Die Kriterien zur Eigenbeurteilung waren überwiegend unbrauchbar, Zwischenziele gab es kaum. Routine, Anpassungsverantwortung gegenüber veränderten Prämissen, innovativer Spielraum und Langfristverantwortung sowie persönliche Entwicklungsziele waren nicht herausgearbeitet worden. Überlappungen, weiße Flecken und Unklarheiten wurden von Fall zu Fall spontan per Dekret "in Ordnung gebracht" bzw. Lücken dadurch gestopft, daß man andere aufriß. Es kam wie es kommen mußte, man war schließlich schlechter dran als in der Zeit eines sauberen und ehrlichen autoritären Regimes.

Gescheitert war ein im Grunde richtiger Ansatz daran, daß die Macht - Promotoren darin ein Instrument zur Stützung gewohnter Verhaltensweisen sahen. Ihr Ziel hätte es sein müssen, eine Einstellung zu finden, bei der Vorgesetzter und Mitarbeiter in den Planungssitzungen in einem "Erwachsenen - Erwachsenen" - Verhältnis zusammensitzen. Sie beginnt mit der Selbstbeurteilung des Mitarbeiters nach "objectives", die für beide zugänglich und akzeptabel sind. Dann wird gemeinsam bewertet und geschlußfolgert, und zwar in einer möglichst offenen und sachlichen Atmosphäre. Ohne solche soziale Reife des Gesamtsystems trägt der ausgefeilteste MbO-Mechanismus nur faule Früchte. Das Defizit an sozialer Reife bei den maßgebenden Herren war so groß, daß auch bei intensivster Schulung kein Durchbruch vorstellbar war. Der Zweitberater, ein clinician, gab seinen Auftrag zurück mit der Begründung, daß unter den obwaltenden Umständen nach seiner Meinung am besten auf MbO verzichtet und dafür der Unternehmenszweck überdacht würde.

8.7 Integration der Bezugssysteme Vertrieb und Kunde

Es geht im e r s t e n Beispiel um den regionalen Vertrieb eines Herstellers m e -
d i z i n i s c h e r G e r ä t e der Elektrotherapie. Die Verkaufsergebnisse in den
Distrikten waren recht unterschiedlich. Weder die kurzfristige Zuteilung der Starverkäufer zu den Schwachstellen, noch eine gezielte Werbe - und Provisionskam-
pagne hatten Änderung gebracht. Darauf wurde die Vertriebsaufgabe neu definiert
und mit den Situationen der verschiedenen Aussenbezirken verglichen.

Ein erfolgreicher Kaufabschluß baute auf einer oft jahrelangen Vorarbeit auf,
in der sich ein persönliches Vertrauensverhältnis zum Verkäufer entwickeln mußte.
Mundpropaganda über eine gute Betreuung konnte helfen, deshalb mußten die
ersten Kontakte nach ihrer Ausstrahlungskraft ausgewählt werden; aber entscheidend war das Zustandekommen einer guten Kommunikation, die die Probleme des
potentiellen Kunden sichtbar machte und ihn für eine vertiefte Kommunikation,
etwa in Form eines Fachgespräches , empfänglich machte. Der eigentliche Verkauf
ergab sich nach intensiver und langer Vorarbeit sozusagen von selbst. Darauf folgte
die Servicephase, im gelungenen Fall bis zum Kauf eines neuen Gerätes, also wieder
sehr lang und ungewiß. Es handelt sich demnach um einen Vertrieb mit Investitions-
güter-Charakter.

Der Verkäufer muß dabei Befriedigung darin finden, ohne sichtbare Verkaufs-
erfolge längere Zeit ein gutes Einvernehmen mit einem potentiellen Kunden auf-
und auszubauen. Außerdem muß er in der Lage sein, reibungslos mit dem Ser-
vicepersonal zusammenzuarbeiten, d.h. kooperations- und führungsfähig sein. Die
Vermutung, daß bei Spitzenverkäufern die Leistungsorientierung geringer, dafür
aber das Bedürfnis nach gutem Auskommen mit anderen stärker ausgeprägt sein
müsse als beim Durchschnittsverkäufer (und als es beim guten Verkäufer gemeinhin
vorausgesetzt wird) wurde durch weitere Analyse erhärtet. Wesentliche Voraussetzung für überdurchschnittliche Ergebnisse war außerdem das Bedürfnis nach
Selbständigkeit, da in diesen Außenstellen autonom und mit einem Minimum an
Kontrolle gehandelt werden mußte.

Andererseits mußten Leistungsorientierung und persönliche Reife, insbesondere
bei den Leitern des Außenbüros hoch genug sein, anspruchsvolle, aber realistische
Eigenziele setzen zu können. Die parallel erforderliche Selbständigkeit durfte wiederum nicht so ausgeprägt sein, daß sie in Einzelgängertum ausartete. Es bestätigte
sich, daß die Manager der besseren Außenbüros höhere Standards setzten, sich
besser zu informieren verstanden, ihren Entscheidungsspielraum voll und kreativ zu nutzen wußten, sowie hilfsbereiter, interessierter und fürsorglicher waren.

Maßnahmen - Schwerpunkt war ein Schulungsprogramm, das in den Durchschnitts-
büros die Führungspraktiken und - stile der erfolgreicheren Manager entwickeln

half. Diese manchem Praktiker vielleicht ein wenig schwammig erscheinende Maßnahme griff und führte zu verbesserten Ergebnissen. Zusätzlich nahm man sich vor, bei Neueinstellungen die erarbeiteten Anforderungen zu berücksichtigen.

Gleichzeitig konnte eine weitere Schwachstelle, das Verhältnis Außendienst/ Zentrale durch eine verstärkte Nabelschnur verbessert werden. Der Maßnahmen-Katalog: Zeitige Information, regelmäßige Fragebogen - Rückkoppelung, zeitweilige Zusammenkünfte der regionalen Manager.

Als die Geräte auch an Krankenhäuser verkauft werden sollten, versagten gerade die bisherigen Starverkäufer wegen ihres Individualismuses. Die bürokratischen Vergabegepflogenheiten verlangten mehr Leistungsorientierung und Formalismus. Dies konnte über eine neue, zentrale Gruppe gelöst werden.

Das z w e i t e Beispiel aus der Nahtstelle Individum - Firma hat ebenfalls ungleiche Verkaufsergebnisse der Außenorganisation zum Ausgangspunkt. Es handelt sich jedoch um eine k o n s u m n a h e Produktlinie mit G r o ß s e r i e n f e r t i g u n g.

Hier bestand die Aufgabe des Außenverkäufers darin, Ware an Großhändler zu verkaufen und diese in ihren Verkaufsbemühungen zu unterstützen. Er hatte also den Kunden hinsichtlich Sortimentsgestaltung, Verkaufsförderung, Lagerhaltung und Kundendienst im Sinne des eigenen Hauses zu lenken. Die Starverkäufer lebten in dieser Aufgabenstellung, es machte ihnen einfach Spaß zu sehen, wie sie den Umsatzstrom steuern konnten und die Ware beim Kunden abfloß. Dabei scheuten sie sich nicht, persönliche Risiken einzugehen, die vor allem Preisgestaltung und Lagerhaltung des Kunden betrafen. Die weniger erfolgreichen Verkäufer waren dagegen allein an ihrer Provision interessiert.

Der Schlüssel lag nach alledem in einer Stärkung der Leistungsorientierung der Durchschnittsverkäufer, denn die Erfolge der Starverkäufer beruhten eindeutig auf dem Drang, den Geschäftsumfang der Kundengroßhändler in selbstgewählter Mit-Verantwortung zu fördern.

Selbstachtung läßt sich am einfachsten stimulieren, wenn die tatsächliche Leistung mit anerkannten Standarts verglichen wird. Deshalb wurde ein Verfahren entwickelt, mit dem sich der Außendienst in einer Art zwischenregionalen Wettbewerbs seine Ziele für eine seiner Aufgabenstellung entsprechenden Zeitspanne vorgab und selbst kontrollierte. Die Langfristverantwortung wurde in die zentrale Vertriebsleitung gelegt und mit dem notwendigen Instrumentarium ausgestattet, um die für die Fertigung erforderlichen Dispositionsunterlagen erstellen zu können. Die Abstimmung mit den Außenstellen stellte sich als unproblematisch heraus und verlangte mit der Zeit eher Korrekturen nach unten als nach oben. Die Preisgestaltung wurde weiter in Richtung Peripherie gelegt, indem zu der vorhandenen Umsatzprovision noch ein vom Deckungsbeitrag abhängender Betrag kam, der nach Verkäufern und Bezirksleitern gestaffelt wurde. Zusätzlich wurden Schulungsmaßnahmen ergriffen, um das Verständnis für die Aufgabenstellung der Großhändler zu fördern und Vorsorge getroffen, daß neues Personal leistungsmotiviert ausgewählt würde. Als Nebenergebnis fiel noch eine bessere Marktorientierung der Technik in der Zentrale an.

8.8 „Der Neue ist da!" – Spielregeln für die „Flitterwochen"

Eine Neueinstellung ist ein innovatives Problem, für ihn selbst und seinen Arbeitsbereich. So mancher Neue scheitert gleich am ersten Tag. Das kann vermieden werden, wenn er sich die folgenden Forderungen überlegt und Sie beherzigt: Am ersten Tag sollte der Neue ausgeschlafen sein, sich pünktlich beim richtigen Mann einfinden (wie kommt man hin, Parkplatz? Wo ist der Eingang?); ordentlich und unauffällig gekleidet sein und so auftreten, daß er nicht schon durch seine äußere Erscheinung den Stil der Firma und die Vorstellungen seines neuen Wirkungskreises verletzen kann. Der erste Eindruck, so oberflächlich und falsch er auch sein mag, ist nur schwer zu revidieren. Er sollte auf Empfang schalten, Augen und Ohren offen halten, fragen, gut hinhören und ruhig sein. Niemand hört gerne, wie es andernorts besser gemacht wird.

Vornehmliches Ziel muß es sein, zunächst einmal die ausschlaggebenden Eckdaten und Fallgruben auszuloten, die Formalismen und Institutionen kennenzulernen, sowie mit der Eingliederung in die informale Struktur zu beginnen. Vieles an Hintergründen, Spannungen, Sonderinteressen und Gegensätzlichkeiten bleibt dabei noch verborgen, deshalb sollte der Neue vorschnelle Stellungnahmen, insbesondere personelle Urteile, meiden. Seine neue Umgebung ist begierig, ihn nach Gesichtspunkten einzuordnen, die er noch gar nicht kennen kann; seine ersten Bemerkungen stellen bereits unwiderrufliche Weichen. Kein vernünftiger Mensch wird es einem Neuen verübeln, wenn er zunächst mit seiner Meinung zurückhält, solange er die erforderlichen Fakten noch nicht kennen kann, im Gegenteil. Natürlich besteht ein Unterschied darin, ob jemand sich bemüht, eine Situation zu analysieren, oder sich aus Grundsatz zurückhält, stets profillos äußert und wartet, was wohl zu tun sei.

Im Beruf wie in der Ehe folgen auf den Eintritt in die Gemeinschaft Flitterwochen. Einige Verhaltenstips für den Neuen: Sich nicht scheuen, um Rat zu fragen. Einfache Fragen stellen. Nicht alles wörtlich nehmen, kritisch bleiben, insbesondere bei "vertraulichen" Hinweisen. Sprachwendungen vermeiden, die anderen versteckt Vorschriften machen, wie "man sollte, man muß, man darf nicht." Die Kommunikations- und Einflußstrukturen registrieren. Was kommt auf meinen Schreibtisch? Warum ist der eine auffallend entgegenkommend und der andere über Gebühr zurückhaltend, wie sind die Zuständigkeiten und Verantwortungen vorgesehen und wirklich verteilt, gibt es Cliquen?

Die "Flitterwochen" enden mit dem ersten Krach; im Beruf sind sie an dem Tag zu Ende, an dem der Neue zum ersten Mal mit anderen Interessen kollidiert oder jemand die Übergangszeit nutzen will, sich auf Kosten des Neuen mehr Einfluß zu verschaffen. Er selbst produziert unweigerlich den ersten Konflikt, sobald er Initiative entwickelt - und das erwartet man schließlich von ihm. Der Neue sollte damit jedoch warten bis er eine fundierte Prioritätsvorstellung von seinem neuen Aufgabenkreis hat und seine Auffassung mit sachgerechten, präzisen, auf die Besonderheiten des Betriebes und der Situation abgestellten Fakten und Argumenten untermauern kann. Wesentlich ist nicht, ob er dabei gewinnt, sondern ob die Art seines Vorgehens überzeugt und ihm Achtung verschafft.

Letztlich werden zwar sicht- und meßbare Erfolge zählen, aber der Frühindikator dafür, wie ein Neuer liegt, in welche Rolle er wachsen und welchen Einfluß er gewinnen wird, ist die Haltung seiner Bezugswelt. Der Neue sollte sich deshalb rechtzeitig Fragen folgender Art stellen:

- Kommen Konflikte, die meiner Initiative erwachsen, auf den Tisch? Wie werden sie angepackt?
- Habe ich kameradschaftliche, loyale, frühzeitige und informale Rückkopplung oder wartet man, bis ich mir die Finger verbrenne und hilft auch noch ein wenig dabei nach?
- Wie oft ruft mich mein Vorgesetzter? Hat er Zeit und Gehör, wenn ich ihn sprechen will? Vertraut er mir oder kontrolliert er ständig Einzelheiten?
- Genügt die Einführung oder gibt es schwarze Löcher? Schwimmt man dort selbst oder läßt man mich absichtlich im Unklaren?
- Kommen Kollegen von sich aus zu mir? Gibt es mit ihnen informale Kommunikation, ist sie ergiebig und zweiseitig? Werde ich aufgefordert, zum Essen mitzugehen? Ernte ich für mein Handeln Anerkennung, sprechen sich Anpassungsfehler herum in welcher Form (wohlwollend, spitz, übertrieben, kollegial)?
- Kommen Mitarbeiter von sich aus "by exeption"? Suchen sie Rat, auch im Voraus? Machen sie von sich aus Hinweise und Vorschläge?
- Werden abweichende Ansichten respektiert? Welche Mitwirkung war mir bisher möglich?
- Wie offen darf ich sein?
- Auf wen könnte ich mich im Ernstfall verlassen? Mit wem würde ich eine Bergtour machen?
- Sind meine Fähigkeiten gefragt, wie lassen sie sich einsetzen?

Andererseits darf soziale Resonanz natürlich nicht zur einzigen Richtschnur werden und irre leiten. Wer tüchtig ist, verändert, und er kann nicht nur Sympatisanten haben; aber er ist auf ihre Achtung und die Mitwirkung seiner Bezugswelt angewiesen.

Der markanteste Fehler von Vorgesetzten bei der Eingliederung von Neuen ist das frappante Mißverhältnis des Aufwandes, den sie zunächst für die Auswahl und dann für die Einführung betreiben. Für viele Neue tut sich gleich in der ersten Stunde ein Abgrund auf, gebildet aus Bemerkungen wie: "Der Chef hat heute keine Zeit, da ist was dazwischengekommen. Wir wissen nicht richtig Bescheid, hier haben Sie erst einmal ein paar Prospekte, da können Sie sich schon mal einlesen. Ihr Schreibtisch soll schon bestellt sein, nehmen Sie zunächst einmal hier Platz, es ist ja nur eine Übergangslösung." Aber die Kluft schließt sich auch in den nächsten Tagen nicht. Vielleicht kommen einige mehr zufällige Vorstellungen, und man schaut dann in neugierige, abweisende, lauernde Gesichter, All das geschieht womöglich noch bewußt unter dem Motto: "Ein guter Mann springt ins Wasser und schwimmt."

Die folgende Checkliste für die systematische Einführung durch einen "Paten" zeigt einen Ausweg: Der Pate trägt dafür Sorge, daß der Neue nicht sofort in den ersten Tagen durch ihm unbekannte Formalismen, informale Spielregeln und Desorientierung vor den Kopf gestoßen, sondern möglichst rasch in den Arbeitsprozeß eingegliedert wird. Der Pate wird von Disziplinarvorgesetzten mit dieser Aufgabe betraut.

Paten - Checkliste für die Integration eines Neuen

4 Wochen vor Arbeitsantritt:

— Sind Aufgabe und Zuständigkeiten geklärt und schriftlich fixiert?
— Ist der Arbeitsplatz festgelegt?
— Firmenausweis beantragt (Parkplatz geregelt)?
— Telefonanschluß bestellt?
— Kleiderablage und Garderobenschlüssel organisiert?
— Schreibdame/Sekretärin verfügbar?
— Ist die Zuständigkeit und Tätigkeitsbeginn schriftlich anzukündigen?

1 Woche vor Arbeitsantritt:

— Sind Kollegen über Name, Ausbildung, bisherige Tätigkeit, Alter, künftige Funktionen unterrichtet?
— Arbeitsplatz mit nötigen Hilfsmitteln ausgestattet?
— Sind alle einführenden Unterlagen vorbereitet?
— Alle 4 - Wochen - Punkte erledigt?
— Zu welchen Besprechungen und Aufgaben kann der Neue sofort zugezogen werden?
— Wo muß er vorgestellt werden? Sind die ersten Termine vereinbart (Abteilungsleiter, Betriebsrat, korrespondierende Nachbarstelle)?
— Sind Besichtigungen, Schulungskurse, auswärtige Vorstellungen, Reiseplan vorzubereiten?

Am Vortag des Eintreffens:

- Ist Empfang unterrichtet?
- Wer begrüßt ihn, was geschieht bis zum Gespräch beim Chef?
- Erste Termine notiert?
- Liegt Vorstellungs - und Besichtigungsprogramm vor?
- Wer geht am ersten Tag mit ihm essen ? Auf wessen Kosten?
- Einführung in ungeschriebene Spielregeln und Statussymbole einplanen.
- Unterkunft für die ersten Nächte gesichert?
- Ist ein zweiter Termin beim Chef nach etwa 4 Wochen vorgesehen?
- Sind Hilfen bei Wohnungssuche, Behörden, Schulen erforderlich?
- Liegt Einführungsmappe für Neue bereit?

Eine Gruppe hat eine gewisse Struktur, der Neue wird nicht einfach absorbiert, sondern hat Rückwirkung auf diese Struktur. Dieser Übergang ist stark affektgeladen und bedarf deshalb besonderer Aufmerksamkeit. Um das "Wir - Gefühl" zu wecken, bedarf es der Kenntnis und Übereinstimmung mit den emotional verwurzelten Einstellungen der Gruppe. Die Gruppe kann dem Neuen die Integration erleichtern, indem sie ihm ihre ungeschriebenen Normen in geeigneter Form (Pate!) signalisiert. Das sind insbesondere:

- Die Strukturierung der Gruppe wie Statusverteilung, Machtverhältnisse, Abhängigkeiten, Untergruppen, zugedachte Rolle.
- Bedingungen für Mitgliedschaft, Tabus, erlaubte Mittel, Toleranzen, Strafe bei abweichendem Verhalten.
- Führungsstil, Entscheidungsmechanismen, Kommunikationsmethoden.
- Ziele und Werte der Gruppe, Bewertungsmaßstäbe, Gruppeneinschätzung im Betrieb, Rivalitäten mit anderen Gruppen, enge Bezugsgruppen, Prioritäten,
- Aktuelle Probleme, erwartete Beiträge des Neuen.

Was schließlich kann die Gruppe sonst noch zur Eingliederung des Neuen beitragen? Jeder greift anfangs einmal daneben, vielleicht sogar, weil einer dabei nachhilft. Daraus wird nur zu leicht eine alles verschlingende Lawine, denn die Folgen lassen sich nicht auf den Neuen beschränken. Verhindern kann dies nur die unmittelbare Bezugswelt. Wahrscheinlich hat der Neue einige Lücken, vielleicht auch Schwächen, die sich ausgleichen lassen, solange er noch nicht voll im Geschirr ist. Dazu sollte man ihm und sich selbst Gelegenheit geben. Nicht zu vergessen ist seine Integration im privaten Bereich. Auch die Familie muß mit den neuen Anforderungen fertig werden, und die sind nicht selten größer als in der Kontinuität beruflicher Entwicklung. Da gibt es Schul- und Wohnungsprobleme, Einkaufssorgen, gesellschaftliche Isolation. Auch da läßt sich helfen, behutsam, denn nicht jeder mag dies, aber eine zwanglose Einladung, eine Empfehlung beim Verein des zutreffenden Hobbys werden doch meist dankbar entgegengenommen.

Die Spannungen, die mit dem Auftreten eines "Neuen" einhergehen, lassen sich nur beherrschen und nutzen, wenn sie von allen Beteiligten als natürlich - wenn auch unangenehm - angesehen und Hand in Hand angepackt werden. Je offener kommuniziert wird und je transparenter die Verhältnisse gehalten werden, um so größer ist die Wahrscheinlichkeit für eine erfolgreiche Integration des Neuen und Stärkung der Gruppe. Über die bewußt geförderte informale Verwurzelung wird er zu einem voll tragenden Glied der formalen Organisation und des Unternehmens.

8.9 Weitere Fallbeispiele aus dem Buchtext:

9. Innovations-Chancen nutzen

Die psychologische Großwetterlage wirkt bei Erscheinen dieses Buches düster und gedrückt. Politische und wirtschaftliche Stressoren brauen sich zusammen, Pessimismus zieht auf. Man darf es schon eine Krise nennen. In der Medizin ist das eine Situation, in der sich entscheidet, ob ihr Gesundung oder Zerfall folgt. Krisen sind Knotenpunkte der Entwicklung. Führungsverantwortliche und Meinungsführer haben analog zum Arzt die Aufgabe, die Erneuerungskräfte zu fördern. Die Erneuerung muß der Patient selbst durchleiden. Hat er bereits resigniert, dann vermag der beste Arzt nichts auszurichten. Der Patient läßt die Dinge geschehen, macht sich was vor. die Entwicklung zwingt ihn in ihren Lauf. Das ist es, was an der deutschen Szene beunruhigt. Es ist nicht die Krise an sich, sondern die passive bis anti-innovative Haltung ihr gegenüber. Von dem persönlichen Wagemut und dem Fortschrittsglauben der Nachkriegsjahre ist nicht viel mehr als Stolz und Erinnerung geblieben. Dabei stehen wir erst am Anfang besagter Krise. Evolutionäre Krisen werden geistig-emotional bewältigt oder korrigieren die Entwicklung auf das Frustrationsniveau herunter, keines von beidem ist bisher geschehen. Zu denken gibt, daß weiter aus der Hüfte geschossen, Vertrautes radikalisiert, am Symptom kuriert wird, Reformen reformiert werden und sich so das bisher Bewährte unmerklich zur Selbstnegation pervertiert. Hoffnungslos wird es, wo die Führungsverantwortlichen damit beginnen sich der Selbsttäuschung hinzugeben, die sich abzeichnenden Negationen seien ja eigentlich gewollt oder schicksalhaft. Der Marxismus bezieht solchen Pragmatismus aus seinem eingleisigen Gesichtsbild, wir sollten dagegen immun sein und unsere Gestaltungsfreiheit nutzen, sonst verraten wir uns selbst.

Was ist zu tun? Angesprochen sind nicht die Konsumenten, sondern vor allem die Führungsverantwortlichen und Meinungsführer. Sie machen die psychologische Großwetterlage, sie können es verhindern, daß Unbehagen, Unverständnis und Unvermögen majorisierende Einflüsse erlangen. Krisen sind — gerade in evolutiv fortgeschrittenen Systemen — Innovations-Chancen und je früher man agiert, um so größer sind die Gestaltungsmöglichkeiten. Innovieren muß mehr sein als Lippenbekenntnis und Subventionsquelle, es muß zur Verhaltensweise werden. Lamentieren und auf Schuldige zeigen, das führt zur Selbstzerstörung. Das gilt auch für die Opposition, sie hat konstruktiv zu sein, sonst wird sie unglaubwürdig und lädt sich als

„Voraussehender" doppelte Schuld auf. Es geht darum, aus der Kontinuität angemessener Grundsätze einzuwirken, Vorbild zu sein, zu ermutigen, Erfolgserlebnisse zu vermitteln, mit einem Wort, nicht zu appellieren, sondern das legendäre Apfelbäumchen zu pflanzen und die Voraussetzungen für sein Wachstum sicherzustellen.

In diesem Zusammenhang ist viel vom Klein- und Mittelbetrieb die Rede, weil er zwar 60% des Sozialproduktes erstellt, sein Innovationsbeitrag dem aber — welche Untersuchung man auch zugrunde legt — nicht mehr entspricht und abnehmende Tendenz ausweist. Die Hauptursache ist in einem Defizit an persönlicher Innovationsfähigkeit der Unternehmerschaft zu suchen, d. h. ihre Qualifikation hat nicht mit den gestiegenen Anforderungen Schritt gehalten. Beispiel Finanzierung! Sieht man einmal davon ab, daß kleinere Firmen weniger Cash-Ausgewogenheit haben (S. 111) und nicht emissionsfähig sind, so läßt sich das vielfach zu beobachtende Finanzierungsverhalten nicht auf die Betriebsgröße zurückführen, sondern alleine auf fehlende betriebswirtschaftliche Kenntnisse und ein auf Anpassung ausgelegtes, einseitig technisch-organisatorisches Unternehmer-know-how. Solche Einstellung verschließt sich dann obendrein noch ökonomisch-rationaler Finanzierung und innovativer Hilfe.

Das Bundesforschungsministerium hat 1977 Mittel zur Errichtung erster Innovationsberatungsstellen für mittlere und kleine Unternehmen zur Verfügung gestellt. Pilotstellen sind die IHK-Bezirke Heidelberg, Siegen und Koblenz sowie die RKW-Landesgruppen Baden-Württemberg, Hessen und Niedersachsen. Sie vermitteln qualifizierte Spezialberater und übernehmen deren Kosten für eine 1- bis 2-tägige erste Kontaktberatung. Deren Ziel ist die Diagnose technologischer Schwachstellen und die Beschreibung der an eine Problemlösung zu stellenden Anforderungen. Eine sich evtl. anschließende Intensivberatung kann auch noch gefördert werden.

Potenzprobleme, ob nun bei Mann oder Betrieb, sind nicht immer mit Ausbildung, Techniken und Stärkungsmitteln zu beheben; Ursache können auch psychische Überforderung und Störungen zwischenmenschlicher Natur sein. Neue Technologien sind auch Stressoren, sie machen Menschen überflüssig (früher manuell, heute zunehmend auch intellektuell), geben Arbeitsplätzen einen anderen Inhalt, fordern zusätzliche Fähigkeiten, verändern die organisatorische Struktur und damit die zwischenmenschlichen Beziehungen, bringen neue Werte und Ängste ins Spiel. Eine Kontaktberatung, die sich für den Enderfolg mitverantwortlich fühlt, muß dies von Anbeginn an berücksichtigen. Wie, das geht aus der folgenden Checkliste hervor, die sich das Beraterbüro des Verfassers der in diesem Buch vertretenen Innovations-Philosophie, Terminologie und Arzthaltung zu leicht zu Mißdeutungen Anlaß gäbe.

Checkliste IHK – Aktion: Innovationsberatung und Technologietransfer

A. Zielsetzung, Begrenzung (z. B. Produkt) und Zeitplan des Beratungsgespräches

B. Erster Eindruck

- Routine-, Anpassungs-, Krisen- oder Innovations-Problem?
  Falls Innovation: Kern- oder Folge-Problem? Isoliert betrachtbar?
- Ursache beweisbar? Wie ist sie akzeptierbar zu machen?
- Selbstkritikfähigkeit vorhanden? Relation Eigen- und System-Interessen!
- Persönliche Veränderungsbereitschaft, Qualifikation, soziale Reife.
- Informationsfähig und -willig? Kooperativ? Wer verantwortlich?
- Welcher Freiraum besteht für die Wahl der Ziele, Termine, Prinzipien, Mittel?
- ABC-Beurteilung (Bedeutung, Dringlichkeit), kritische Faktoren.
- Muß/kann-Erwartungen? Stillschweigend? Offizielle Beurteilungskriterien!
- Stadium der Systemstörung: Konstruktive Unzufriedenheit, angsterfüllte Ungewißheit, hilfloses Ausgeliefertsein, übersteigertes Selbstwertgefühl.
- Gründe für vorangegangene innovative Fehlschläge.

C. Problem Einkreisen

1. „Puls messen"
- Situation in einem Satz kennzeichnen lassen.
- Welches sind die Hauptschwierigkeiten und Sorgen, auf was besonders stolz?
- Was würde man nicht neu beginnen, wenn man es nicht schon hätte?
- Selbsteinschätzung Stärken, Begründung, Motivation?
- Sonstige Aktivitäten, Produktspektrum.
- Bilanz, Eigenkapitalanteil.
- Kapitalumschlag und Gewinnrate.
- ABC-Produkte, ABC-Kunden.
- Investitionen (Erweiterung, Ersatz, Rationalisierung).
- Aufwand für Forschung und Entwicklung.
- Welche Hinweise aus Marktanteil/Marktwachstums-Entwicklung?
  + Ausbau oder Sicherung Marktanteil
  + Produktweiterentwicklung, Qualitätsänderung
  + Neue Marktanteile suchen (regional, Kundengruppen?)
  und in Verbindung mit ersten Lebenskurvenbetrachtungen (mengenmäßig)
  + Sortiment verjüngen, straffen, erweitern
  + joint venture

a) Gesund mit Wachstumspotential
- Drittes Bein erforderlich? Wann? Technologie-Defizit?
- Kostensenkungspotential genutzt? Stehen innovative Anforderungen an?
- Verwaltungsrationalisierung ausgeschöpft?
- Fehlen Managment–Instrumente (MbO, Planung, Frühwarnung, Deckungsbeitrag)
- Gibt es Generationsprobleme?
- Qualitäts-Sicherung ausreichend?

b) Gesund, aber in stagnierenden Absatzmärkten
- Kosten senken (durch Projekt-Team?)

Sortimentsbereinigung
Straffung Material-Managment
Kredit-Managment
Durchleuchtung der Produktivitäten
Notplanung Kurzarbeit, Entlassungen etc.
- Erlöse steigern
Marktdiversifikation
Produkt-Innovation
Verfahrens-Transfer

c) Gesunder Ertrag, aber Liquiditätsprobleme
- Zusätzlich zu b)
Finanzplanung, Außenstände eintreiben, Investitionsstop, Veräußerungen, zusätzliches Eigenkapital aufnehmen, Partnersuche

d) Marktanteilverluste und Liquiditätsprobleme
- Sanierungsexperten empfehlen

e) Sonstiges
- Sind einige Managment-Funktionen vernachlässigt oder übersetzt?
  + Zielsetzung (festgelegt, verständlich, akzeptiert?)
  + Planung (extrapoliert, gemäß Konkurrenz oder strateg. Modell?)
  + Kontrolle (Ebene, Spanne)
- Wie soll und kann der für das Innovationsvorhaben erforderliche Zeitaufwand von den Innovationsträgern neben der normalen Arbeit aufgebracht werden?
- Ist man sich über die Risikomultiplikation zu ehrgeiziger Projekte klar?
- Wie wird Erfahrungskumulation sichergestellt? Welche Multiplikatoreffekte lassen sich nutzen?
- Ist das Informations-System aussagefähig und aktuell?
- Kosten/Erfahrungs-Kurve möglich? Welche Hinweise bezüglich
  + Preisniveau
  + Kostensenkungspotential (was Verfahrensinnovation, was Rationalisierung?)
  + vertaner Erfahrung?
- Brachliegende Erfahrungen, insbesondere zur Lösung bisher nicht behandelter (möglichst originärer) Kundenprobleme?

2. Kostenprobleme

- Umsatzhöhe zur Deckung der monatlichen Fixkosten bekannt?
- Entwicklungsvergleich (spez. Kennziffern) aus
  Umsatz, Köpfen, Lager (fertig, halbfertig, roh), Gewinn, Außenständen, Flächen (Fertigung, Lager, Büro), Kosten/Preisen
- Schwerpunktbildung Kostenstellen und -arten über Plan/Ist-Erfolgsrechnung
- Stoßrichtung Personalkosten
  ABC-Einteilung und Wertanalyse der A-Kosten
  Entspricht Qualifikation den Anforderungen? Wo Über- u. Unterqualifikation
  Schwierigkeiten in Aufgaben/Kompetenz-Abstimmung
  Kommunikations-Dissonanzen
  Welche Motiavationsansätze bieten sich an? (Mitverantwortung, Weiterbildung, Nullfehlerprogramm, materielle Anreize etc.)
- Stoßrichtung Kapitalkosten

Soll/Ist-Bilanz
Einkaufspolitik
Kundenbereinigung
Sortiment auf Lagerumschlag und Lieferbereitschaft trimmen (Konsequenz?)
Sortimentsergänzung durch Zukauf

3. Ertragsprobleme

- Welche Produkte bringen und welche verzehren Cash?
- Strategische Lücke erkennbar?
- Kosten- und Preistrends, Stakeholder-Trends, Inflationseinfluß
- Mehrerlös über Qualitätssteigerung oder -minderung möglich, lassen sich mit vorhandenem know-how zusätzliche Funktionen befriedigen?
- Brauen sich Störungs- oder Veränderungspotentiale zusammen? (Substitutionen, Einstellungswandel, Gesetzänderungen, Machverschiebungen, Knappheiten, Verfahrenstechnologien etc.)
- Was ist bei der gegebenen sozialen Reife und den verfügbaren Ressourcen innovativ möglich?
- Könnte Zukauf von Erfahrungsvorsprung auf Teilgebieten brachliegende Eigenressourcen mobilisieren?

D. Ergebnis

- Welche zur Beurteilung erforderlichen Punkte konnten nicht behandelt werden wegen Unkenntnis, Zeitmangel, mangelhafter Zusammenarbeit (willig, fähig)?
- Was wurde eingeschätzt und bedarf gewissenhafter Prüfung?
- Technologielücke erkennbar? (know-why, know-how, Verfahren, Produkt)
- Problemformulierung
- Sonstige innovativen Probleme (führungsseitig, strukturell, marktseitig, ökonomisch)
- Näher zu untersuchen ist noch .....
- Mögliche Zielsetzungen und Strategien
- Vorschlag Aktionsplan, welcher Aufwand, welche Vorleistung?
- Erste innovative Impulse zur konsequenten Ralisierung der gewonnenen Erkenntnisse, z. B..
  + Welches Timing stärkt die angestrebte Veränderung?
  + Wie lassen sich erkennbare Widerstände abbauen, destruktive Escalation vermeiden?
  + Wie ist die vorhandene Managmentpraxis zu ergänzen, welche Motivatoren bieten sich an?
  + Risiko/Chancen-Bilanz abtasten!
  + Innovative Eigenreserven erkennbar und einsetzbar?
  + Wo bleiben Difizits gegenüber dem erkennbaren Veränderungsdruck? Was ist strukturell und instrumentell anzupassen? Welche "Diät" erfordert die erkannte Prädisposition?
- Manöverkritik mit Klient.

Der Umgang der Praxis — nicht nur im Kleinbetrieb — entspricht in etwa dem Umgang des Arztes mit seinen Patienten vor Entdeckung der Psyche. Der Praktiker geht vom störenden Symptom aus und versucht es mit Maßnahmen zu eleminieren, die sich in anderen Fällen bereits bewährt haben. Je körperhafter diese Probleme sind und je häufiger sie auftreten, um so aussichtsreicher ist diese Vorgehensweise. Nun sind aber Innovationsprobleme definitionsgemäß nicht aus der bisherigen Erfahrung verständlich und ihre Ursache verdeckt und mehrdeutig. Es sind Leib-Seele-Probleme, sie beanspruchen sowohl den Körper wie auch die Psyche und beide beeinflussen sich gegenseitig. Ein körperliches Symptom kann also von der Umwelt auch auf dem "Umweg" über die Seele angeregt werden. Beispiel Herzinfarkt! Hauptauslöser sind sozio-psychologische Stressoren. Genannt werden Faktoren, die auch beim Innovieren zu beachten sind wie Mangel an Anerkennung, latente zwischenmenschliche Konflikte, Rollenunsicherheit durch vorenthaltene Information usw.

Die zuständigen Wissenschaften Psychologie und Soziologie kleben noch immer am naturwissenschaftlichen Vorbild. Für sie ist der Mensch ein langsamer Computer oder eine große Ratte. Durch perfekteres Typisieren, raffiniertere Statistiken und Experimente gelangt man aber nicht zu einer besseren Menschenführung. Worauf es beim Innovieren ankommt sind gerade jene Fähigkeiten und Antriebe, die den Menschen auszeichnen und es ihm ermöglichen, bewußt Evolution zu betreiben. Insbesondere sind es solche Fähigkeiten wie die Erfassung von Sinn- und Bedeutungszusammenhängen durch "teilnehmende Erfahrung", zeitlich zu disponieren, Wertorientierungen transzedentaler Art vorzunehmen, sich selbst zu Vervollkommnen, Triebe zu sublimieren, sich alternativ zu entscheiden, schöpferisch zu sein. Innovatives Führen ist weder Handwerk noch Wissenschaft, es ist eher eine Führungskunst. Um praktikable Ergebnisse zu erzielen, darf die Theorie weniger an naturwissenschaftlicher Objektivität, die Praxis weniger an ego-bezogener Erfahrung und beide weniger an zu einfachen Modellen und Kriterien kleben. Auf die Problemlösungsfähigkeit des Handlungsmusters kommt es beim Innovieren an und nicht zu welchen mehr oder weniger zufälligen Teilergebnisse es gerinnt.

In dierser Lücke zwischen Praxis und Wissenschaft ist die Arzthaltung angesiedelt. Der Arzt hört dem Patienten zu, sieht sich das Symptom an und verschafft sich Hintergrundinformationen, die ihm z. B. Prädispositionen wie die Gen-Konzeption durch die Eltern, den Lebensweg oder den sozio-kulturellen Kontext liefern. Dann beginnt er mit Leitkriterien den Herd einzukreisen, also Abtasten, Puls fühlen, Blutdruck messen, Fachspezialisten beiziehen z. B. zum Röntgen usw. Ein guter Arzt achtet von vorneherein auf das Leib-Seele-Problem. Das spiegelt auch die interne Checkliste. Ihre Fragen werden nicht mechanisch abgespult, sondern der wachsenden Einsicht gemäß gezielt ausgewählt oder ergänzt. Das erklärt ihren relativ grossen Umfang.

Innovieren bedeutet medizinisch gesprochen Vorsorge betreiben. Doch wer betreibt schon Vorsorge! Es wäre auch naiv anzunehmen, die psychologischen Widerstände dagegen könnten durch Bezahlung der Arztkosten ausgeräumt werden. Vorsorge bedeutet unmittelbare zusätzliche Belastung, aber langfristig Gesundheit. Doch wenn es nicht mehr so richtig läuft, versucht man es im allgemeinen erst einmal mit Anpassung, d. h. mit bewährten Hausmitteln, dem Kopieren von Fallbeispielen oder mittels "Versuch und Irrtum" in Reformhäusern. Das hilft dann im allgemeinen rasch, aber eben nur zu einer vorübergehenden Erleichterung. Läßt man sich dadurch täuschen und faßt dies womöglich als Selbstbestätigung auf, dann beginnt ein Teufelskreis.

Die Erfolgsgroßen haben dagegen geradezu ein Talent dafür jemanden zu finden, der ihre eigenen Erfahrungen optimal ergänzt, für sie auf Distanz geht, auf derselben Wellenlänge schwingt und so für sie kompetent vorselektiert. Sie wissen, daß es Dienstleistungsträger gibt, die fehlende Qualifikation rascher, kostengünstiger und risikoärmer einzubringen in der Lage sind, als "Versuch und Irrtum", Neueinstellung oder nebenamtliche Beauftragung. Sie gehen zum Arzt und nicht zum Apotheker.

Der Leser sei daran erinnert, daß manipulierte Innovation unweigerlich zu Eigentoren führt. Es wäre aber töricht, moderne Führungsansätze abzulehnen, weil sie manipulativ mißbraucht werden könnten. Die Absicherung muß anders gestaltet werden und zwar durch Auswahl, Selbstdisziplinierung und Überwachung derjenigen, die diese Hilfe geben (S. 194). Auf deren Ziele und Ethik kommt es an. Deshalb können wir der Formulierung von Ernest Dichter "human relations sind ebenso rationalisierbar wie die Produktion" oder "es geht nur darum, den richtigen Motivationsknopf zu drücken" so nicht folgen. Auch seine Vorwegverteidigung, niemand könne entgegen seinen Grundeinstellungen verführt werden, kann nicht beigepflichtet werden. Grundeinstellungen können in Konflikt geraten (S. 89). Ein Mädchen läßt sich mit Hilfe falscher Versprechungen und Alkohol verführen und anschließend in schwerwiegende Konflikte stürzen, ihre Grundeinstellung zur Arterhaltung ist keine moralische Entlastung für den Verführer. Aber selbst E. Dichter spricht in anderem Zusammenhang Ziele und Ethik an, wenn er fragt: "Soll man Menschen ausreden Autos wegen der Umweltverschmutzung zu kaufen, wenn dadurch Tausende ihre Existenz verlieren werden?"

Manipulation ist also eine Finte, die – wenn man zwischenmenschliche Probleme schon nicht lösen kann – diese zumendestens erträglicher, ja lustvoll gestalten soll. Das kann auch zur Selbsttäuschung geraten, wie es in Killerphrasen (S. 82), Manövern und Strategemen zum Ausdruck kommt. Aus innovativer Schwäche geboren nutzen sie Innovations-Chancen nicht, sondern stellen sich ihnen in den Weg. Das Forschungs-Strategem wäre ein Beispiel: es dient dazu, sich öffentliche Gelder anzueignen und wird mit der Unverschämtheit von Raubrittern gehandhabt; die es verhindern müßten, die verstehen zu wenig von der Sache oder würden sich selbst bloß stellen. "Der Beste ist gerade gut genug für uns" ist ein vortreffliches Strategem, wenn es darum geht, eigenes Unvermögen und autoritären Einfluß gegen innovative Veränderungen abzuschirmen (Der Trick liegt in der Auslegung des Begriffs "der

Beste"). Unmoralisch? Wohl kaum, eher unvollkommen, ein Faktor, den es zu berücksichtigen gilt, aber kein Grund sich zu empören. Niemand ist frei von Stratagemen.

Sich wie ein Arzt zu verhalten heißt jedoch nicht, unkritisch werden. Worum es geht, ist das innovative Neuland begehbar zu machen, die Siedler dafür auszurüsten sowie den Übergang zu ordnen und zu fördern.

Die Innovationsfähigkeit wächst sich unaufhaltbar zur dritten Führungsgröße neben Zahlungsfähigkeit und Gewinn (der Fähigkeit zur Nutzung des vorhandenen Apparates) aus. Ihr gemeinsamer Nenner ist der Cash-Strom. Ohne Ertrag keine Liquidität, ohne Innovation kein Ertrag. Zu der Steuerung des heute seitens der Liquidität und der sich im Gewinn niederschlagenden Tüchtigkeit während der abgelaufenen Periode gesellt sich die Fähigkeit, Vorsorge für die Gesundheit von morgen zu treffen. Dies wird sich zunehmend auch in Berufsauffassung und Organisation niederschlagen müssen, denn wenn wir es nicht lernen, die Innovations-Chancen für uns selbst zu nutzen, dann werden es andere gegen uns tun oder vertun.

10. Aphorismen

- ”D e r   I r r t u m ist die wohnliche Insel der Gewißheit im endlosen Meer des Unbekannten.”
- Manche sehen in der Innovation eine Absicherung nach Art ihres Kirchgangs zu Karfreitag und Weihnachten.
- Relativität: Der Innovator ist nicht seiner Zeit voraus, sondern der Durchschnittsmensch hinkt hinter ihr her.
- 4/5 des Weiseseins besteht darin, es zum richtigen Zeitpunkt zu sein.
- N u r reife Menschen sind im Besitz von Ideen, die anderen sind von ihnen besessen.
- An die Quellen gelangt man nur, indem man sich nach draußen begibt oder gegen den Strom schwimmt.
- Manche Routiniers haben ein so dickes Fell, daß sie ohne Rückrat laufen können.
- Routiniers sind Menschen, die nichts zum ersten Mal tun wollen.
- Organisation ist das, was man sich erlaubt.
- Wer arbeitet, verliert die Übersicht.
- Vorurteile wägen Tatsachen mit dem Daumen auf der Waagschale.
- Es sind gar nicht die Dinge, die die Menschen verunsichern, sondern ihre Meinung über diese Dinge.

- ”D e r   M e n s c h wird, was er wird, durch die Sache, die er zu der seinen macht.” (Karl Jaspers)
- Führungskunst: Was man selbst nicht tun kann, muß man lassen können. . .
- Futurologie ist die Kunst, sich zu kratzen, ehe es juckt.
- Wer redet, erfährt nichts.
- Die Freiheit der Innovation besteht nicht darin, zu tun, wozu man Lust hat, sondern nichts tun zu müssen, womit andere einem zuvorkommen.
- Emanzipation bringt Unabhängigkeit, aber keine Innovation.
- Nicht Macht, sondern Stärke setzt sich letztlich durch, weil Macht stets von Ohnmacht bedroht wird.
- Konzepte ohne Konkretisierungsplan bleiben im Sandkasten stecken, Maßnahmen ohne Konzepte gleichen Schüssen mit verbundenen Augen.
- Derselbe Realisierungs-Katalog mit und ohne Vorphase gleicht einem Schiff mit und ohne Tiefgang, im Sturm merkt man den Unterschied.
- In Zeiten des Niedergangs sollte man nicht versuchen, auf der Höhe der Zeit sein zu wollen.
- Wo der Gesetzgeber eingreift, war oder wird der Kräfteausgleich gestört.
- Innovieren ist wie das Stimmen einer Geige. Zu straff gespannt, zerreißt die Saite, zu lose ist sie verstimmt.
- Spezialisten glauben, auf einer einzigen Geigensaite ein Konzert geben zu können.
- Karger Boden braucht viel Saatgut für mittelmäßige Ernte (Novalis).

— Einen Fehler zum ersten Mal zu begehen, kann ein Verdienst sein.
— Es ist unmöglich, etwas zu lernen von dem man sich einbildet, es bereits zu wissen.
— Niemand macht mehr Fehler als derjenige, der alleine aus Überlegung handelt.
— In einem Punkt sind alle zufrieden: Ihr Verstand genügt ihnen, egal, wieviel sie davon haben.
— Die Vergangenheit ist nur ein Prolog (Shakespeare).
— Nicht die Summe von Interessen formt ein soziales System, sondern die Summe an Hingabe.
— Es spricht gegen die Qualität eines Katalysators, wenn er in Einzelheiten zu gut Bescheid weiß.
— Tradition ist das, woran man sich festhält, wenn man keine Innovation zustande bringt.
— Ein Innovator läßt sich weder durch Fleiß noch durch Anhäufung mittelmäßiger Köpfe ersetzen.
— Man wird den Verdacht nicht los, daß die Kritik am Leistungsprinzip von jenem parasitären Unterbau gespeist wird, der nie erfahren hat, was Leistungsglück bedeutet.
— Wo gehobelt wird, dort fallen Späne, sagte der Manager; Hobelspäne erhöhen die Brandgefahr, ergänzte der Innovator.
— Niveau ist nicht unbedingt eine Frage der Etage.
— Alle Revolutionen haben bisher nur eines bewiesen, nämlich, daß sich vieles ändern läßt, nur nicht die Menschen (Karl Marx).
— Der Geist, der nichts als Logik ist gleicht dem Messer, das nichts als Klinge ist. Man schneidet sich ins eigene Fleisch.
— Ehe man anfängt, seine Feinde zu lieben, sollte man seine Freunde besser behandeln (Mark Twain).
— 'Ich mag die Freiheit nicht' gestand ein routinierter Sklave. 'Sie zerstört die Kette, die alle verbindet, und überläßt uns mutterseelenallein und selbst.' (Stanislav Jerzy Lec).
— Um fremde Werte willig und frei anerkennen zu können, muß man erst einen eigenen haben.
— Wer tolerant, sinnvoll und menschlich handeln will, braucht eine gehörige Portion Härte, vor allem gegen sich selbst.
— Die Bugwelle der Innovation ist das Risiko.
— Die Umwelt eines Lebewesens besteht aus den für es erschlossenen Handlungsmöglichkeiten.
— Wer Angst hat, Anstoß zu erregen, kann keine Anstöße geben.

Literaturverzeichnis

Antons, K. Dr., Praxis der Gruppendynamik, Göttingen.

Arbeitsgruppe, Information, Flow-charting. Lesen und Erstellen von Arbeitsablaufdiagrammen, Stuttgart, 1972.

Arbeitsgruppe, Information, Führungsprobleme lösen, Training des Führungsverhaltens durch Fallstudie, Stuttgart, 1973.

Bass, B. M., Organizational Psychology, Boston 1965.

Beckhard R., Organisationsentwicklung, Baden-Baden, 1972.

Benisch W., Kooperationsfibel, Bergisch Gladbach, 1966.

Blake M., Corporat Exeellence through Grid Organization Development, USA, 1968.

Verhaltenspsychologie im Betrieb (Das Verhaltensgitter), Düsseldorf, Wien, 1969.

Bödiker M.-L., Lange W., Gruppendynamische Trainingsformen, Hamburg, 1975.

Boston Consultings Group, Die Erfahrungskurve in der Unternehmensstrategie, Frankfurt, 1974

Boulding K. E., Uni. of Michigan, General systems theory, Management sience Vol. 2, Nr. 3, April, 1956.

Corell W., Motivation und Überzeugung in Führung und Verkauf, 1976

Festinger L., Theorie der kognitiven Dissonanz, 1957.

Flechter H. J., Gedächnis und Lernen in psychologischer Sicht, Stuttgart, 1976.

French, Bell, Organisationsentwicklung, Bern, 1976.

Gälweiler A., Unternehmensplanung, Grundlagen und Praxis, Frankfurt, 1974

Glas, De La Houssaye, Organisationsentwicklung, Bern, 1975.

Harris T., I'M Ok. – You're Ok., New York, 1969.

Herzberg F., One more time: How do you motivate? Havard Business Review, Jan./Feb. 1968.

Hocke K., Konferenzen (Arbeitstechniken), München, 1972.

IDEEtransactions on Egineering Management, Special issue on innovation, Vol. EM-23, Nr. 1, Febr. 1976.

Jenkins D., Job power – Demokratie im Betrieb, 1975.

Jongeward D., Transactional Analys's applied to Organizations, London, 1973.

Kepner-Tregoe, The Rational Manager, München, 1969.

Lamprecht H., Erfolg und Gesellschaft, München, 1964.

Lorsch L., Organisation of Enviroment, Boston, 1967.

Mann L., Sozialpsychologie, 3. Aufl., Weinheim und Basel, 1974.

Maslow A. H., Motivation and personality, New York, Evanston and London, 1954.

Ostrander und Schröder, Vorauswissen mit PSI, Bern, München, Wien, 1975.

Management für alle Führungskräfte in Wissenschaft und Verwaltung I und III.

Philips N. V. Information Systems Handbook, 1969.

Rothmann E., Grafisches Verfahren macht Absatzpläne dynamisch Absatzwirtschaft, Mai 1969.

Schierz J., Nicht mehr nach Gefühl entscheiden, Manager Magazin, 10 - 11/74.

Smith M. D., Sage nein ohne Skrupel, München, 1977.

Theato und Reinecke, Konferenzen und Verhandlungen . . . ., Heidelberg, 1976.

The management of innovation, London, 1961.

VDI-Bericht 229/76, Produktinnovation, Herausforderung und Aufgabe, Düsseldorf, 1976.

Walton, Interpersonal peacemaking, London, 1969.

Witte E., Organisation für Innovationsentscheidungen, Göttingen, 1972.

Stichwortverzeichnis

Dr. Jochen Schmitt-Grohé

Produktinnovation

Verfahren und Organisation der Neuproduktplanung

Produktinnovationen beinhalten die mit der Neuentwicklung von Produkten verbundenen mehrstufigen, zusammenhängenden Änderungsprozesse. Diese erstrecken sich auf alle Marketinginstrumente.

Schmitt-Grohé befaßt sich in seinem Buch insbesondere mit den als „Kernstufen" bezeichneten Phasen der Produktinnovation, der Ideengewinnung, der Ideenprüfung und der Ideenverwirklichung. In der neueren, vor allem der amerikanischen Marketingliteratur entwickelte Planungsverfahren für jede dieser Stufen werden einer kritischen Analyse unterzogen und nach ihrer Wirksamkeit beurteilt.

In der verhaltenswissenschaftlichen Organisationsforschung haben sich die Ausprägungen der Strukturvariablen, d. h. prägende Merkmale von Organisationsformen (z. B. Formalisierung), als Bestimmungsfaktoren des Erfolgs aller Innovationen sozialer Systeme erwiesen. Diese Forschungsergebnisse lassen sich auf Produktinnovationen in Unternehmungen übertragen. Damit kann gezeigt werden, welche Organisationsform, welche Struktur für spezifische Planungsverfahren (z. B. Ideengewinnungsprozesse) zur erfolgreichen Anwendung erforderlich ist. Zugleich wird es möglich, unter diesem Aspekt Formen der Marketingorganisation zu untersuchen und zu werten.